X80 管线钢管质量控制技术

马秋荣 仝 珂 黄 磊 著

石油工业出版社

内 容 提 要

西气东输二线大规模采用 X80 管线钢管,本书详细介绍了 X80 管线钢管的质量控制技术,主要包括焊缝超声波分区检测技术和钢管焊缝数字射线检测技术的应用、高钢级晶粒度显示方法、M/A 岛显示方法、屈服强度测试试样选用方法、管端几何尺寸测量技术等。对比分析了 X80 管线钢夏比冲击试验、落锤撕裂试验(DWTT)和断裂韧性试验的检测方法和应用。

本书可供从事管线钢和管线钢管的研究、设计、生产以及从事管道设计、施工的从业人员阅读,也可作为钢管生产企业的材料、焊接和机械等有关专业人员的培训选修教材和参考书。

图书在版编目(CIP)数据

X80 管线钢管质量控制技术 / 马秋荣,仝珂,黄磊著.
—北京:石油工业出版社,2017.11
ISBN 978-7-5183-2250-3

Ⅰ.①X… Ⅱ.①马…②仝…③黄… Ⅲ.①管道钢管-质量控制-研究 Ⅳ.①TG142

中国版本图书馆 CIP 数据核字(2017)第 271875 号

出版发行:石油工业出版社
　　　　　(北京安定门外安华里 2 区 1 号　100011)
　　　　　网　　址:www.petropub.com
　　　　　编辑部:(010)64523583　图书营销中心:(010)64523633
经　　销:全国新华书店
印　　刷:北京中石油彩色印刷有限责任公司

2017 年 11 月第 1 版　2017 年 11 月第 1 次印刷
787×1092 毫米　开本:1/16　印张:10
字数:256 千字

定价:50.00 元
(如出现印装质量问题,我社图书营销中心负责调换)
版权所有,翻印必究

前　言

　　西气东输二线管道干线全长4895km，最高设计输气压力12MPa，采用外径1219mm、X80钢级钢管建造，是当时设计压力最高、输量最大、距离最长、所使用钢材等级最高的长输管线。

　　西气东输二线管道穿越沙漠、丘陵、平原、水域、山地等复杂地域以及人口密集的城市，其安全可靠运行对于社会和自然环境具有非常重要的意义。保证管材本身的质量是管道安全可靠运行最重要的基础。

　　西气东输二线管道工程规模宏大，工程大规模采用X80钢级钢管，从X80钢级的选用、1219mm管径、12MPa输送压力的论证到钢材、钢管技术条件的研究制定，从原材料小批量试制到实现钢材、钢管的国产化，都面临了严峻的考验和挑战。

　　在西气东输二线科研工作中，中国石油集团石油管工程技术研究院精心组织了研发和科技攻关工作。针对西气东输二线管道的具体特点，在对X80管材关键技术指标进行系统分析和试验研究的基础上，明确了西气东输二线X80管材所需技术标准中尚未确定的关键技术指标，形成了西气东输二线用板材、焊管、感应加热弯管、管件等管材系列专用技术条件。在此基础上，基于国际上全尺寸钢管气体爆破试验数据库、Battelle双曲线模型以及GASDECOM软件对西气东输二线的止裂韧性要求进行了系统研究，提出了西气东输二线断裂控制方案。同时针对西气东输二线多气源的特点，研究开发了具有国际先进水平的高压输气管线减压波分析预测软件，用于西气东输二线工程天然气气质确定和管道止裂预测，提出了西气东输二线天然气组分的控制建议，形成了高压输气管道止裂韧性预测专有技术，丰富和发展了高压输气管道止裂预测理论和方法。

　　石油管工程技术研究院全面系统地研究了西气东输二线X80管线钢管技术标准中关键技术指标，并将研究成果纳入西气东输二线相关板材/管材的技术条件，用于管材的制造、质量控制和采购过程。形成了西气东输二线用X80/X70系列标准（17项正式标准及2项补充规定）。

　　依据形成的西气东输二线用板材、焊管、感应加热弯管、管件等管材系列专用技术条件，石油管工程技术研究院开展了一系列西气东输二线的X80板材和管材质量评价工作。制定了《西气东输二线试制X80管材质量评价工作安排和程序》，明确了试制评价方法和程序，对各板材、钢管生产厂的三个阶段（单炉试制、小批量试制、大批量生产）的产品进行了质量评价工作，评价包括板卷（螺旋钢管）头、中、尾三个位置以及钢板（直缝埋弧焊管）头、尾两个位置，评价试验包括标准中要求的所有试验项目。评价产品种类包括板卷、钢板、螺旋缝埋弧焊管和直缝埋弧焊管。在进行产品评价的同时,及时和各个生产厂进行了技术交流,提出了存在问题和改进措施,有力地保证了西气东输二线的顺利实施。

在X80钢管大规模生产阶段,石油管工程技术研究院对西气东输二线所有钢管进行了监造,其中,西段共用X80钢管2852km,164×10⁴t,东段共用X80钢管2080km,113×10⁴t。

为确保西气东输二线工程用钢管质量,针对X80管线钢管开展了质量控制技术研究,主要包括:(1)结合西气东输二线技术标准要求,开展配套的高钢级厚壁油气输送钢管检验技术研究,主要有钢管理化性能检验、工艺质量检验、几何尺寸与外观检验技术等。(2)运用质量统计、可靠性分析等工具和理论,开展钢管质量关键影响因素的分析研究,提出针对性解决措施。(3)研究开发驻厂监理管理系统,建立驻厂监理资源和钢管数据共享平台,实现了钢管质量的实时监控分析,为管道全寿命周期质量控制和安全管理提供了基础数据。(4)开展"生产企业审核+制造过程监造+成品钢管抽查检验"的油气输送管监督检验模式研究,保证工厂出厂钢管100%受控。

通过研究,建立了一套高钢级厚壁油气输送钢管检验技术。提出的埋弧焊管焊偏量的测量方法已被ISO 3183和API Spec 5L标准采纳,形成的焊缝超声波分区检测技术、高钢级晶粒度显示方法、M/A岛显示方法、屈服强度测试试样选用方法、管端几何尺寸测量技术等,在西气东输二线钢管生产检验中得到了应用,为西气东输二线X80管线钢管质量控制提供了保障。研究计算了X80钢管中夹杂物在拉伸、疲劳载荷下的临界尺寸,为西气东输二线X80钢管中超大尺寸夹杂物的质量评价和判定提供了技术支持。开发了一套钢管驻厂监理管理系统软件,实现了监造数据远程实时查询统计分析,建立了质量问题案例库及分析平台,为西气东输二线钢管质量实时监控提供了技术手段,为管道全寿命周期质量控制和安全管理提供基础数据。运用质量统计及可靠性分析等工具和理论,确定了影响钢管质量的关键因素,提出了针对性的解决措施,钢管合格率达到98%以上,经监造的钢管出厂合格率100%。建立了独特的"监督工厂质量体系运行有效性和检查产品质量符合性"的驻厂监理模式,并实施了"生产企业审核+制造过程监造+成品钢管抽查检验"的钢管生产全过程质量检验控制,保证了西气东输二线用钢管的质量。

研究形成的6项国家、行业、企业标准和质量控制技术在西气东输三线、中缅管线、中贵管线等重点工程用钢管的质量控制中得到了推广应用。

研究成果提升了西气东输二线用钢管质量控制水平,为国家重点管道项目的安全运营,发挥了重要的技术支撑作用。

本书是对西气东输二线X80钢管质量控制技术部分研究成果的总结。本书共分5章。第一章由马秋荣、杨专钊、李记科、吉玲康等编写;第二章由仝珂、李记科、杨专钊、何小东等编写;第三章由仝珂、李彦华、邵晓东等编写;第四章由黄磊、王长安、张鸿博、陈宏达、马秋荣等编写；第五章由黄磊、吴金辉等编写。全书由马秋荣负责统稿，负责全书的组织和审查。

  本书编写过程中得到许多领导的关心和支持，对本书提出了宝贵的修改意见，在此深表谢意。

  由于笔者水平有限，书中不当之处在所难免，恳请广大读者批评指正。

目　　录

1 概　　述 ……………………………………………………………………………（1）
　1.1 X80管线钢重要科研创新成果及应用情况 ………………………………（1）
　1.2 西气东输二线X80管线钢和钢管系列技术标准 …………………………（2）
　1.3 X80管线钢产品开发及鉴定情况 …………………………………………（3）
　1.4 西气东输二线X80管材生产和质量状况 …………………………………（4）
　　1.4.1 φ1219mm×18.4mm X80螺旋埋弧焊管理化性能 …………………（4）
　　1.4.2 φ1219mm×22mm X80直缝埋弧焊管理化性能 ……………………（10）
　　1.4.3 管材金相组织 …………………………………………………………（15）
　　1.4.4 西气东输二线工程用X80管线钢管实物静水压爆破实验结果 ……（17）
　1.5 结论 …………………………………………………………………………（18）
　参考文献 …………………………………………………………………………（18）
2 高钢级厚壁油气输送钢管检测技术 …………………………………………（19）
　2.1 钢管外观尺寸的检验与验收 ………………………………………………（19）
　　2.1.1 电弧烧伤缺陷的检验与验收 …………………………………………（19）
　　2.1.2 管端复合坡口的准确测量 ……………………………………………（21）
　　2.1.3 管端切斜的准确测量 …………………………………………………（24）
　2.2 高钢级管线钢金相检验与评定技术 ………………………………………（25）
　　2.2.1 组织鉴别、带状组织和晶粒度评定技术 ……………………………（25）
　　2.2.2 焊偏量金相检测技术 …………………………………………………（30）
　　2.2.3 马氏体奥氏体（M/A）岛的评定技术 ………………………………（35）
　2.3 高钢级管线钢韧性测试技术 ………………………………………………（38）
　　2.3.1 焊缝夏比冲击缺口精确定位装置 ……………………………………（38）
　　2.3.2 落锤撕裂试验方法 ……………………………………………………（40）
　　2.3.3 管线钢断裂韧性试验方法 ……………………………………………（47）
　2.4 高钢级管线钢强度测试技术 ………………………………………………（53）
　　2.4.1 试验设备及方法 ………………………………………………………（53）
　　2.4.2 所用指标对拉伸性能的影响 …………………………………………（53）
　　2.4.3 试样尺寸对拉伸性能的影响 …………………………………………（55）
　　2.4.4 试样几何形状对拉伸性能的影响 ……………………………………（55）
　　2.4.5 结论 ……………………………………………………………………（58）
　2.5 高钢级管线钢低硫分析试验 ………………………………………………（59）
　　2.5.1 主要仪器和试剂和工作条件 …………………………………………（59）
　　2.5.2 实验条件确定 …………………………………………………………（60）
　　2.5.3 实验过程 ………………………………………………………………（61）

  2.5.4 结论 ………………………………………………………………………（62）
 参考文献 …………………………………………………………………………（62）

3 拉伸与疲劳载荷下高钢级管线钢中夹杂物的微观力学行为 …………………（64）
 3.1 试验材料及实验方法 ………………………………………………………（64）
  3.1.1 试验材料 ………………………………………………………………（64）
  3.1.2 试验方案及原理 ………………………………………………………（64）
 3.2 高钢级管线钢中夹杂物的基本特性 ………………………………………（67）
 3.3 拉伸载荷下夹杂物导致高钢级管线钢裂纹萌生与扩展的微观行为 ……（71）
  3.3.1 拉伸载荷下 X80 管线钢中夹杂物导致裂纹萌生与扩展的微观行为 ……（72）
  3.3.2 拉伸载荷作用下 X100 管线钢中夹杂物导致裂纹萌生与扩展的微观行为
     ………………………………………………………………………（83）
  3.3.3 小结 ……………………………………………………………………（85）
 3.4 疲劳载荷下 X80 管线钢中夹杂物导致裂纹萌生与扩展的微观行为 ……（85）
  3.4.1 疲劳载荷过程中夹杂物的原位观察 …………………………………（86）
  3.4.2 疲劳载荷作用下 X80 管线钢中裂纹萌生寿命与所加应力之间的关系 ……（94）
  3.4.3 X80 管线钢中疲劳裂纹的稳态扩展速率 ……………………………（95）
  3.4.4 小结 ……………………………………………………………………（96）
 3.5 大型夹杂物在管线钢冶炼过程中的运动规律及夹杂物临界尺寸 ………（97）
  3.5.1 大型夹杂物在管线钢冶炼过程中的运动规律 ………………………（97）
  3.5.2 夹杂物临界尺寸的提出 ………………………………………………（99）
  3.5.3 夹杂物临界尺寸的计算 ………………………………………………（99）
 3.6 结论 ……………………………………………………………………（100）
 参考文献 ………………………………………………………………………（101）

4 高钢级厚壁钢管焊缝自动超声检测方法与技术 ………………………………（103）
 4.1 钢管焊缝主要缺陷的类型 ………………………………………………（103）
  4.1.1 气孔 ……………………………………………………………………（103）
  4.1.2 夹渣、夹杂物 …………………………………………………………（104）
  4.1.3 未焊透、未熔合 ………………………………………………………（104）
  4.1.4 裂纹 ……………………………………………………………………（105）
 4.2 钢管焊缝自动超声检测标准 ……………………………………………（105）
  4.2.1 概述 ……………………………………………………………………（105）
  4.2.2 钢管焊缝自动超声检测石油天然气行业标准介绍 …………………（106）
 4.3 钢管焊缝自动超声检测存在的问题 ……………………………………（107）
  4.3.1 标准中存在的问题 ……………………………………………………（107）
  4.3.2 检测中存在的问题 ……………………………………………………（107）
 4.4 钢管焊缝的自动超声检测方法 …………………………………………（108）
  4.4.1 检测探头有效声束宽度的计算 ………………………………………（109）
  4.4.2 检测原理 ………………………………………………………………（110）
  4.4.3 检测可行性分析 ………………………………………………………（114）
  4.4.4 检测探头的排列与布置 ………………………………………………（115）

  4.4.5　检测闸门设置 …………………………………………………（117）
  4.4.6　人工缺陷选择与对比试样设计 …………………………………（118）
  4.4.7　检测记录与显示 …………………………………………………（124）
 参考文献 …………………………………………………………………（124）

5　高钢级厚壁钢管焊缝数字射线检测方法与技术 …………………（126）
 5.1　钢管焊缝主要缺陷及其影像识别 ………………………………（126）
  5.1.1　裂纹 …………………………………………………………（126）
  5.1.2　未熔合 ………………………………………………………（127）
  5.1.3　未焊透 ………………………………………………………（128）
  5.1.4　气孔 …………………………………………………………（128）
  5.1.5　夹杂物 ………………………………………………………（129）
  5.1.6　咬边 …………………………………………………………（130）
  5.1.7　烧穿 …………………………………………………………（130）
  5.1.8　点焊瘤 ………………………………………………………（131）
  5.1.9　错边 …………………………………………………………（131）
  5.1.10　焊接飞溅 …………………………………………………（131）
 5.2　钢管焊缝数字射线检测标准 ……………………………………（132）
  5.2.1　钢管焊缝数字射线检测标准概述 ………………………………（132）
  5.2.2　钢管焊缝数字射线检测标准的应用范围 ………………………（132）
  5.2.3　钢管焊缝数字射线检测石油天然气行业标准 …………………（132）
 5.3　钢管焊缝的数字射线检测方法 …………………………………（133）
  5.3.1　数字射线检测方法及其原理 …………………………………（133）
  5.3.2　数字射线检测的表征参数 ……………………………………（135）
  5.3.3　数字射线检测图像评定的影响因素 …………………………（140）
  5.3.4　数字射线检测的特点 …………………………………………（143）
  5.3.5　钢管焊缝数字射线检测的应用 ………………………………（144）
 参考文献 …………………………………………………………………（149）

1 概 述

西气东输二线(简称"西二线")管道干线全长4895km,最高设计输气压力12MPa,采用外径1219mm、X80钢级钢管建造,是当时设计压力最高、输量最大、距离最长、所使用钢材等级最高的长输管线。

为保证西气东输二线的顺利实施,攻克西气东输二线X80管材应用中的关键技术,中国石油集团公司组织开展了西气东输二线X80管线钢管的研究开发,在"十二五"国家支撑计划"X80管材规范关键技术研究"(2008BAB30B01)和中国石油集团公司重大科学研究与技术开发项目"西气东输二线工程关键技术研究""西二线X80管材技术条件及关键技术指标研究"(2007-05Z-01-01)、"西气东输二线管道断裂与变形控制关键技术研究"(2009E-0105)等科技攻关项目的支持下,西气东输二线X80管线钢管的研究开发在X80断裂控制技术、厚壁钢板和钢管DWTT韧脆转变行为、钢管应变时效后强韧性的变化规律、DWTT试验断口分离的表征和评判方法、基于应变设计地区使用的直缝埋弧焊管许用应变的确定等方面取得了突破性的成果。研究提出了兼顾安全性与经济性的西气东输二线用X80热轧板卷、钢板、螺旋缝埋弧焊管和直缝埋弧焊管、感应加热弯管和管件关键技术指标要求,并纳入西气东输管材系列标准,极大地推动了X80管线钢管的国产化进程。

1.1 X80管线钢重要科研创新成果及应用情况

(1)基于国际上全尺寸钢管气体爆破试验数据库以及GASDECOM和HLP预测软件对西气东输二线的止裂韧性要求进行了系统研究,在此基础上提出了西气东输二线断裂控制方案。

为了确定西气东输二线断裂控制方案,一方面采用BS 7910《熔焊结构缺陷验收方法导则》中推荐的第二级(Level 2A)评价曲线进行分析计算,获得了焊缝和热影响区免于起裂的冲击韧性要求;另一方面根据西气东输二线的具体服役环境、压力等级、管材规格、运行温度、不同天然气组分等参数,利用国际上全尺寸钢管气体爆破试验数据库以及国际上先进的GASDECOM和HLP预测软件,采用Battelle双曲线方法对西气东输二线X80、X70板材和管材的止裂韧性进行研究分析,最终确定了西气东输二线X80和X70管线的断裂控制方案,提出了西气东输二线焊管母材的冲击性能指标。研究成果已经纳入西气东输二线X80、X70板卷、钢板、螺旋钢管、直缝钢管等相关技术条件。

(2)通过不同形式拉伸试样的应力应变行为研究,确定了钢管屈服强度的测试方法及相关要求,突破了有关标准对屈强比的限制,满足了工程需求。

通过对百余套X80板卷/螺旋钢管、钢板/直缝钢管纵向和横向不同形式拉伸试样的试验研究表明,X80钢级较高,包申格效应更加明显;圆棒试样和条形试样的差异相对于低钢级更大,圆棒试样更接近于真实管道的情况;提出了采用圆棒试样进行X80横向拉伸强度测试的方法,且根据管材的受力情况,通过对临界缺陷长度和屈强比的关系的研究,以及屈强比与管道安全性的分析研究[1,2]，对不同壁厚的 X80 钢管屈强比进行了科学规定。研究成果已经纳入西气东输二线 X80、X70 板卷、钢板、螺旋钢管、直缝钢管等相关技术条件。

(3) 通过厚壁钢板和钢管 DWTT 韧脆转变行为研究，确定了控制指标。

经过系统研究，明确了板材和管材的 DWTT 试验温度差异，并分别提出不同要求。针对厚壁 X80 直缝钢管的 DWTT 性能难以达到 85% 的剪切面积要求，通过对钢管应力水平的分析，对不同壁厚的 X80 钢管确定了不同 DWTT 性能要求。研究成果已经纳入西气东输二线 X80、X70 板卷、钢板、螺旋钢管、直缝钢管等相关技术条件。

(4) 通过系统研究，得到了钢管应变时效后强韧性的变化规律，为其质量控制提供了依据。

由于 X80 钢管的钢级较高，在经过成型制造成钢管后有较大的应变存在，在经过防腐后由于时效的作用，会使钢管的屈服强度和屈强比发生较大的变化，对钢管横向和纵向的变形能力都有较大影响，从而影响钢管的安全可靠性。通过对螺旋缝埋弧焊管、直缝埋弧焊管（包括大变形钢管）大量的室内和实际生产线上的试验研究，得到了 X80 钢管应变时效的影响。结果表明：随着时效温度增高和时效时间延长，钢管的屈服强度上升（最高达到 50MPa 左右），屈强比上升，冲击韧性变化不明显，塑性有所下降，尤其对拉伸曲线的形状有重要影响；不同钢种和不同管型的应变时效性能有所不同（包括屈服强度、屈强比、冲击韧性），应区别对待。提出了防腐涂敷温度不宜超过 200℃ 的建议。研究成果已经纳入西气东输二线 X80 直缝钢管等相关技术条件。

(5) 研究建立了韧性试验断口分离的表征和评判方法，提出了 DWTT 断口三角区的评判方法。

经过对 X80 管线钢的断口分离现象进行系统研究，发现夹杂物、带状偏析、微观织构等是引起断口分离的主要原因。研究制定了断口分离分级方法，提出了减轻或控制断口分离的措施。同时，对出现 Arrowhead Marking 的 DWTT 试验断口特征进行了分析研究，确定了评判方法。这些研究成果已经作为补充评定方法应用于西气东输二线管材的断口评定中，研究成果还为减轻各制造厂家的 X80 管线钢断口分离现象提供了技术依据。

(6) 研究提出了基于应变设计地区使用的直缝埋弧焊管许用应变的确定方法及相关技术指标。

对于基于应变地区使用的钢管来说，不仅仅要考虑普通地区使用钢管的强度和韧性等要求，最重要的是需要对钢管的纵向变形能力做出规定，即对纵向拉伸试验的应力应变曲线和塑性变形容量指标进行规定，这也是抗大变形钢管较为突出的特点。通过对高钢级钢板和钢管塑性变形容量指标进行试验研究，确定表征形变容量的关键技术指标以及相应的组织结构，并通过解析或者有限元计算的方法，确定抗大变形钢管的许用应变，明确了钢管形变能力与钢管材料的力学性能指标关系。通过对显微组织、时效现象及防腐温度等的研究，提出了用于基于应变设计地区的两种大变形钢管的技术要求以及相应的变形能力。研究成果已纳入西气东输二线基于应变设计地区使用直缝埋弧焊管技术条件。

1.2 西气东输二线 X80 管线钢和钢管系列技术标准

在应用基础项目、技术开发项目和重大科技专项的支持下，科研人员通过攻关，确定了 X80 热轧板卷、钢板、螺旋缝埋弧焊管和直缝埋弧焊管关键技术指标要求，并以此为基础制定了西气东输二线管材系列标准，用于西气东输二线管材质量控制。该系列标准是在 API 5L[3]现行版本的基础上，参考了 API 5L 和 ISO 3183 最新版本的内容，并根据科研成果进行了补充。针对西气东输二线管道的具体特点，在对 X80 管材关键技术指标进行系统分析和试验研究的基础上，明确了西气东输二线 X80 管材所需技术标准中尚未确定的关键技术指标，形成了西气东输二线用板材、焊管、感应加热弯管、管件等管材系列专用技术条件。在此基础上，基于国际上全尺寸钢管气体爆破试验数据库、Battelle 双曲线模型以及 GASDECOM 软件对西气东输二线的止裂韧性要求进行了系统研究，提出了西气东输二线断裂控制方案。同时针对西气东输二线多气源的特点，研究开发了具有国际先进水平的高压输气管线减压波分析预测软件，用于西气东输二线工程天然气气质确定和管道止裂预测，提出了西气东输二线天然气组分的控制建议。形成了高压输气管道止裂韧性预测专有技术，丰富和发展了高压输气管道止裂预测理论和方法。

通过研究，形成了西气东输二线用 X80/X70 系列标准（17 项正式标准及 2 项补充规定）：

Q/SY GJX 0101—2007《西气东输二线工程制管用热轧板卷技术条件》；
Q/SY GJX 0102—2007《西气东输二线工程制管用热轧钢板技术条件》；
Q/SY GJX 0103—2007《西气东输二线工程用螺旋缝埋弧焊管技术条件》；
Q/SY GJX 0104—2007《西气东输二线工程用直缝埋弧焊管技术条件》；
Q/SY GJX 0134—2008《西气东输二线管道工程大变形直缝埋弧焊管用热轧钢板补充技术条件》；
Q/SY GJX 0135—2008《西气东输二线管道工程基于应变设计地区使用的直缝埋弧焊管补充技术条件》；
Q/SY GJX 0129—2008《西气东输二线管道工程用感应加热弯管技术条件》；
Q/SY GJX 0130—2008《西气东输二线管道工程用 DN400mm 及以上管件技术条件》；
Q/SY GJX 0131—2008《西气东输二线管道工程用 DN350mm 及以下管件技术条件》；
Q/SY GJX 0132—2008《西气东输二线天然气管道工程用感应加热弯管母管技术条件》；
Q/SY GJX 0125—2007《西气东输二线工程用 X70 直缝埋弧焊管技术条件》；
Q/SY GJX 0126—2007《西气东输二线工程制管用 X70 热轧钢板技术条件》；
Q/SY GJX 0127—2007《西气东输二线工程用 X70 螺旋缝埋弧焊管技术条件》；
Q/SY GJX 0128—2007《西气东输二线工程制管用 X70 热轧板卷技术条件》；
Q/SY GJX 0137—2008《西气东输二线管道工程用 X70 感应加热弯管技术条件》；
Q/SY GJX 0138—2008《西气东输二线天然气管道工程用 X70 感应加热弯管母管技术条件》；
《西气东输二线管道工程用 X80 管材力学性能试验补充规定》；
《西气东输二线板卷头、尾性能试验补充规定》。

1.3 X80 管线钢产品开发及鉴定情况

我国 X80 管线钢的试制工作可以追溯到 2004 年建设的冀宁联络线。在中国石油科技管理部门、建设项目主管部门的组织和支持下，企业和科研单位的广大科技人员经过了多年辛勤努力，付出了大量心血和汗水，解决了成分设计、冶炼、轧制、制管成型、焊接等一系列制造技术难题，以及产品试制初期出现的诸如屈服强度偏低、屈强比偏高、落锤撕裂韧性偏低、焊缝导向弯曲开裂等材料性能及焊接工艺问题。

在X80开发过程中遵循了一套严格的试制和评价程序，包括单炉试制—小批量试制—鉴定—改进—批量投产—质量监督，产品开发过程是严谨的，数据是可靠的。自2007年12月首批热轧卷板和螺旋钢管通过鉴定以来，先后有6家钢铁生产企业的18.4mm热轧板卷、3家钢铁生产企业的22mm热轧钢板、6家钢管生产企业的φ1219mm×18.4mm螺旋缝埋弧焊管、3家钢管生产企业的φ1219mm×22mm直缝埋弧焊管通过了由中国石油和钢铁协会组织的西气东输二线X80管材产品鉴定。同时，国外已经有4家钢铁生产企业的φ1219mm×18.4/22/25.7/26.4mm直缝埋弧焊管和钢板（包括φ1219mm×22/26.4mm大变形钢管）通过了中国石油集团石油管工程技术研究院的产品评估，满足批量稳定生产和供货的要求。

1.4 西气东输二线X80管材生产和质量状况

为了保证西气东输二线板材和钢管的质量，石油管工程技术研究院制定了《西气东输二线试制X80管材质量评价工作安排和程序》，明确了试制评价方法和程序；制订了《西气东输钢管驻厂监造质量计划》和《西气东输钢管监造作业指导书》，指导驻厂监理工作开展。在质量计划中设定了明确的驻厂监造质量目标，即：监督抽检产品质量数据的可靠性，资料准确率达100%；监督工厂质量体系有效运行，保证工厂出厂钢管100%受控。按照"研究与开发相结合，监督与服务相结合、室内和现场相结合"的原则，在配合或做好研发、做好质量检测评价、做好驻厂质量监督的同时，强化了技术支持，及时解决管材生产中的技术问题。

通过一年多的工作，在中国石油集团公司管道建设项目部、科技管理部的组织领导下，研究单位与生产企业密切配合，专家组指导把关，各方面共同努力，国产钢管的质量稳定性随着生产经验的积累也有了很大的提高，钢管合格率由最初的不到80%提高到了97%左右。交货的X80级、φ1219mm直缝埋弧焊管和螺旋埋弧焊管各项性能指标均能达到西气东输二线管道工程用钢管技术条件的要求。

1.4.1 φ1219mm×18.4mm X80螺旋埋弧焊管理化性能

φ1219mm×18.4mm X80螺旋缝钢管的化学成分基本属于同一个成分体系。各家钢厂的X80管线钢中均采用了超低碳、硫设计，加入了一定量的Cu，并添加大量Mo优化合金性能[4,5]。

图1-1至图1-8给出了化学成分与力学性能的关系曲线。可以看出，碳是管线钢中最经济、最基本的强化元素，通过固溶强化和析出强化对提高钢的强度有明显作用，但是提高C含量对钢的延性、韧性和焊接性能有负面影响。随着C含量的增加，管线钢的断后延伸率下降，屈强比升高，HAZ的冲击韧性下降明显。Mn是管线钢中的主要合金元素，随着Mn/C的升高，管线钢的强度升高明显（图1-2）。

铬、钼[6]是扩大γ相区，推迟γ→α相变时先析出铁素体形成、促进针状铁素体形成的主要元素，对控制相变组织起重要作用。在一定的冷却条件和终止轧制温度下，超低碳管线钢中加入0.15%~0.35%的Mo和低于0.35%的Cr就可获得明显的针状铁素体及贝氏体组织，同时因相变向低温方向转变，可使组织进一步细化，主要是通过组织的相变强化提高钢的强度。由图 1-3 和图 1-4 可以看出，随着 Mo 含量的增加，管线钢的强度升高，屈强比降低。几家钢厂均加入了相当量的 Mo 元素，其中宝钢（宝钢集团有限公司）、太钢（太原钢铁集团有限公司）在加入 Mo 的同时还加入了 0.23% 的 Cr，使得该板卷生产的螺旋管屈服强度水平较高，均值分别为 618 MPa、614MPa。但是 Cr 含量的增加对管线钢的夏比冲击韧性有不利影响。从图 1-5 可以看出，随着 Cr 含量增加夏比冲击韧性值逐渐降低，当 Cr 含量为 0.17% 时，夏比冲击韧性达到最低值，而后随着 Cr 含量增加管线钢的夏比冲击韧性有所改善。

Nb、V、Ti 是现代微合金化管线钢中最主要的合金元素，对晶粒细化的作用十分明显。通过热轧过程 NbC、Ti(C、N)应变诱导析出阻碍形变奥氏体的回复、再结晶，经过控制轧制和控制冷却使非再结晶区轧制的形变奥氏体组织在相变时转变为细小的相变产物，以使钢具有高强度和高韧性。从图 1-6 至图 1-8 可以看出，随着 Nb+V+Ti 含量的增加，管线钢的强度、屈强比、夏比冲击功均增加明显。Nb+V+Ti 含量超过 0.12% 以后，断后延伸率迅速下降。

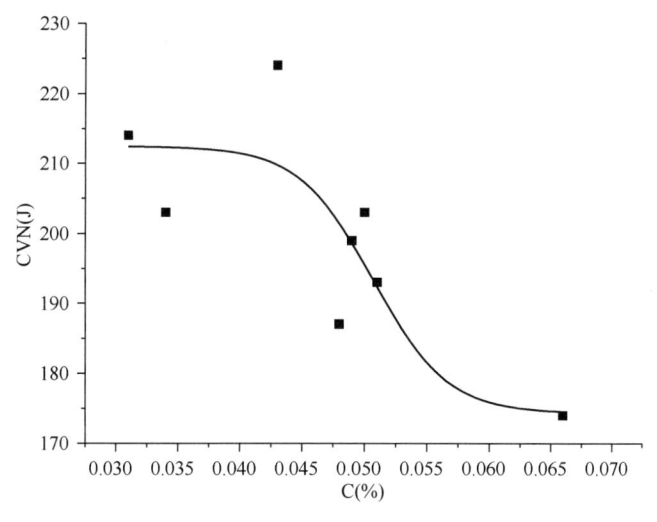

图 1-1 C 含量对 HAZ 夏比冲击功的影响

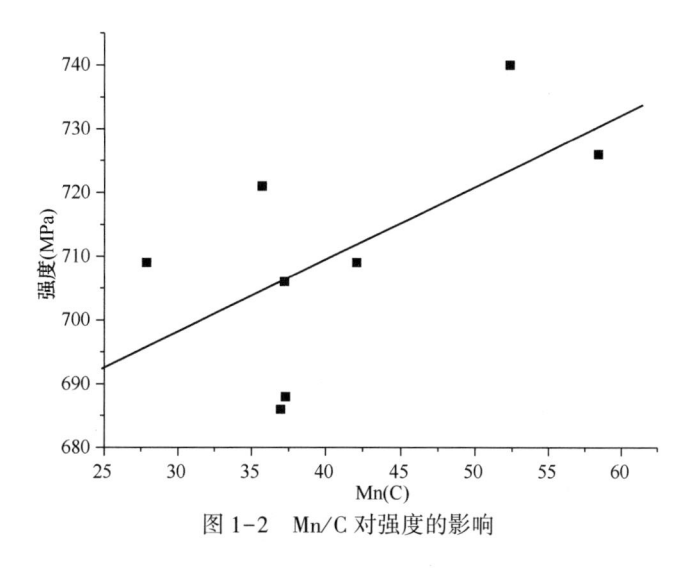

图 1-2 Mn/C 对强度的影响

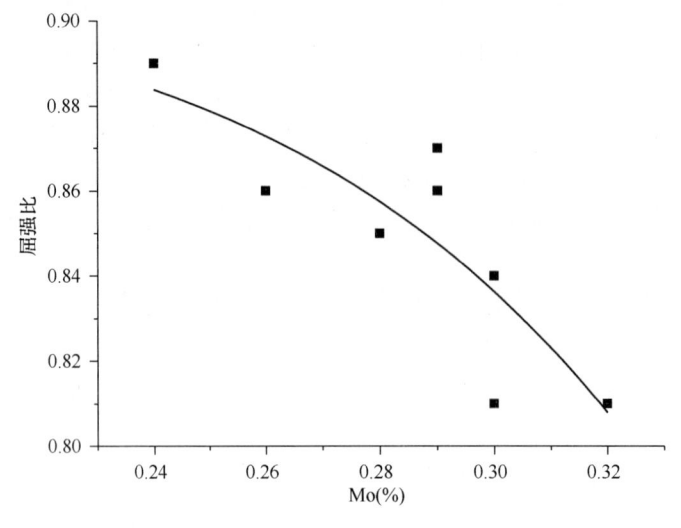

图 1-3 Mo 含量对屈强比的影响

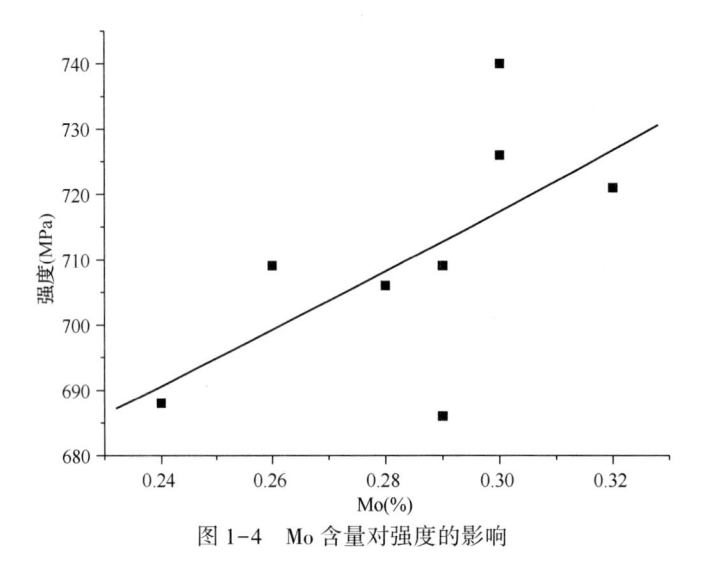

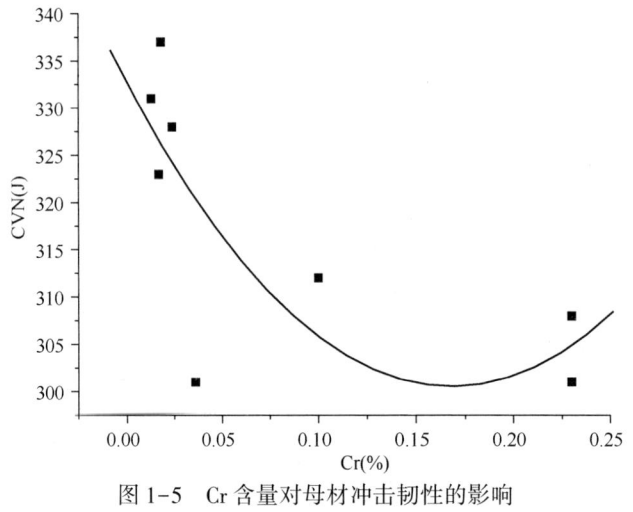

图 1-4 Mo 含量对强度的影响

图 1-5 Cr 含量对母材冲击韧性的影响

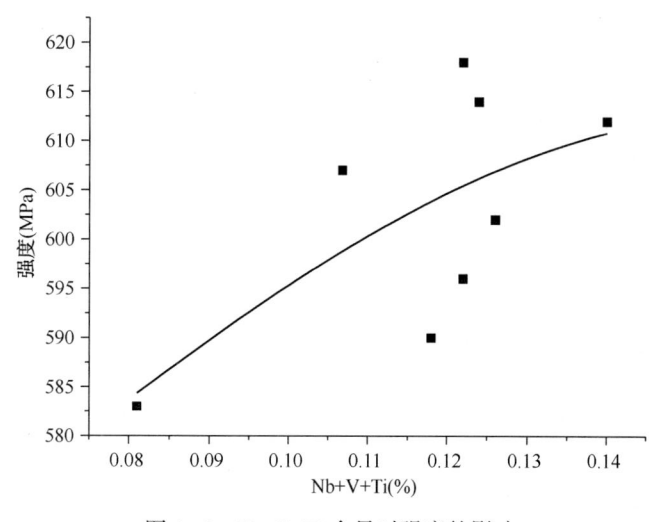

图 1-6 Nb+V+Ti 含量对强度的影响

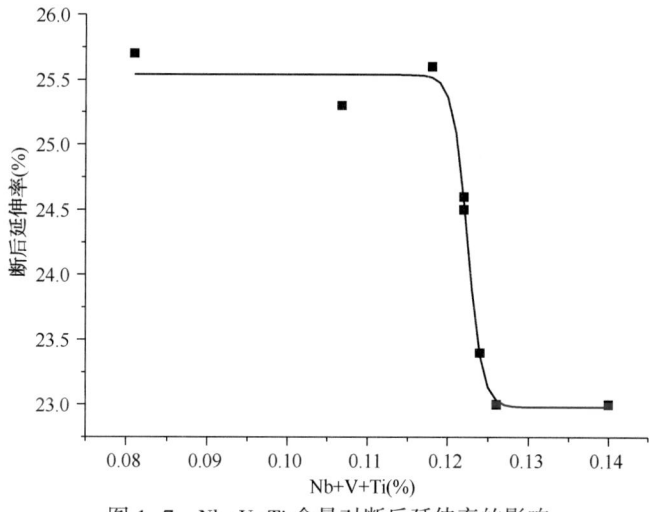

图 1-7 Nb+V+Ti 含量对断后延伸率的影响

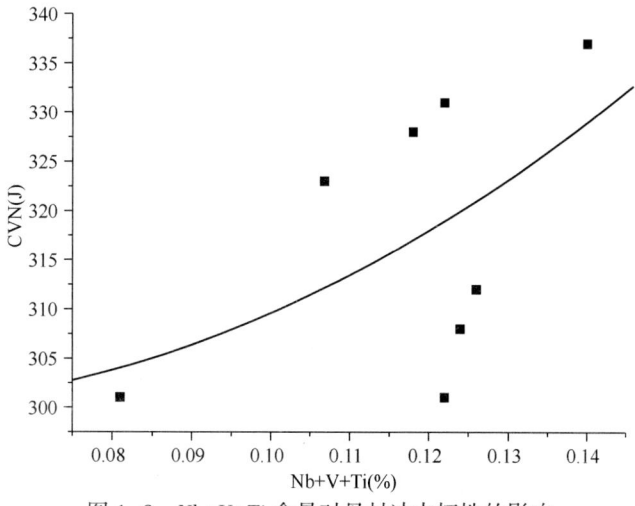

图 1-8 Nb+V+Ti 含量对母材冲击韧性的影响

批量生产的 X80 级、φ1219mm×18.4mm 的螺旋埋弧焊管各项力学性能指标达到西气东输二线管道工程用钢管技术条件的要求。其中，批量生产的 X80 级、φ1219mm×18.4mm 的螺旋埋弧焊管管体屈服强度平均值为 597MPa；管体抗拉强度平均值为 698MPa；管体屈强比平均值为 0.86；焊缝抗拉强度平均值为 734MPa。夏比 V 形缺口冲击韧性管体平均值为 328J，焊缝平均值为 156J，焊接热影响区平均值为 217J。夏比冲击 FATT50<-60℃，横向 DWTT 试验的 FATT85<-40℃，如图 1-9 至图 1-14 所示。

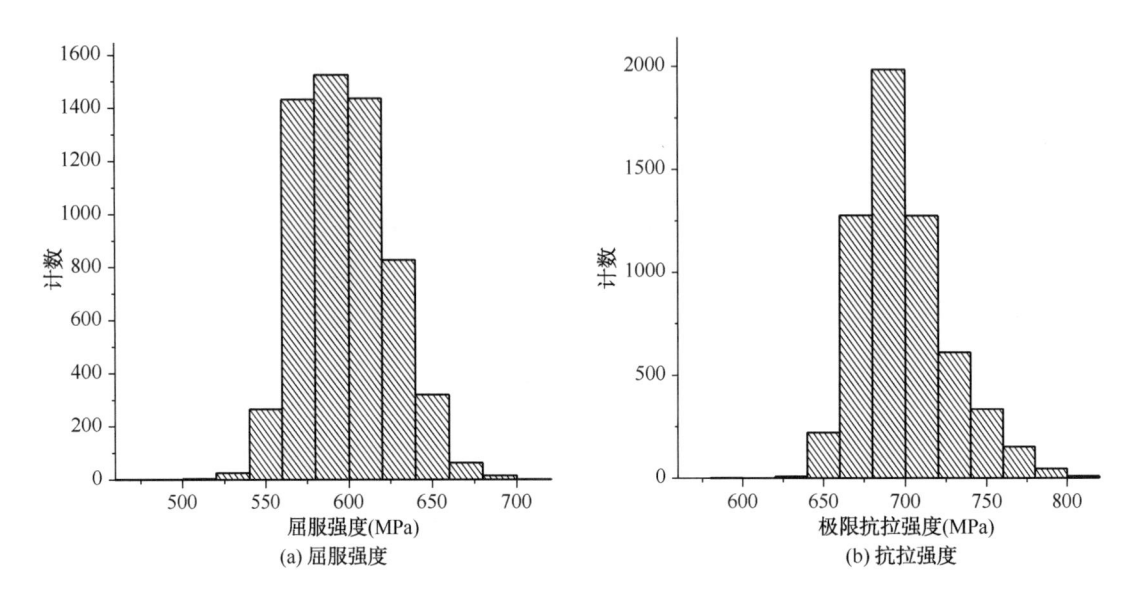

(a) 屈服强度

(b) 抗拉强度

图 1-9 批量生产的 φ1219mm×18.4mm 螺旋缝埋弧焊管管体拉伸性能

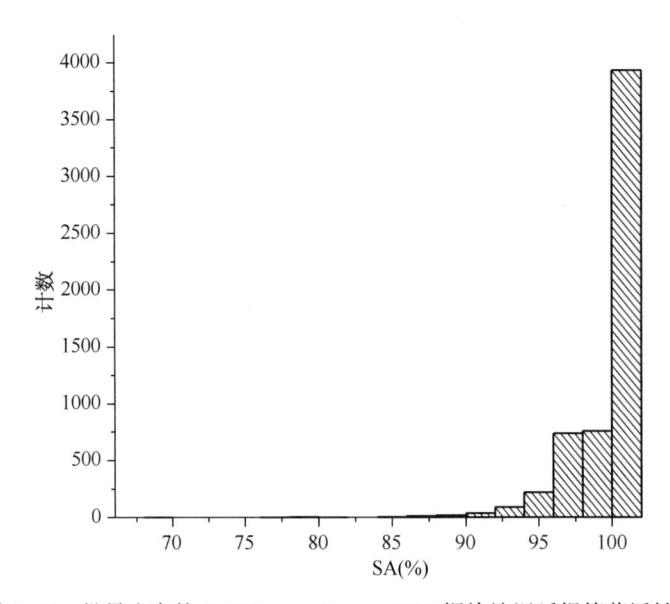

图 1-10 批量生产的 φ1219mm×18.4mm X80 螺旋缝埋弧焊管落锤性能

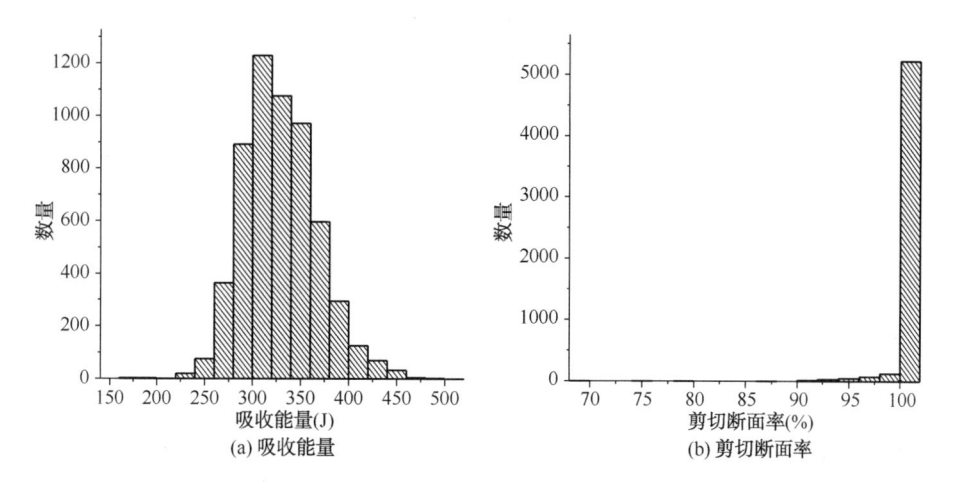

图 1-11 批量生产的 ϕ1219mm×18.4mm X80 螺旋缝埋弧焊管母材冲击性能

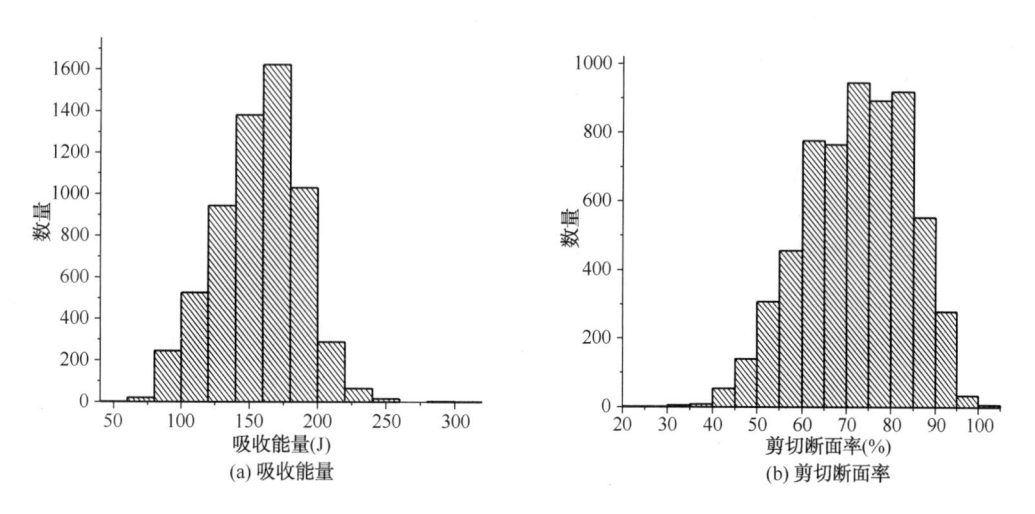

图 1-12 批量生产的 ϕ1219mm×18.4mm X80 螺旋缝埋弧焊管焊缝冲击性能

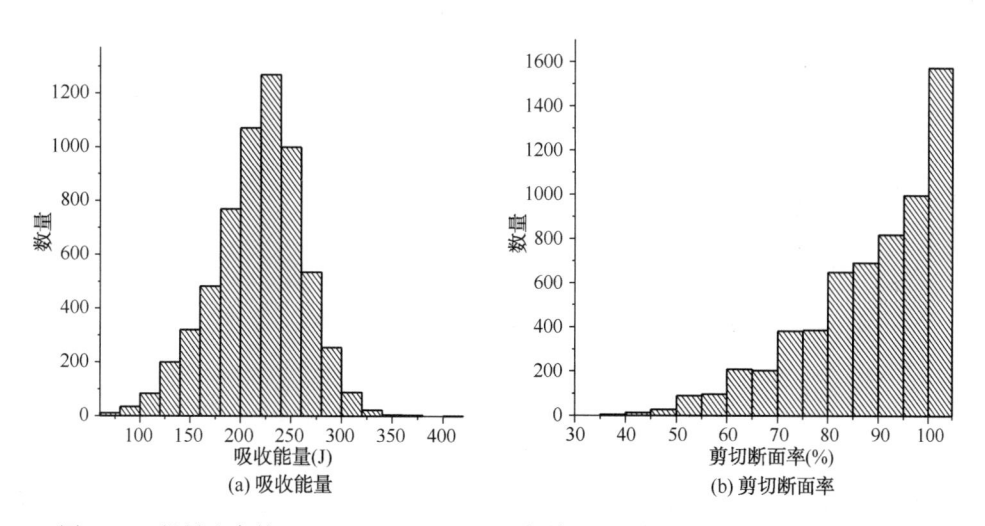

图 1-13 批量生产的 ϕ1219mm×18.4mm X80 螺旋缝埋弧焊管热影响区 HAZ 冲击性能

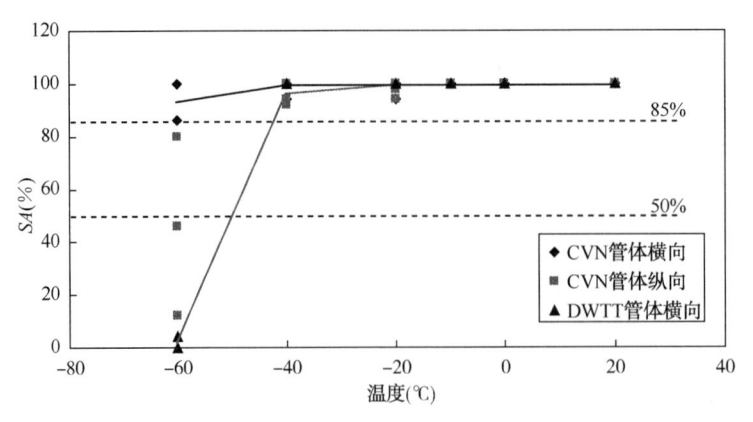

图1-14 批量生产的 ϕ1219mm×18.4mm 螺旋焊管系列温度夏比冲击和DWTT剪切面积实验结果(夏比冲击FATT50<-60℃，横向DWTT试验的FATT85<-40℃)

1.4.2 ϕ1219mm×22mm X80直缝埋弧焊管理化性能

国内外供货的X80直缝埋弧焊管都采用了C-Mn-Nb的微合金化体系，C含量较低，C、Mn含量差别不大，因而碳当量差别较小，均具有较好的焊接性。在微合金化方面，国内钢厂均使用了较多Nb、Mo等金属元素，国外公司微合金元素总量相对较少，可见在成分设计上，国内外工厂还存在一定差异。

综合分析西二线用X80直缝埋弧焊管的产品成分、组织和性能得出：未添加Mo元素的管线钢成分设计方案，提高了铁素体的形成温度，有利于铁素体的形成，在组织中产生了较多的准多边形铁素体，使屈服强度有所降低(566~684MPa)，图1-15为Mo含量对屈服强度的影响。

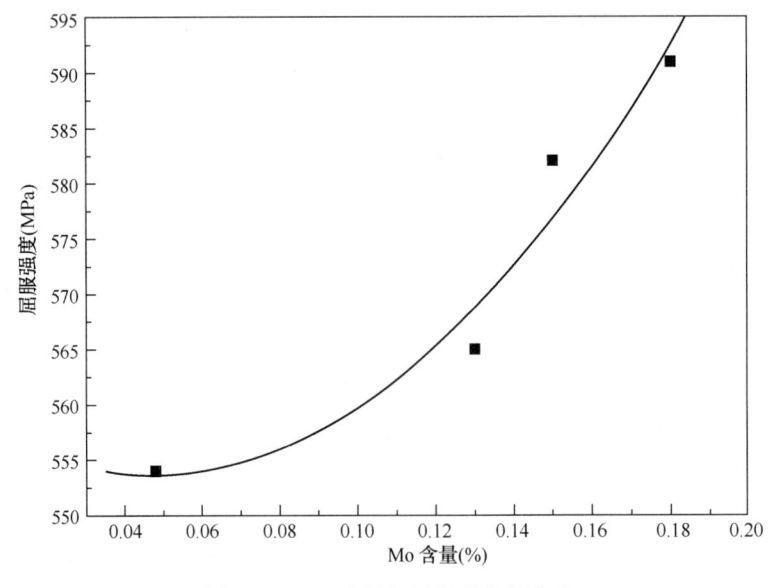

图1-15 Mo含量与屈服强度的关系

影响产品抗拉强度的主要是碳当量和Mn/C比，分别如图1-16和图1-17所示。表明碳当量和Mn/C比的增多可以提高产品的抗拉强度。Nb含量对细化晶粒有重要作用，因而可以影响产品的 DWTT 断口剪切面积，如图 1-18 所示。

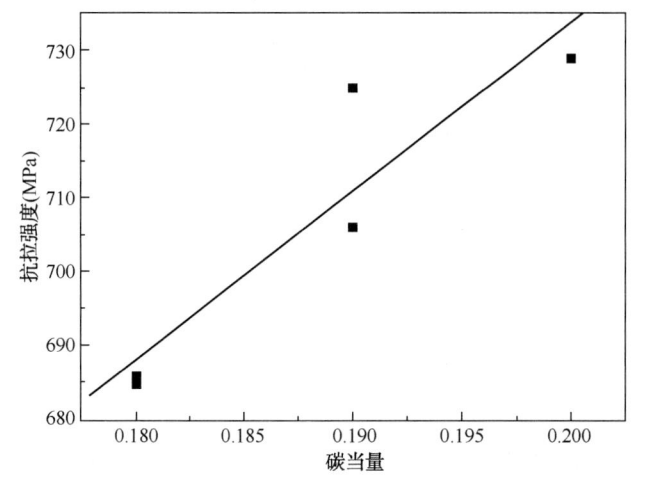

图 1-16 碳当量和抗拉强度的关系

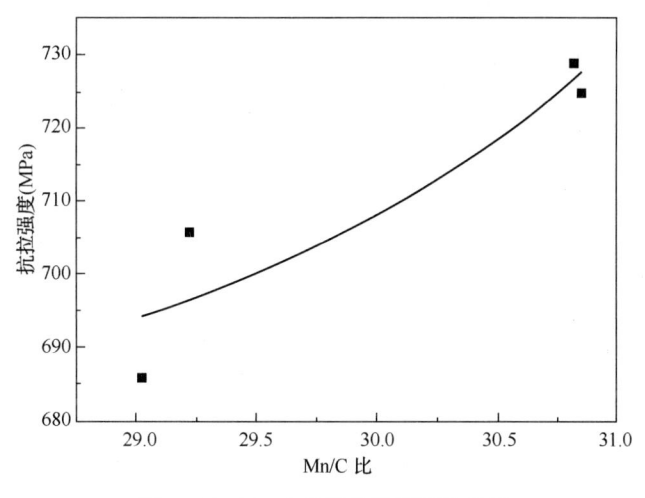

图 1-17 Mn/C 比和抗拉强度的关系

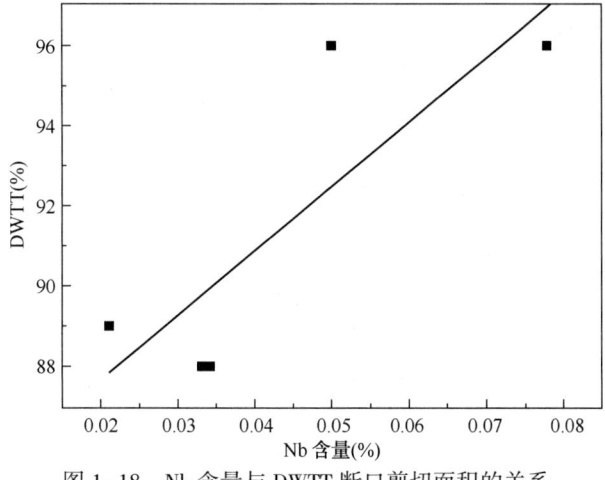

图 1-18 Nb 含量与 DWTT 断口剪切面积的关系

批量生产的φ1219mm X80直缝埋弧焊管各项力学性能指标达到西气东输二线管道工程用钢管技术条件的要求，具体指标如下：

（1）国产φ1219mm×22mm X80直缝埋弧焊管管体屈服强度平均值为624MPa、管体抗拉强度平均值为700MPa、管体屈强比平均值为0.89、焊缝抗拉强度平均值为701MPa。批量生产的φ1219mm×22mm X80的直缝埋弧焊管夏比V形缺口冲击韧性管体平均值为303J、焊缝平均值为181J、焊接热影响区平均值为232J。夏比冲击FATT50<-60℃，横向DWTT试验的FATT85<-10℃，如图1-19至图1-24所示。

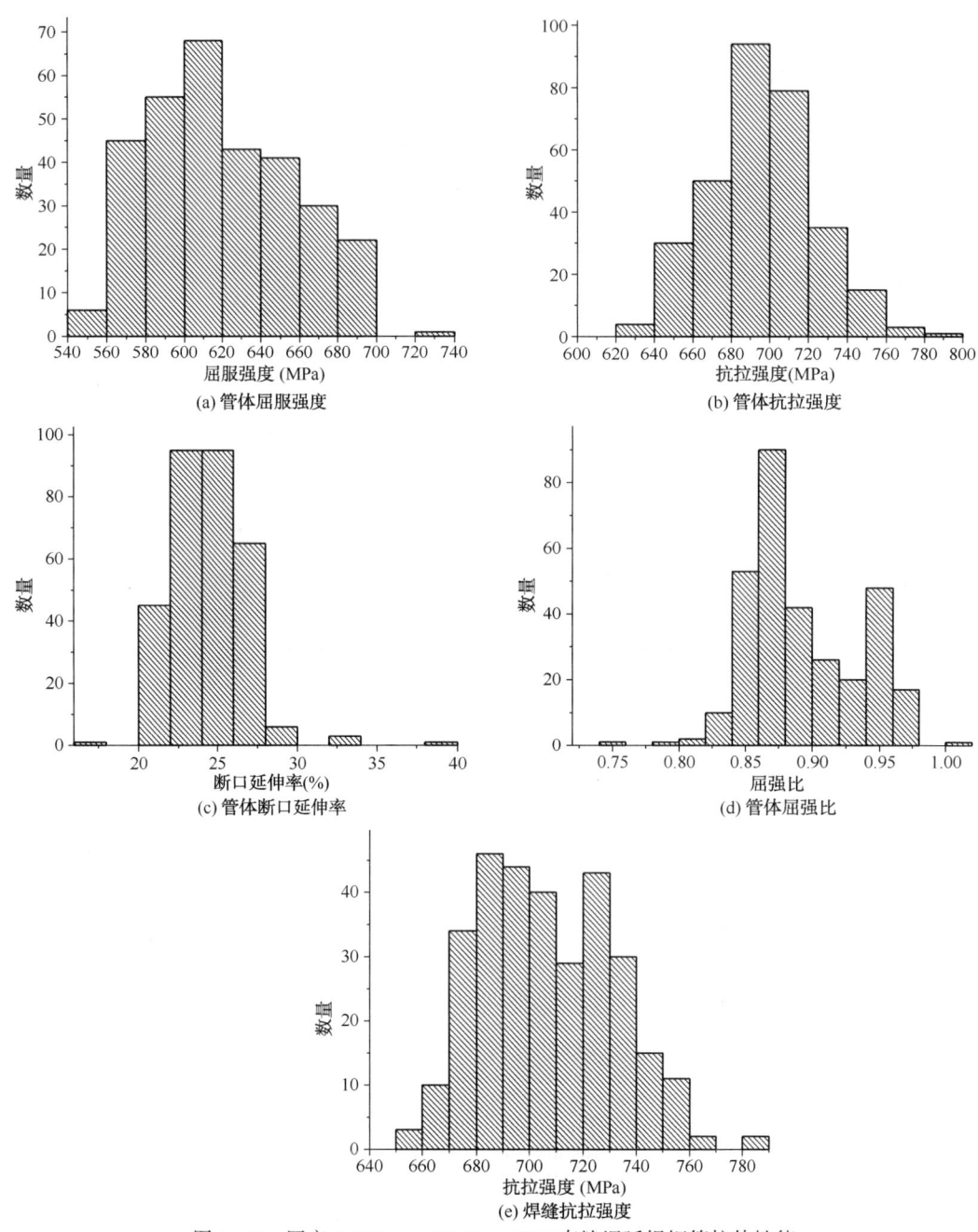

图1-19 国产φ1219mm×22.0mm X80直缝埋弧焊钢管拉伸性能

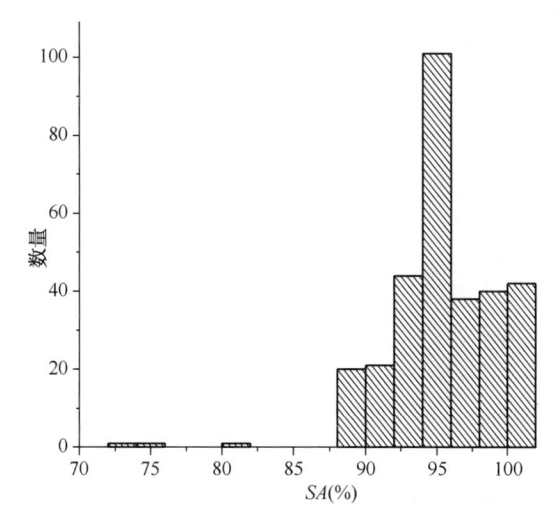

图 1-20 国产 ϕ1219mm×22.0mm X80 LSAW 钢管落锤性能

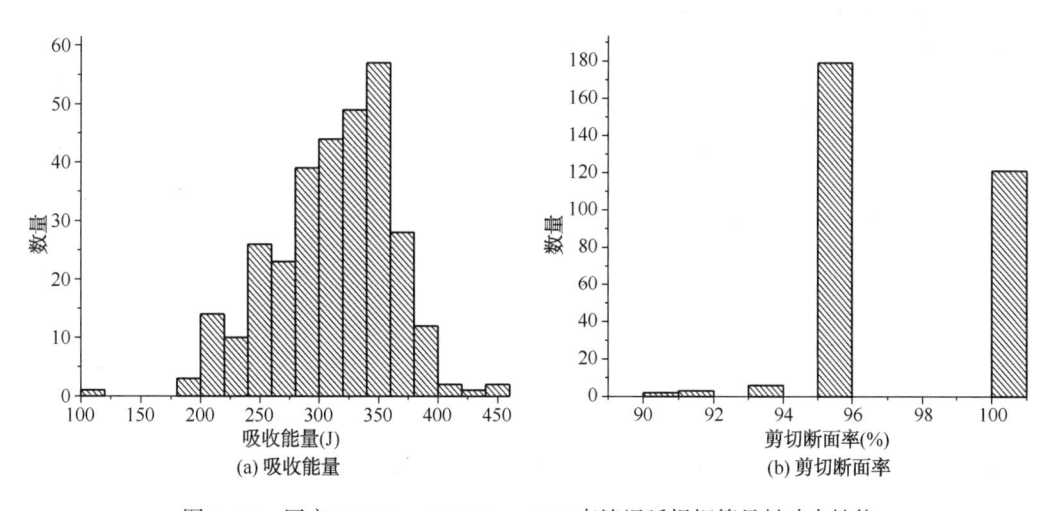

(a) 吸收能量

(b) 剪切断面率

图 1-21 国产 ϕ1219mm×22.0mm X80 直缝埋弧焊钢管母材冲击性能

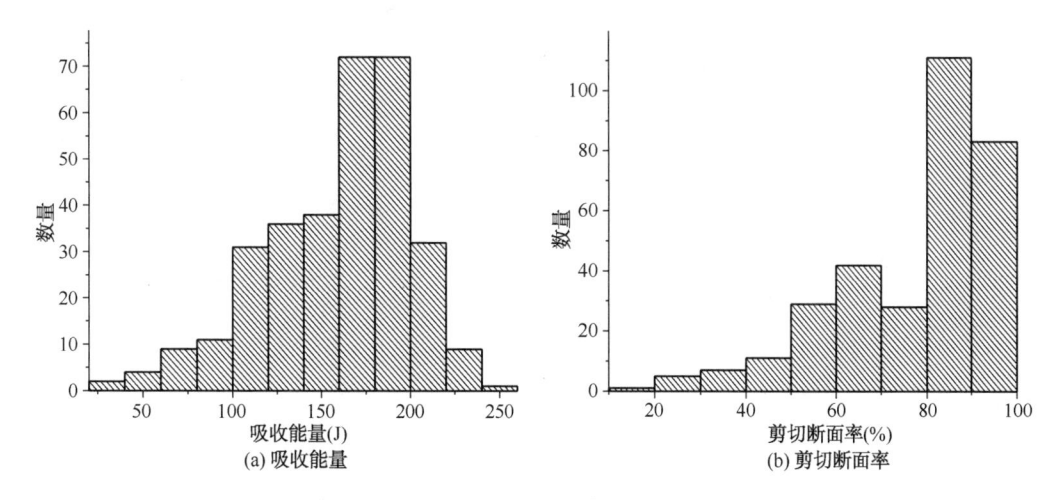

(a) 吸收能量

(b) 剪切断面率

图 1-22 国产 ϕ1219mm×22.0mm X80 直缝埋弧焊钢管焊缝冲击性能

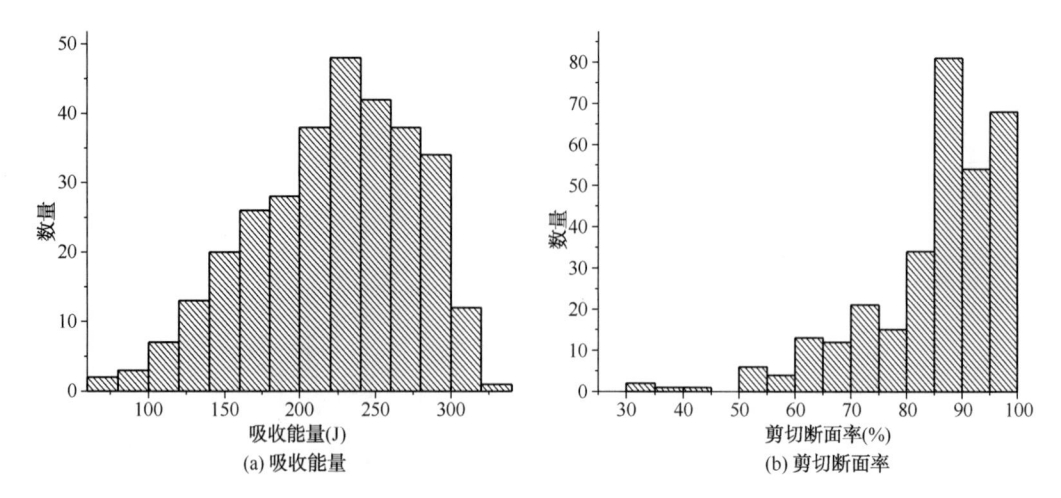

图 1-23 国产 ϕ1219mm×22.0mm X80 直缝埋弧焊钢管热影响区冲击性能

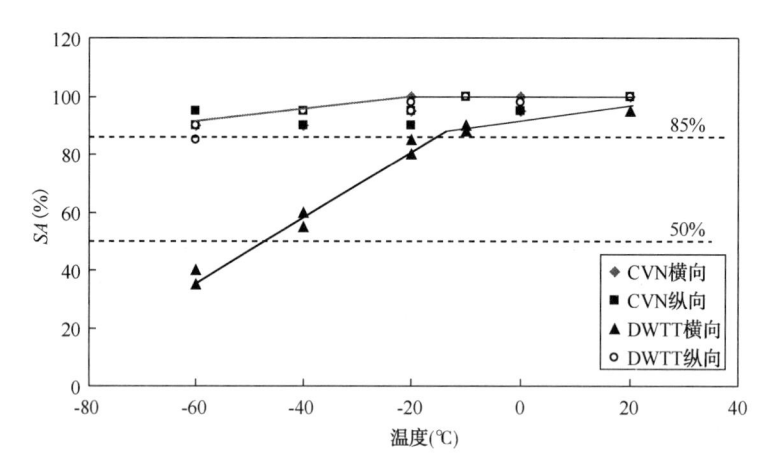

图 1-24 国产 ϕ1219mm×22mm 直缝埋弧焊管系列温度夏比冲击和 DWTT 剪切面积试验结果
（夏比冲击 FATT50<-60℃，横向 DWTT 试验的 FATT85<-10℃）

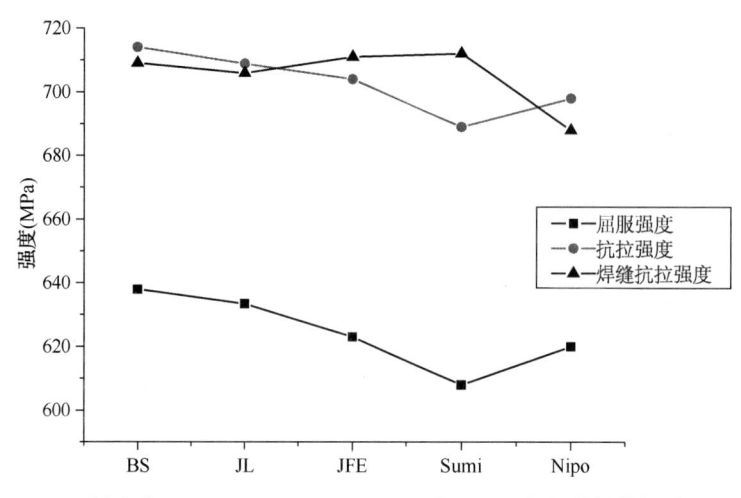

图 1-25 不同生产厂 ϕ1219mm×22.0mm X80 直缝埋弧焊钢管管体拉伸强度对比

（2）进口φ1219mm×22mm X80 直缝埋弧焊管管体屈服强度平均值为 624MPa；管体抗拉强度平均值为 702MPa；管体屈强比平均值为 0.89；焊缝抗拉强度平均值为 698MPa。批量生产的φ1219mm×22mm X80 的直缝埋弧焊管夏比 V 形缺口冲击韧性管体平均值为 350J，焊缝平均值为 206J，焊接热影响区平均值为 216J。夏比冲击 FATT50<-60℃，横向 DWTT 试验的 FATT85<-20℃。

（3）进口φ1219mm×26.4mm X80 直缝埋弧焊管管体屈服强度平均值为 597MPa、管体抗拉强度平均值为 691MPa、管体屈强比平均值为 0.86、焊缝抗拉强度平均值为 705MPa。批量生产的φ1219mm×26.4mm X80 的直缝埋弧焊管夏比 V 形缺口冲击韧性管体平均值为 319J、焊缝平均值为 206J、焊接热影响区平均值为 246J。夏比冲击 FATT50<-60℃，横向 DWTT 试验的 FATT85<-20℃。

（4）国内外钢管的母材屈服强度、抗拉强度和焊缝抗拉强度均值处于相当水平，上下相差约 20MPa。图 1-25 是国内外厂家φ1219mm×22.0mm X80 LSAW 产品的拉伸性能平均值。

（5）就钢管管体、焊缝和热影响区冲击韧性的平均值而言，国产 X80 直缝埋弧焊钢管的冲击韧性达到进口产品的水平。

1.4.3 管材金相组织

西气东输二线管线钢管采用了先进的针状铁素体组织的设计，这种组织的形态是针状铁素体（AF），含少量多边形铁素体（PF）。针状铁素体[7-9]之所以备受肯定是由于该组织使管线钢在高强度的条件下仍具有优良的韧性和焊接性等。

针状铁素体对材料性能的贡献首先归结于它的多位向的析出形态。针状铁素体与母相之间有特定的晶体学关系，不同方位的针状铁素体分别按不同的 K-S 关系从奥氏体中析出。在一个原奥氏体晶粒内可形成多个不同的取向、具有大角度晶界的板条束（也称晶畴）。由于针状铁素体尺寸参差不齐，彼此交错分布，使材料具有较小的有效晶粒尺寸。

图 1-26 表示了这种有效晶粒对裂纹的作用。由于板条束大角度晶界的阻止作用，解理裂纹在板条束界偏斜，使裂纹扩展速度降低。断裂过程的观察表明，裂纹通过针状铁素体时行径曲折，扩展的平均自由路径减小。对应的电子断口或为分布均匀的韧窝，或为解理单元细小的解理台阶。当为解理断裂时，河流花样紊乱，恰似针状铁素体的紊乱分布，并在解理裂纹中存在大量撕裂棱。

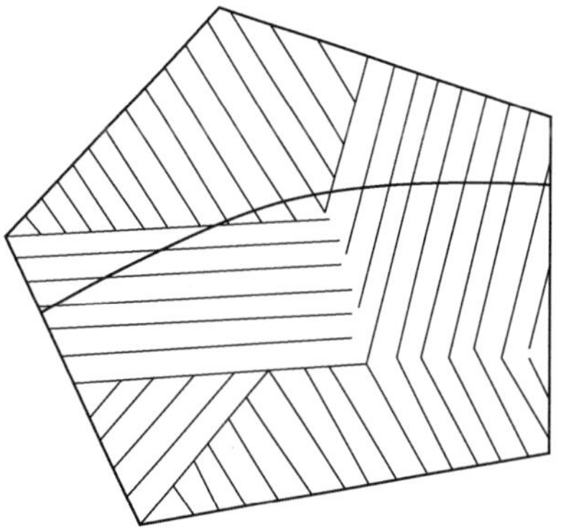

上述分析表明，板条束构成了针状铁素体的有效晶粒[10-12]。J. P. Naulor 在对板条束的位向分析中，用数学式描述了裂纹通过这种有效晶粒的晶界时所需要的裂纹扩展抗力 σ，即[13-16]：

图 1-26 有效晶粒对裂纹的作用

$$\sigma = \left[\frac{1.4Ea_cW}{Dd}\right]^{1/2}$$

式中　E——弹性模量，MPa；
　　　a_c——裂纹临界尺寸，mm；
　　　W——板条界上偏斜塑性功，J；
　　　D——板条束宽度，mm；
　　　d——板条宽度，mm。

可见，裂纹扩展抗力 σ 与有效晶粒尺寸 $D^{1/2}$ 具有线性关系。针状铁素体之所以具有优良的强韧特性，是因为裂纹在扩展过程中不断受到彼此咬合，互相交错分布的针状铁素体的阻碍。

针状铁素体不仅具有较小的有效晶粒尺寸，而且在针状铁素体内具有细小的亚结构。从奥氏体向针状铁素体的转变过程是一种共格切变过程，转变过程中局部地区位错发生偏聚、缠结而成为亚晶。电子衍射试验表明，针状铁素体轴比接近立方（$c/a=1.008$），晶内具有较高密度的位错（$10^8 \sim 10^9/cm^2$）。由于体心立方结构层错能高，不易分解成扩散位错而易发生交滑移，亚晶内的位错具有很大的可动性。正由于针状铁素体的亚晶结构和内部较高密度的可动位错，使针状铁素体具有良好的强韧性。

针状铁素体实质上是一种粒状贝氏体、贝氏体铁素体或粒状贝氏体与贝氏体铁素体组成的复相组织。针状铁素体板条边界中的 M/A 组元对韧性不构成危害。这是由于在控轧、控冷条件下形成的 M/A 组元细小，小岛平均弦长通常小于 $2\mu m$，不足以构成 Griffith 裂纹临界尺寸，而且其中的 10%~20% 的残余奥氏体是一种有利的韧性相，可降低裂纹尖端应力，消耗部分扩展功。不少研究者观察到，裂纹遇到 M/A 岛时常常发生转折，表现了 M/A 岛对裂纹扩展的阻滞作用。

针状铁素体的另一组织特征是微合金碳、氮化合物的沉淀析出。由于沉淀析出质点细小均匀，其形态多为球形或径厚相差不大的圆片状，而且与母相保持半共格，与基体呈紧密的结合，因而具有较好的强韧化效果。

通过针状铁素体这一组织形态的晶粒细化、位错亚结构和微合金碳、氮化合物的析出，使材料获得优良的强韧特性。

采用 OM、SEM 和 TEM 显微分析技术，对西气东输二线用 X80 管线钢的显微组织进行了系统研究[17]，完成不同钢厂、不同合金设计、不同组织类型、不同部位的 X80 组织结构的类型分析及 X80 典型组织形态的基本特征分析，完成了大量 X80 组织结构的实例分析，为组织结构的进一步优化提供支持。典型组织为以针状铁素体为主的组织结构，如图 1-27 至图 1-29 所示。

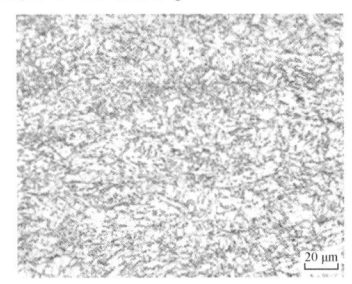

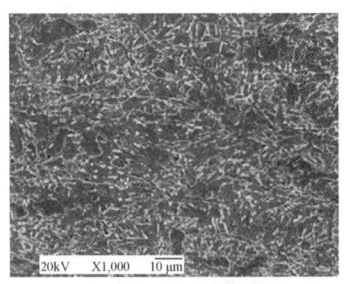

(a) 金相组织照片　　(b) 扫描电镜微观形貌照片　　(c) 透射电镜微观结构照片

图 1-27　典型国产 X80 热轧板卷/螺旋焊管针状铁素体组织（板卷中部性能优良）

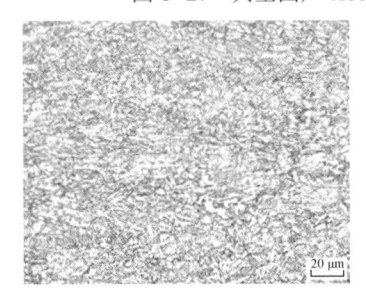

(a) 金相组织照片　　(b) 扫描电镜微观形貌照片　　(c) 透射电镜微观结构照片

图 1-28　典型进口 X80 直缝焊管针状铁素体组织

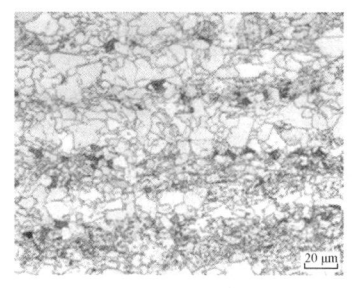

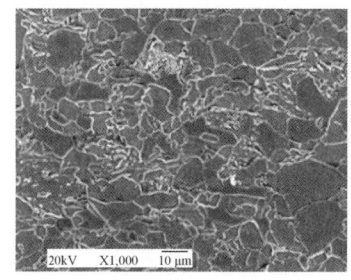

(a) 金相组织照片　　　　　　(b) 扫描电镜微观形貌照片　　　　　　(c) 透射电镜微观结构照片

图 1-29　铁素体+珠光体组织(板卷头/尾部)

1.4.4　西气东输二线工程用 X80 管线钢管实物静水压爆破实验结果

通过对国产 18.4mm 螺旋缝埋弧焊管、22mm 直缝埋弧焊管和进口的 22mm、26.4mm 直缝埋弧焊管的 12 次静水压爆破实验[18,19]，X80 级管线钢管实物静水压爆破实验测得的静水压爆破压力均超过标准规定最小抗拉强度对应的爆破压力(图 1-30)，断口属于延性断裂形貌(图 1-31)。

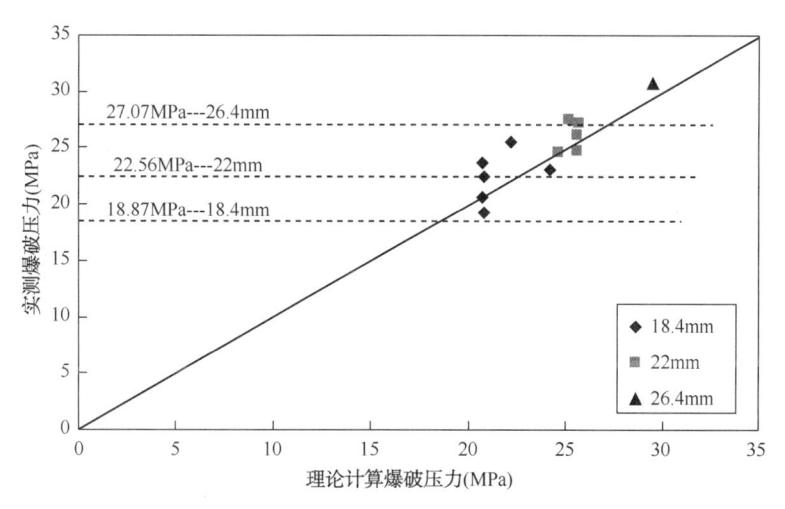

图 1-30　水压爆破实验结果

(a) 18.4mm螺旋缝埋弧焊钢管　　　　　　(b) 22mm直缝埋弧焊钢管

图 1-31　钢管水压爆破形貌

1.5 结论

交货的 φ1219mm X80 直缝埋弧焊管、螺旋缝埋弧焊管各项性能指标均能达到西气东输二线管道工程用钢管技术条件的要求。在力学性能方面，国内外钢管的各项力学性能均值处于相当水平。

从西气东输二线工程用直缝埋弧焊接钢管、螺旋缝埋弧焊接钢管的实物静水压爆破试验结果可见，钢管承压能力达到设计要求，国内外钢管具有相当水平的承压能力。

参 考 文 献

[1] L. Barsanti, G. Mannucci, H.G. Hillenbrand, G. Demofonti and D. Harris. Possible Use of New Materials for High Pressure Linepipe Construction: An Opening on X100 Grade Stee[C]//4th International Pipeline Conference, Calgary, 2002: 287-298.

[2] Randy Klein, Laurie Collins, Fathi Hamad, and Xiande Chen, Dengqi Bai. Determination of Mechanical Properties of High Strength Linepipe[C]//Proceedings of 7th International Pipeline Conference, Calgary, Alberta, Canada, IPC2008-64101.

[3] API SPEC5L, 管线钢管规范[S].

[4] Brianl J. HSLA Steels technology and Applications, 1984. 719-724.

[5] Wang S, Kao P W. J. Mater Sci, 1993, 28. 5169-5175.

[6] Graf M K, Lorenz F K, etal. HSLA Steels technology and Applications, 1984. 801-817.

[7] 高惠临. 管线钢—组织、性能、焊接行为[M]. 西安：陕西科学技术出版社，1995.

[8] 高惠临. 管线钢与管线钢管[M]. 北京：中国石化出版社，2012：61.

[9] 冯耀荣，高惠临，霍春勇，等. 管线钢显微组织的分析与鉴别[M]. 西安：陕西科学技术出版社，2008.

[10] Edmonds D V, Cochrane R C. Metall Trans, 1990, 21A：1527-1533.

[11] Subramaanian S V, Zurob H S, Zhu Z. 石油天然气管道工程技术及微合金钢[M]. 北京：冶金工业出版社，2007：194-204.

[12] Naylor J P, et al. Metall Trans, 1976, 7A：891-899.

[13] Hara T., Shinohara Y., Asahi H., Terada Y.. Effects of microstructure and texture on DWTT properties for high strength line pipe steels[C]//Proceedings of the Sixth International Pipeline Conference, Calgary (2006), IPC2006-10255

[14] Wang W, Shan Yiyin, Yang K. Study of high Strength pipeline steel with different microstructures [J]. Material Science and Engineering A, 2009, 502(1)：38-44.

[15] 高惠临，辛希贤. 管线钢韧性控制因素的探讨[J]. 焊管，1995，18(5)：7-11.

[16] Koo J Y, Luton M J, Bangaru R A, et al. Metallurgical Design of Ultra-High Strength Steel for Gas Pipeline[C]//Proceeding of 13th International Offshore and Polar Engineering Conference, Hawaii, USA, 2003：10-18.

[17] Liu M. and Wang Y-Y.. Modeling of anisotropy of TMCP and UOE linepipes[C]// Proceedings of the sixteenth international offshore and polar engineering conference, (ISOPE 2006), San Francisco, USA, May 28-June 2, 2006, pp. 221-227.

[18] 马秋荣，陈宏达，王海涛，等. 西气东输二线用 X80 级 φ1219mm×22.0mm 直缝埋弧焊管质量分析[J]. 焊管，2013(1)：14-19.

[19] Hillenbrand H. G., Liessem A., Knauf G., Niederhoff K.. Development of large-diameter pipe in grade X100 [C]//3rd International Pipeline Technology Conference, Brugge, Belgium, May 21-24, 2000：469-482.

2 高钢级厚壁油气输送钢管检测技术

西气东输二线采用X80、$\phi1219$mm的高钢级、大壁厚、大口径输送钢管属国内首次，其代表了世界第一流的高性能管线钢。西气东输二线钢管应用于各种不同的气候环境，因此要具有抵抗各种恶劣服役条件的能力，如高的强度和韧性，低的韧脆转变温度，良好的微观组织结构以及合格的外观尺寸等。因此，对X80管线钢质量性能的准确检测十分关键。西二线工程用X80管线钢的检测评价主要包括外观尺寸检验与验收、金相检验与评定、强韧性测试、化学成分、超声波检测等。国内外在高性能管线钢质量检验评价领域还存在很多争议问题。开展了高钢级厚壁油气输送管检测技术的研究与应用工作，具体技术路线如图2-1所示。

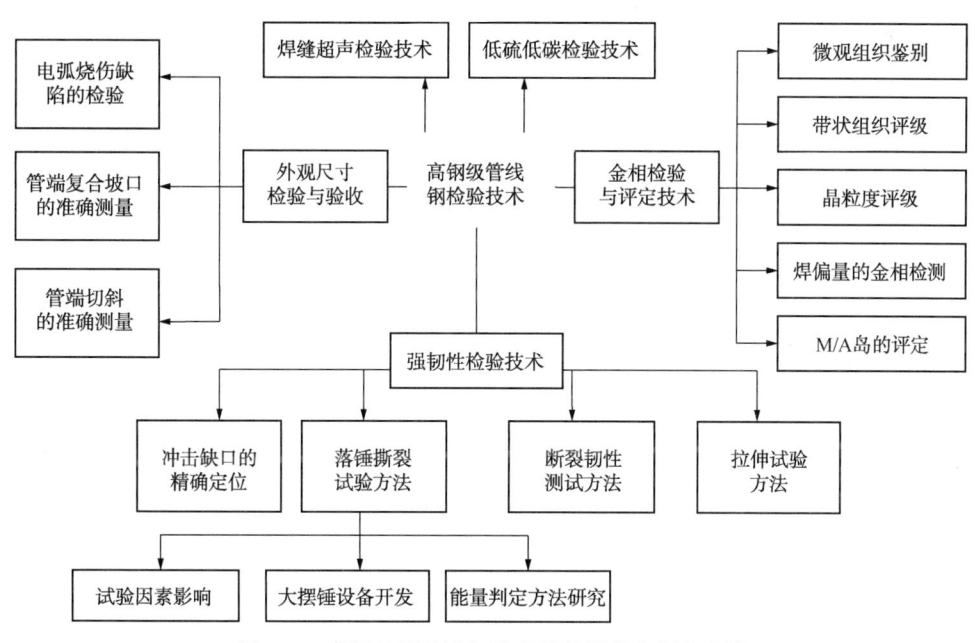

图2-1 高钢级厚壁油气输送管检测技术研究路线

2.1 钢管外观尺寸的检验与验收

2.1.1 电弧烧伤缺陷的检验与验收

钢管焊接时，由于电弧冲击或操作不当会引起管材金属表面熔化，形成局部点状缺陷[1]，外观表现为肉眼可观察到的烧伤痕迹（图2-2）。这种缺陷降低了钢管表面质量，改变了管材表面局部金属组织及性能，为管线安全运行留下隐患。对于环焊缝焊接，未经返修的电弧烧伤的传统验收方法是需要测量缺陷的宽度、长度及深度。但是，当电弧烧伤中有肉眼和常规射线探伤可检测到的裂纹时，则全部需要进行切除焊口缺陷，并重新焊接。此外，传统的"常规射线探伤"只对裂纹类缺陷检测判断，无法检测出烧伤造成的非裂纹类缺陷（组织改变等），不能彻底去除烧伤缺陷。这就意味常规验收方法耗资大，效率低，严重影响了工程进度和质量。

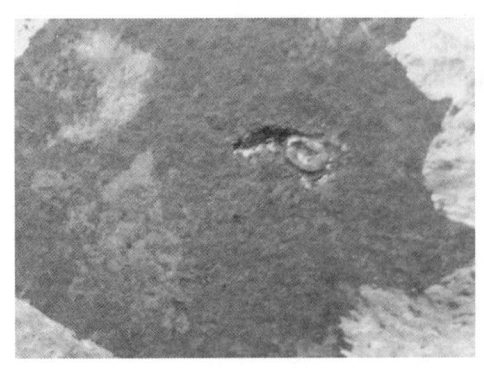

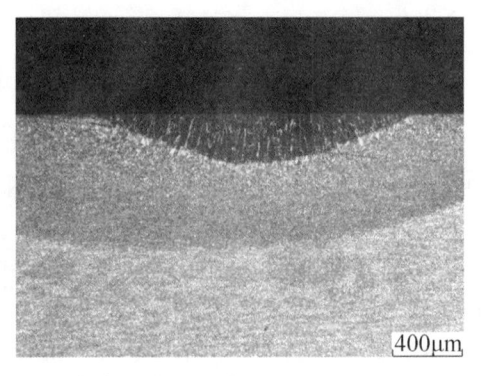

图 2-2 钢管电弧烧伤宏观照片与截面微观照片

验收电弧烧伤缺陷的主要方法为：首次借助了金相组织检验技术，分析并验收钢管中的电弧烧伤缺陷；通过打磨、抛光受损管体，使用便携式金相显微镜进行组织鉴定分析，保证了工件完整性；根据分析和测量结果准确高效判断电弧烧伤管段是否需要切除和重新焊接。全部操作只需要少量的技术人员，用常规的设备及消耗材料。这种方法经济、高效、现场操作性强，避免了大量人力物力的消耗，保证了管线建设的进度和质量。图 2-3 为验收钢管电弧烧伤缺陷流程图，具体操作过程如下：

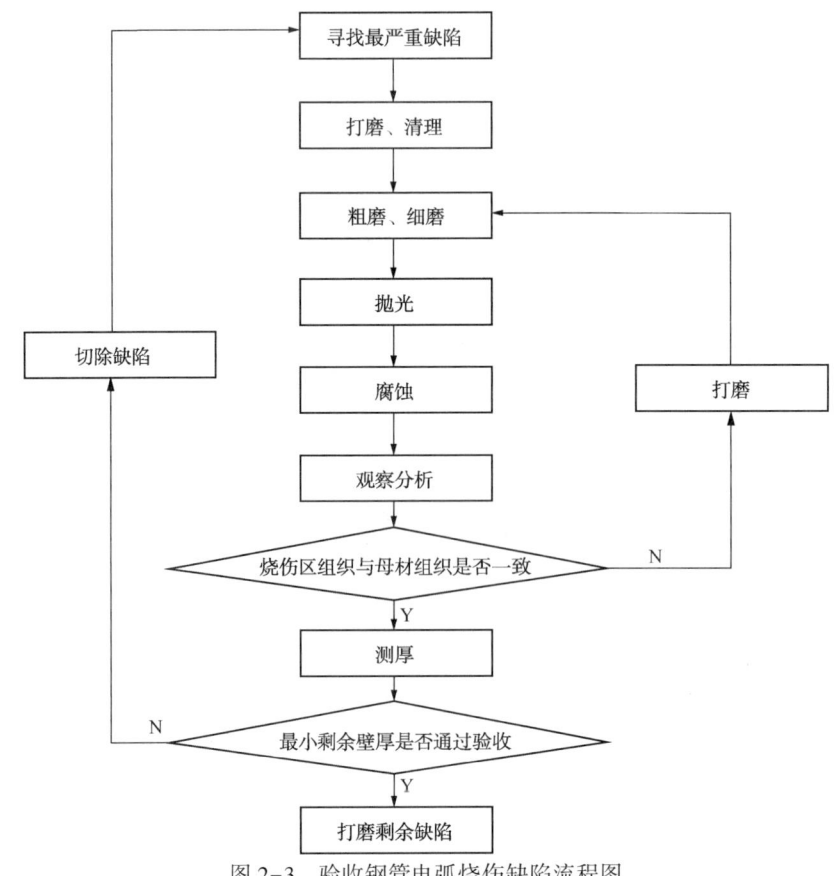

图 2-3 验收钢管电弧烧伤缺陷流程图

（1）寻找电弧烧伤最严重的缺陷。对于现场焊接环节中产生了不少于1处的电弧烧伤缺陷，首先通过宏观尺寸寻找其中电弧烧伤最严重的缺陷。

（2）表面清理。使用80~100目锉刀或电动砂轮机将烧伤区域表面处高于母材的凸起去除。

（3）粗磨。在烧伤区域表面先后使用120#、360#金相砂纸打磨，更换细砂纸后的打磨方向要与上道方向成90°，直到上道磨痕磨掉为止。或者使用便携式金相磨光机进行粗磨，更换细粒度磨头后打磨方向要与上道方向成90°，直到上道磨痕磨掉为止。以上过程需要不间断保持一定流量的水作为冷却液，防止钢管表面受热影响而导致组织变化。

（4）细磨。在烧伤区域表面先后使用600#、800#金相砂纸打磨，更换细砂纸后的打磨方向要与上道方向成90°，直到上道磨痕磨掉为止。或者使用便携式金相磨光机进行细磨，更换细粒度磨头后打磨方向要与上道方向成90°，直到上道磨痕磨掉为止。以上过程需要不间断保持一定流量的水作为冷却液。

（5）抛光。将细磨好的钢管部位用水冲洗干净后，使用电动抛光磨头先后加入粒度为2.5μm、1.5μm的金刚石喷雾抛光剂进行抛光，直至表面接近镜面。以上过程需要不间断保持一定流量的水作为冷却液。

（6）腐蚀。使用脱脂棉蘸4%~8%的硝酸酒精溶液对抛光表面进行腐蚀，直至金属表面原镜面消失，颜色变为浅灰色。

（7）观察分析。通过便携式金相显微镜用低倍(50倍以下)和高倍(200~500倍)镜头观察烧伤缺陷附近组织，对烧伤缺陷区与非烧伤区的组织进行分析比较。如果发现组织有明显区别，使用电动砂轮机对该部位进行轻微打磨，然后回到步骤3进行粗磨、细磨、抛光、腐蚀、观察分析。如果观察发现无明显烧伤特征组织，则进行步骤8。

（8）测厚并验收。用超声波壁厚仪测量钢管打磨抛光后无明显烧伤特征组织区域的最小剩余壁厚 $t_{residual}$，并与钢管的最小允许壁厚 t_{min}（参考此类钢管的生产标准）比较，判断该烧伤缺陷是否应该切除并重新焊接；对于不少于1处的电弧烧伤缺陷，如果其中最严重的烧伤缺陷管段不需要切除，则剩余缺陷均可通过验收，只需对剩余烧伤缺陷打磨，去除无明显烧伤特征组织即可。如果需要切除并重新焊接，对于管线剩余缺陷，则需要重新进行步骤1到步骤8，验收其余烧伤缺陷。

本技术形成发明专利1项（授权号ZL201010550635.0），技术成果已经直接应用于西二线钢管及其他集输管线检验。

2.1.2 管端复合坡口的准确测量

为了控制环焊缝焊接时的热输入和减少填充金属以节约材料成本，西气东输二线用X80厚壁钢管管端采用双V形复合坡口的设计，并对复合坡口尺寸大小有明确规定。因此，准确测量复合坡口的几何参数对保证钢管的质量和管道的施工效率显得十分重要。常见的焊接检测量具只能测量X形、Y形焊接坡口（图2-4）。此类量具在测量钢管管端复合坡口角时，因副尺的悬臂较长，导致主尺端面、副尺悬臂无法贴合在坡口角两个平面。此外，在测量钢管管端钝边长度时，如采用普通游标卡尺测量，卡尺的两个卡爪分别搭在钝边的上、下边沿处进行读数。但是由于管端钝边的上边沿在一个斜坡面上，普通游标卡尺的卡爪并不能准确地搭在钝边的上边沿处，最终造成测量结果不准确。

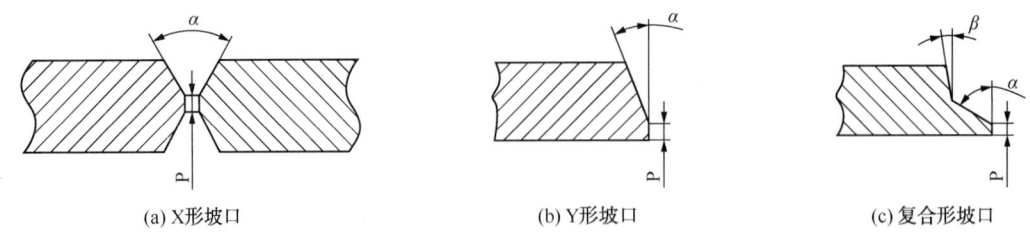

(a) X形坡口　　　　　　　(b) Y形坡口　　　　　　　(c) 复合形坡口

图 2-4　X形、Y形、复合坡口的坡口角及钝边示意图

检测被测焊接复合坡口的坡口角度及钝边长度需要采用专用量具(图 2-5~图 2-7)。该量具由主尺 1、副尺 2 和基尺 4 组成。其特征在于：半圆形状的主尺 1 与副尺 2 通过销轴 3 连接。主尺 1 带有长度和角度刻度线，并有一个供销轴 3 穿过的圆孔。主尺 1 的一面有一个滑槽 5，矩形形状的基尺 4 在主尺 1 的滑槽内可以滑动。基尺 4 的上表面、主尺 1 上长度刻度线的零线、圆孔的圆心在同一个平面内，并且圆孔的圆心到刻度线的距离恒定为该圆孔圆心到主尺直线表面距离的 10 倍。副尺 2 前伸悬臂相对较短，且前伸悬臂下表面以及后伸悬臂的上表面和圆孔的圆心在同一平面内。测量坡口角时，滑动基尺 4 使基尺上表面或前表面紧贴被测钢管管壁表面，副尺 2 前伸悬臂的下表面紧贴坡口角的斜面，此时可直接从主尺 1 的角度刻度线上直接读出坡口角角度值。测量钝边时，管端钝边紧贴主尺 1 直线表面，副尺 2 前伸悬臂的下表面搭在钝边上边沿处。以销轴圆孔圆心为对角顶点，主尺 1、副尺 2 之间形成一对相似比为 10 的相似三角形。利用相似三角形的相似比等于其各对应边长度之比的原理，将测得的钝边长度进行放大，实现直接测量读数。该量具测量管端复合破口的上、下坡口角角度及钝边高度的示意图见图 2-5~图 2-7。

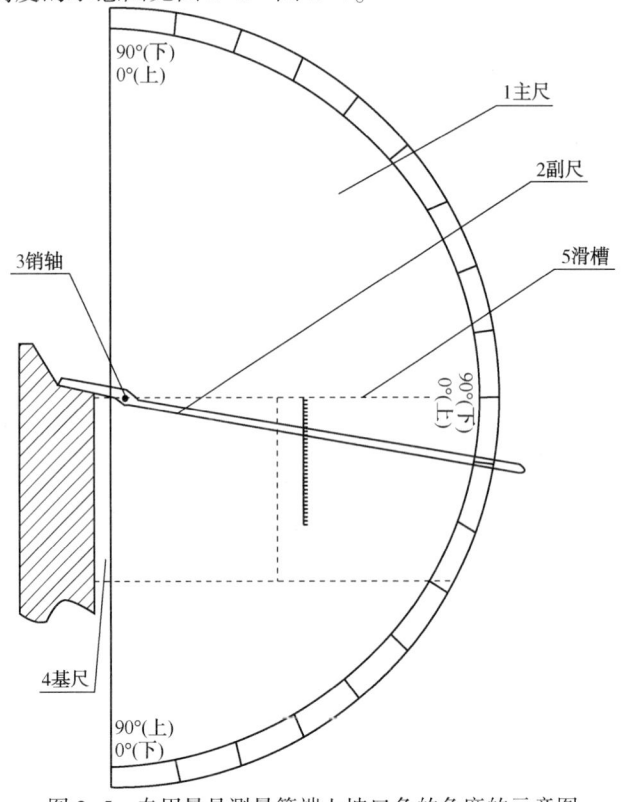

图 2-5　专用量具测量管端上坡口角的角度的示意图

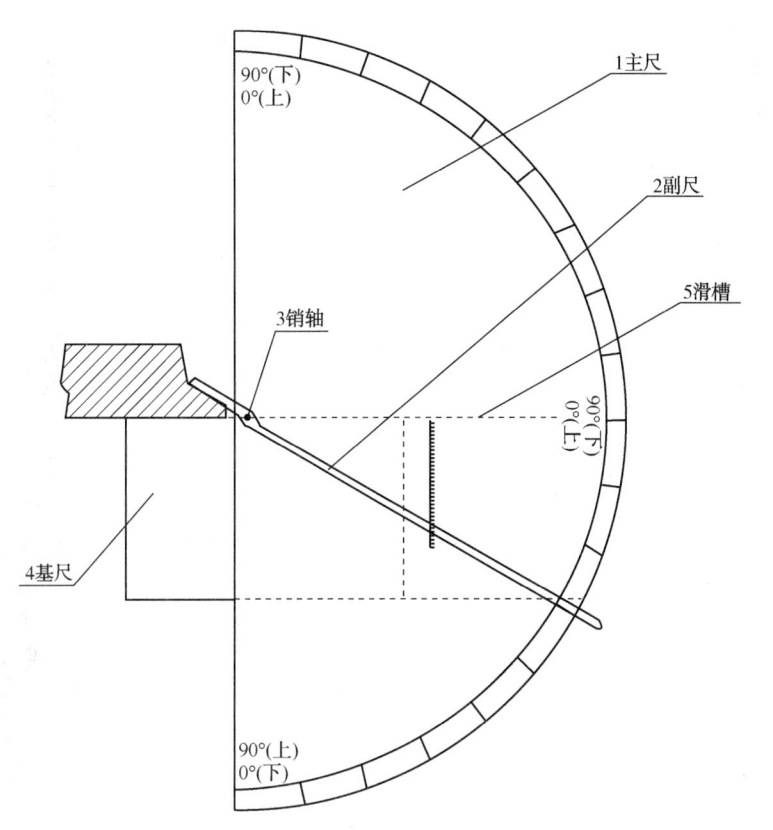

图 2-6 专用量具测量管端下坡口角的角度的示意图

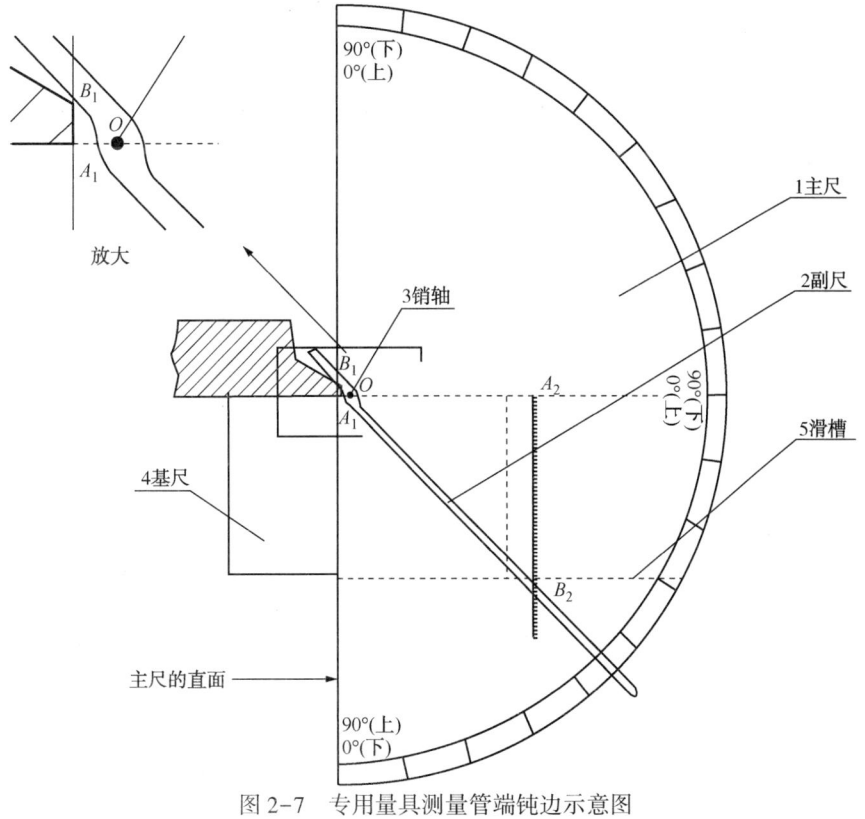

图 2-7 专用量具测量管端钝边示意图

本技术形成实用新型专利1项(授权号为ZL 200920110527.4)。该技术成果已成功服务于西气东输二线工程项目中进口钢管的复合坡口的检验,提高了检验效率及准确率,为国家重点工程项目用钢管的质量提供了有力的保证。

2.1.3 管端切斜的准确测量

为方便管道现场敷设应将钢管管端切斜量控制在一定的范围内,西气东输二线管道工程用钢管技术条件[2]对钢管的管端切斜量均有较严格的规定,因此在制管厂要求对每根钢管进行严格检测。目前国内钢管生产厂家普遍采用直角尺和塞尺,通过人工的方法来测量管端切斜尺寸。理论上管端是一个面,从不同的管端直径方向测量会有很多不同的切斜尺寸值,判断一个管端切斜是否合格,应测出其最大值。但测量一个值又不能确定管端切斜是否合格,通常的做法是:测量两个值(两次测量位置应相差90°),求两个测量值的平均值,记为平均值1;然后再用同样的方法在不同的位置测得两个切斜值,并求其平均值,记为平均值2。比较平均值1和平均值2,选用较大的平均值与标准规定的上限值进行比较,如果平均值低于标准规定,则判合格;如果超出标准规定则判废。因此,采用此方法测量管端切斜量,效率低下,且测量点不能覆盖管端圆周上所有的点,测量结果不具有代表性。此外,在工厂测量螺旋缝钢管的管端切斜量时,由于管端扩径和螺旋焊缝的影响,无法找到测量基准面,因而采用最原始的吊垂法测量,其弊端是无法保证测量结果的准确性、效率低下。因此,钢管批量生产检验采用此法进行测量是不可行的。

通过对标准的仔细研究,设计了一种钢管管端切斜量自动测量仪(图2-8)。具体技术方案是:钢管放在一个带有四个滚轮的载物台上,保证载物台尽可能水平,四个滚轮分布于钢管两端的两侧,4个滚轮同步逆时针转动,转动线速度在0.01~0.02m/s之间,以保证钢管原地缓慢自转。

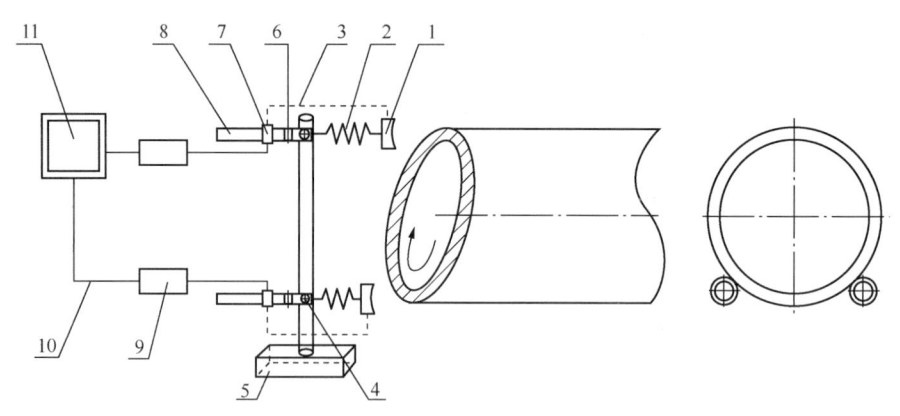

图2-8 钢管端面切斜自动测量仪结构示意图
1—测量探头;2—硬质弹簧;3—传动滑杆;4—销钉;5—支架;6—限位销;
7—滑块;8—导轨;9—信号转换器;10—数据线;11—PC机终端

自动测量仪由测量装置和信号输出装置两部分组成,测量装置水平放置,由测量探头1、硬质弹簧2、传动滑杆3、销钉4、支架5、限位销6、滑块7和导轨8组成。信号输出装置由信号转换器9、数据线10与PC机终端11组成。

上下测量探头1与硬质弹簧2的右侧相连接,测量探头2为楔形,有一定的光洁度,硬质弹簧2有一定刚度。硬质弹簧2左侧通过销钉4固定在支架5上,并且可以自由调整销钉

4 的位置来调整上下测量探头 1 的垂直距离,以保证上下两个探头的间距与钢管直径相同。上下两个测量探头 1 与钢管管端紧密接触,并保证上下探头 1 随钢管的转动可实现对管端切斜量的同步测量。

随钢管的移动,由于端面倾斜度的变化在硬质弹簧 2 上产生相应的压缩变形会带动连接在探头 1 上的传动滑杆 3 产生水平位移变化,传动滑杆 3 有一定刚度。传动滑杆 3 的位置变化带动放置在导轨 8 之上的滑块 7 产生水平往复运动,滑块 7 的右侧有一个限位销 6 以调整上下滑块 7 的起始位置完全相同。导轨 8 与支架 5 机械连接,有一定刚度,且表面有良好的光洁度,保证滑块 7 可以自由运动。

连接在上下滑块 7 上的信号转换器 9 将采集到滑块 7 的同步位移信号转化成同步电信号,信号由数据线 10 导入 PC 机终端 11。

PC 机终端 11 对传入的电信号进行分析:同一时刻,上滑块的位移为 d_{1t},下滑块的位移为 d_{2t},计算同一时刻上下滑块的位移差 $\Delta d_t = |d_{1t} - d_{2t}|$,$\Delta d_t$ 即为该时刻钢管端面的某一测量位置的切斜值。不同时刻得到不同的钢管端面位置切斜测量值,在众多的 Δd_t 里挑选最大值 Δd_{tmax},即是该钢管的管端切斜量。在 PC 机终端 11 分析系统中,设定一个标准规定的管端切斜上限值,在测量过程中,如果测量值超标,则立即报警,测量过程立即终止,该钢管即可判废。

测量前的校准:制备一根管径较小的标样管,并且该标样管的管端切斜量较小,然后用传统的手工测量方法,例如,直角尺配合塞尺测量法或吊垂测量法,对钢管端面几个随机位置测定其管端切斜量,并记录测量值的最大值。然后,利用管端切斜量自动测量仪,对手工方法测量过的标样管管端位置进行管端切斜量测量,参考手工方法测量的管端切斜值来调整限位销 6 的初始位置,使得前后两次的测量值相同,以此达到对管端切斜量自动测量仪进行校准的目的。

本技术成果形成实用新型专利 1 项(授权号为 ZL 200920106190.X),该技术能测量钢管端面或圆筒形容器端面的切斜量,并直读测量数据,提高了检验效率及准确率,为国家重点工程项目用钢管的质量提供了有力的保证。

2.2 高钢级管线钢金相检验与评定技术

2.2.1 组织鉴别、带状组织和晶粒度评定技术

针状体素体型组织为主的材料具有优良的综合性能,因此在西气东输二线管道工程中,提出要采用以针状铁素体型管线钢(针状铁素体比例不低于 50%)[3]。由于高钢级管线钢特别是针状铁素体型管线钢显微组织的复杂性,其组织鉴别不同于一般的低碳低合金钢,现有的带状组织评定方法、晶粒度评定方法也不再适用,所以迫切需要提出新的组织鉴别、带状组织和晶粒度评定方法,以满足高性能管线钢和钢管研究开发、质量检测评价和质量控制需求,保障重大管道工程顺利进行。

2.2.1.1 组织鉴别技术

现代管线钢是一种控轧、控冷状态的低碳微合金化钢。由于低碳、超低碳和多元的微合金化设计,以及在控轧、控冷过程中温度、变形量、冷却速度等不同工艺参数的变化,管线钢的显微组织形态呈现多样性和复杂性。虽然管线钢的相变过程大多在类似于中碳钢典型贝

氏体形成的温度范围内进行，然而由于管线钢含碳量较低，在其非平衡的相变产物中通常不含有渗碳体，而表现出一些特殊的组织形态特征。

针状铁素体是现代管线钢中广泛使用的显微组织专用术语。在管线钢中的所谓针状铁素体，其实质是粒状铁素体、贝氏体铁素体或是粒状铁素体与贝氏体铁素体组成的复相组织。西气东输工程用 X80 管线钢，由于不同厂家生产的合金成分和轧制工艺不尽相同，组织形貌各异。

对不同厂家生产的 X80 管线钢的显微组织进行了大量研究，分析了 X80 管线钢各种组织形态的形成机理、形态特征、亚结构，最后总结提出了针状铁素体型管线钢组织分类方法：在针状铁素体型管线钢中，常见的铁素体组织有针状铁素体、多边形铁素体、准多边形铁素体或块状铁素体、魏氏铁素体、粒状铁素体和贝氏体铁素体[4]。综合考虑实际控轧钢组织分析的各种困难和一般工程研究和检验的合理性与可行性，将各种铁素体组织简化为多边铁素体和粒状贝氏体。

图 2-9 是 X80 管线钢典型组织金相图片。其中，多边铁素体（PF）的形态特征为：具有规则的晶粒外形，呈等轴或规则的多边形；晶界清晰、光滑、平直；在光学显微镜和 TEM 下基体呈亮白色，晶界呈灰黑色；在 SEM 下，基体呈灰黑色，晶界呈亮白色。PF 具有低的位错密度，没有明显的亚结构。从力学性能角度讲，PF 具有较低的强度和硬度，较高的塑性。粒状贝氏体（GB）在光学显微镜下表现为不规则的块状。在亮白色的块状粒状贝氏体内部和边界可见 M/A 岛状组织，在块状边界的岛状组织多呈亮白的粒状，在块状内的岛状组织多呈细小的黑色点状。管线钢材料中，GB 组织有较好的强韧特性。

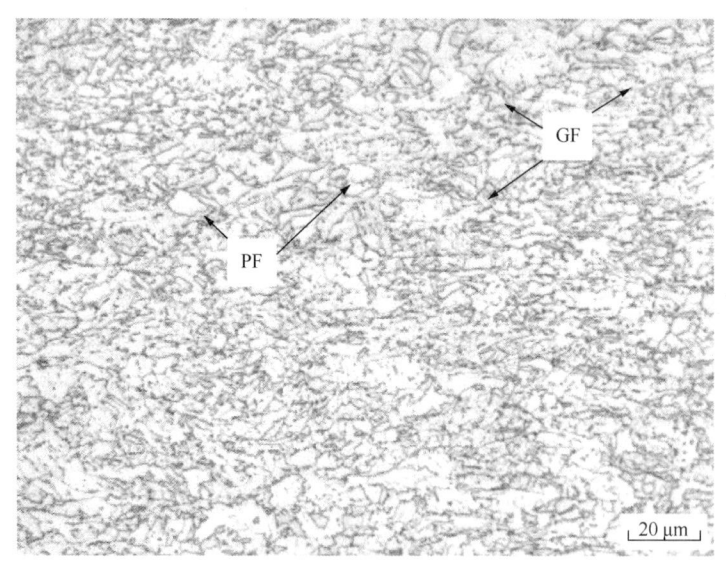

图 2-9 X80 管线钢典型组织

2.2.1.2 带状组织检验技术

钢中的带状组织是沿轧制方向形成的，以先共析铁素体为主的带与以珠光体为主的带彼此堆叠而成的组织形态，是钢材中常出现的缺陷性组织[5]。钢材成分偏析越严重，形成的带状组织越严重。研究表明[6-11]由于相邻带的组织不同，它们的性能也不同，导致产生应力集中，总体力学性能下降，并且有明显的各向异性；此外，带状组织对管线钢的主要危害就是降低了其抗腐蚀性能。因此，必须对管线钢中的带状组织评级并验收。

国际上带状组织评级有两大体系。一种体系是采用标准图片对比法。该方法将试样上的金相组织与图谱相对照，找出与图片最接近的级别。该方法也分为两大体系：一种是以我国、原苏联为主的最严重视场评级法，即浏览整个抛光面后，记录其中一个最严重级别，如我国国家标准 GB/T 13299—1991《钢的显微组织评定方法》[12]；另一种方法是以欧洲德国 DIN 标准为代表的平均级别评级法，即记录整个抛光面的级别及出现的视场数，然后计算平均级别。另一种体系是以美国 ASTME1268—01[13] 为代表的体视学方法测定和评价钢中带状组织和方向性程度，该标准测试原理运用类似于晶粒度测定中的直线网格截点法及数理统计的计算方法，来实现钢中带状组织级别及方向性程度的定量评级。

普通的低碳合金钢带状组织为珠光体组织，由于高钢级管线钢特别是针状铁素体型管线钢显微组织的复杂性，其带状组织不同于一般的低碳低合金钢，常出现 M/A 带，贝氏体带等。现有的带状组织评定方法不再适用，如我国国家标准 GB/T 13299—1991 是针对的低碳合金钢的珠光体带评定。而 ASTM E1268—01 标准虽然更具有科学性和数理统计意义，但是该标准运用时一般需要如下复杂步骤：(1)试样制作；(2)图片获取；(3)选择特征物；(4)测量直线网格的设置与画取；(5)截段或截点计数原则；(6)单位长度截点数计算，分别计数通过所有给定的平行和垂直线段与带状组织相晶粒边界相交的截段数量 N 或截点 P 值；(7)结果运算，计算平行和垂直于变形方向单位长度截段数的平均值、标准偏差、95%置信区间和相对精确度 Ra。该方法需测量视场数较多，测量数据多，所采取的截点法非常复杂，结果还需要进行数理统计结算。因此不适合大量工程检验应用，所以迫切需要提出新的带状组织评定方法，以满足高性能管线钢和钢管研究开发、质量检测评价和质量控制需求，保障重大管道工程顺利进行。

根据高钢级管线钢组织类型特点，提出了针状铁素体型管线钢带状组织的评定方法。相比其他标准方法，该方法操作简单，合理可行，获得了良好的应用效果，在西气东输二线等重点工程中发挥了重要作用。

具体技术方案如下：在距钢板或板卷宽度的 1/2 处或距焊管焊缝 180°处取纵向试样，进行打磨、研磨、抛光，用 2%~4%硝酸酒精浸蚀，在 200 倍下在壁厚中心进行检查评级，标准视场直径为 80 mm。依据硬组织带（M/A 或珠光体）的条数，在视域内的贯穿程度、连续性以及与夹杂物相关性对带状组织的评级可分为 4 级，见图 2-10~图 2-13。

1 级：F 体及硬组织带有沿轧向分布的趋势。2 级：能见 3 条及 3 条以下连续硬组织带贯穿视域。3 级：能见 3 条以上连续的硬组织带。4 级：能见 3 条以上连续的硬组织带，且集中分布呈宽带。如在组织内发现下列情况，可在原有级别上加半级：(a)在硬的组织带内伴有塑性夹杂物，且在 500 倍下贯穿整个视域；(b)一条硬组织带的宽度在 200 倍下超过 4 mm，且组织带完整连续。

该方法已被西气东输二线管道工程用直缝埋弧焊管技术条件作为带状组织的评定方法。

2.2.1.3 晶粒度评级技术

晶粒度的大小是金属材料最重要的组织特征参数之一，因为它几乎对金属材料所有的性能和转变都会产生重要的影响。所以，在金属材料的研究和生产过程中，都十分重视对晶粒度的控制和检验评定。

针状铁素体管线钢是第二代微合金管线钢，强度级别可覆盖 X60~X90。微合金化管线钢在控轧、控冷过程中，针状铁素体是在稍高于上贝氏体温度范围，通过切变相变和扩散相变而形成的具有高密度位错的非等轴铁素体，其实质是粒状铁素体、贝氏体铁素体或是粒状

图 2-10 1 级带状组织评级对比图(200×)

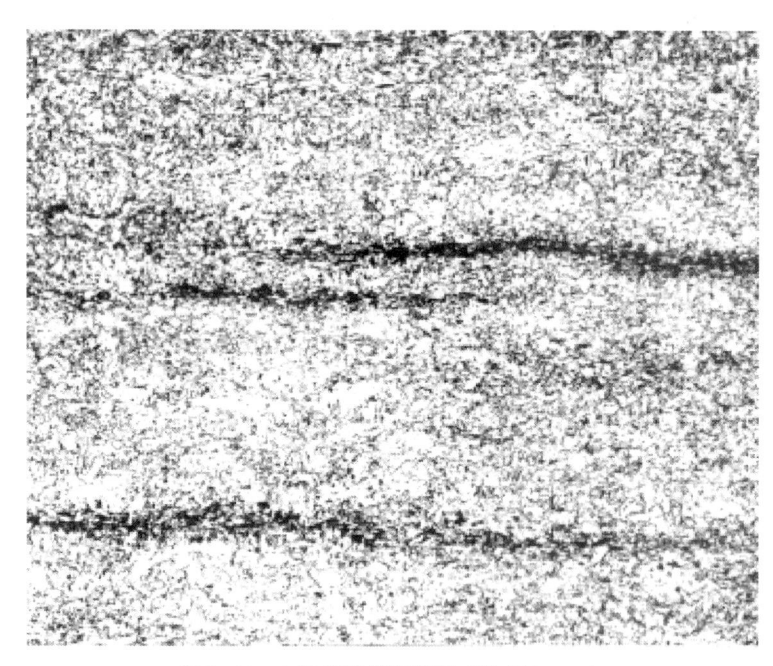

图 2-11 2 级带状组织评级对比图(200×)

铁素体与贝氏体铁素体组成的复相组织[14]。

针状铁素体类管线钢由于低的含碳量,以及在未结晶区大的轧制变形量,得到的组织边界极不规则,测定针状铁素体晶粒尺寸的难度很高。与马氏体或上、下贝氏体不同的是,管线钢的贝氏体板条在光镜下没有衬度差,均呈亮白色。虽然可以从铁素体内 M/A 岛的分布或板条束取向区分各晶粒,但光镜下区分很困难,晶界十分不明显,使得评级结果误差大,结果仅仅只能作为参考。

基于此,研究建立了针状铁素体型管线钢晶粒度测定方法,本方法特别适用于 X70~

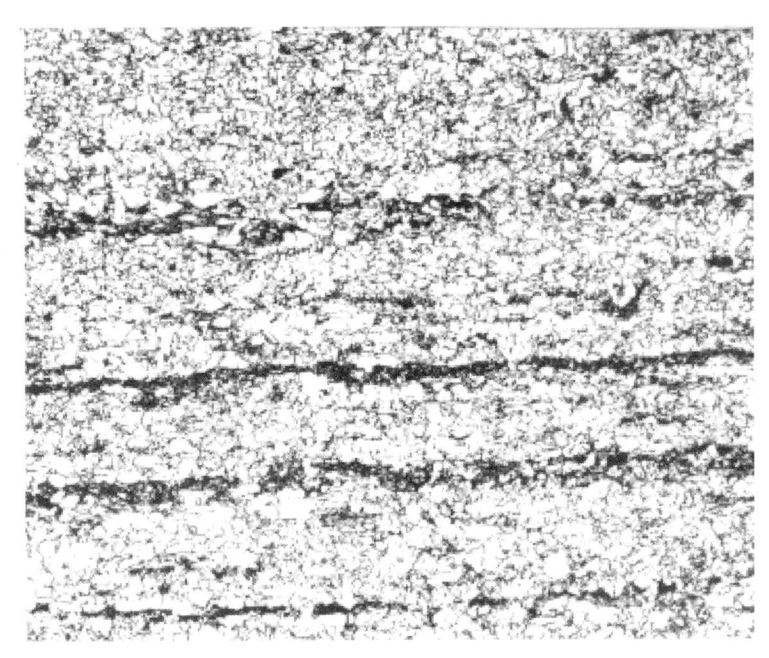

图 2-12　3 级带状组织评级对比图(200×)

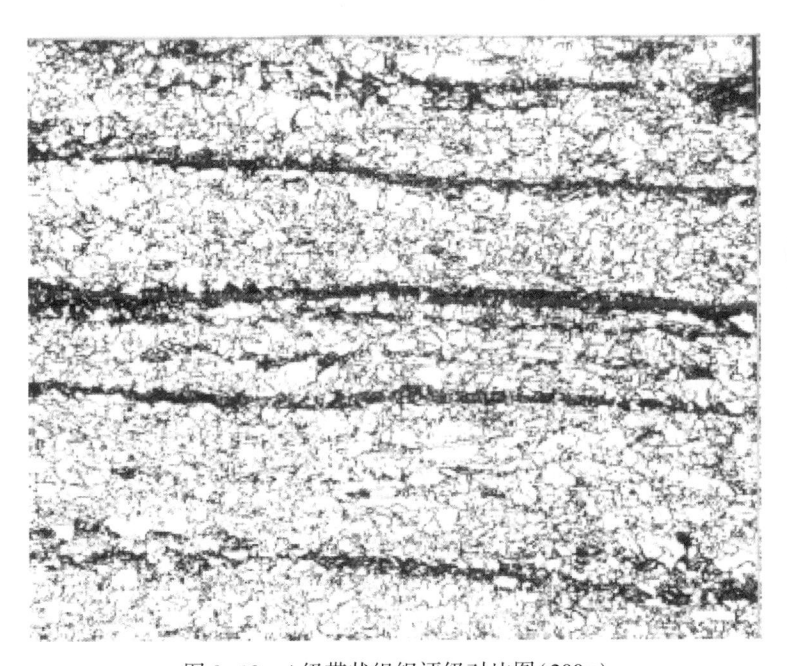

图 2-13　4 级带状组织评级对比图(200×)

X100 高钢级管线钢。具体技术方案如下：

（1）试样的截取与制备。

在钢板/板卷宽度 1/2 处或距焊管焊缝 180°处用锯、切割等冷加工方法切取长度约为 20mm 的全壁厚横向试样，在试样厚度的 1/4 处进行观察评定。

晶粒显示方法可采用浸蚀法，即将试样磨光和抛光后，选用 2%~4%硝酸酒精溶液浸蚀试样，在显微镜下观察评定晶粒度。

（2）晶粒的判定。

在针状铁素体型管线钢显微组织中，铁素体晶粒有三种形态：针状铁素体晶粒、块状铁素体晶粒和粒状贝氏体晶粒。其中，针状铁素体晶粒内部含有的板条束属亚结构，不应视为晶界；粒状贝氏体晶粒和它内部的小岛应视为为一个晶粒；分布于相邻铁素体晶界处的小岛不做为单独的晶粒计入。

鉴于针状铁素体型管线钢铁素体晶粒与低碳钢冷轧薄板铁素体晶粒度评级图第二标准级别图中晶粒形貌相近，本评级方法选用 GB/T 4335—2013《低碳钢冷轧薄板铁素体晶粒度测定法》中第二标准级别图（放大100倍）作为标准评级图。

试样制好后，在 500 倍的显微镜下测定晶粒度。如果用 500 倍评定有困难，可采用表 2-1 所列其他放大倍数评定。首先对试样进行全面观察，然后选择代表性视场，与标准评级图片直接比较进行评级，最后按照表换算成基准放大倍数（100 倍）下被测试样的晶粒度。

表 2-1　放大倍数为 M 下评定的晶粒度级别与相应的显微晶粒度级别指数对照表

图像的放大倍数	与标准评级图编号等同图像的晶粒度级别									
	No. 1	No. 2	No. 3	No. 4	No. 5	No. 6	No. 7	No. 8	No. 9	No. 10
100	1	2	3	4	5	6	7	8	9	10
200	3	4	5	6	7	8	9	10	11	12
300	4	5	6	7	8	10	11	12	13	
400	5	6	7	8	9	10	11	12	13	14
500	5.6	6.6	7.6	8.6	9.6	10.6	11.6	12.6	13.6	14.6
800	7	8	9	10	11	12	13	14	15	16

若观察到的晶粒度介于两个晶粒度级别指数的中间，可用半级表示。

若试样中大多数细晶粒的晶粒度为 11 级，但出现个别晶粒度为 9 级的粗大块状铁素体晶粒或粒状贝氏体晶粒，并呈分散分布时，则应当计算不同级别晶粒在视场中各占面积的百分比。当粗大块状铁素体晶粒或粒状贝氏体晶粒的面积不大于视场面积 5% 时，则只记录占优势晶粒的级别指数即 11 级；当其面积介于 5%～10% 时，记为 11(9) 级；其面积大于 10% 时，记为 11 级 90%～9 级 10%。可用截点法计算该试样的平均晶粒度级别指数。

若试样中大多数细晶粒的晶粒度为 11 级，但出现个别晶粒度为 9 级的粗大块状铁素体晶粒或粒状贝氏体晶粒，并呈条带状分布，则应当计算不同级别晶粒在视场中各占面积的百分比。若粗大块状铁素体晶粒或粒状贝氏体晶粒的面积为 15% 时，则记为：带 11 级 85%～9 级 15%。可用截点法计算该试样的平均晶粒度级别指数。

使用比较法时，如需复验，应改变观察的放大倍数，以克服初验结果可能带有的主观偏见。

2.2.2　焊偏量金相检测技术

焊偏量是指内外焊道的偏移量。焊偏量过大，使得内外焊道的熔合区减小，严重时会造成层间未焊透及未熔合等缺陷[15]。在埋弧焊接钢管的焊接生产过程中，内外焊道焊偏总是存在的。由于焊偏的存在，可能造成的结果是内外焊道熔合量过小、未熔合及未焊透等缺陷。因此，在西气东输二线等管道工程中，对埋弧焊管的焊偏量都有明确的技术要求。

国内外焊管厂在进行的油气输送管埋弧焊接生产中，一般采用的是多焊丝内外焊接的形式。多丝焊接产生的焊道本身很难左右完全对称，且内外焊道的偏移也是不可避免的，所以内外焊道焊偏总是客观存在的。目前，常用的油气输送管标准对于焊偏量的判定方法比较模糊。由于实际焊道并不是规则且左右对称的（图2-14和图2-15），因此依据该标准对焊偏量进行测量时，内外焊道中心线的选择不明确。造成不同测量方法对焊道中心的理解不同，测量结果相差较大。

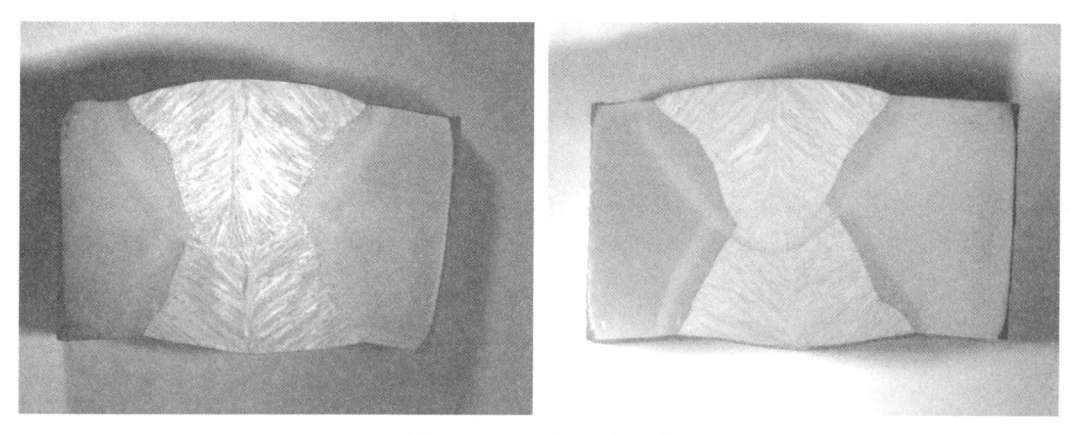

图2-14 规则的焊偏形貌

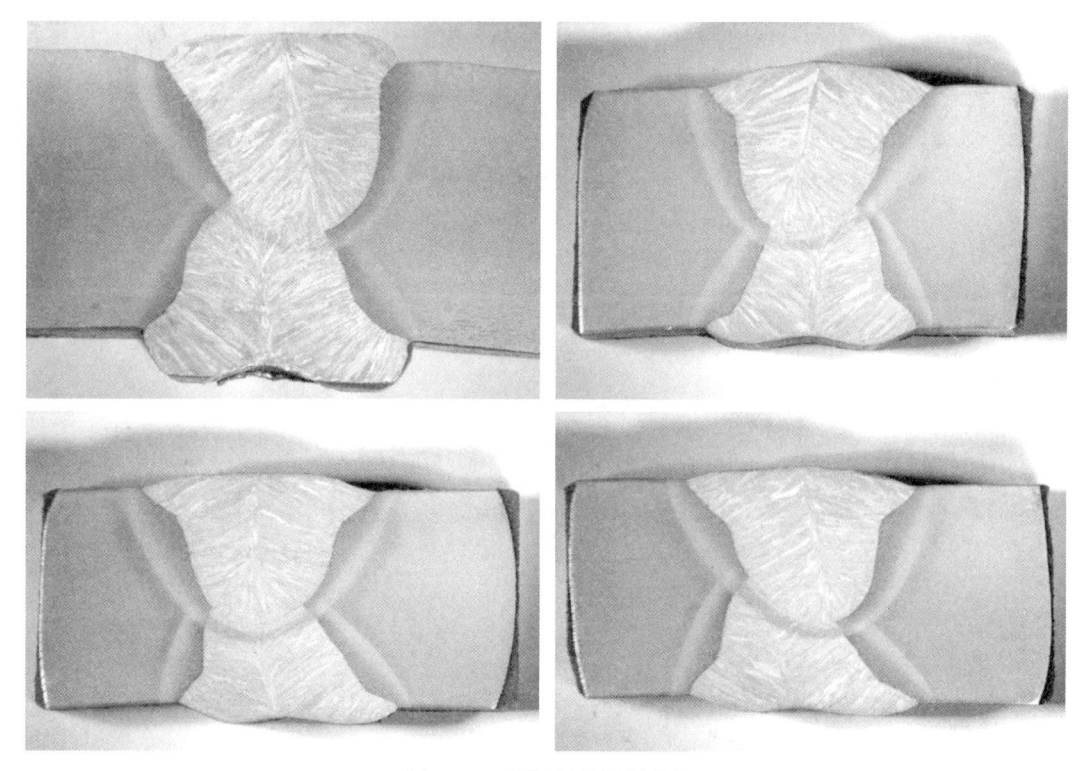

图2-15 不规则的焊偏形貌

2.2.2.1 金相法测量方法

金相法（或酸蚀法）是抛光焊道剖面，显示出内外焊道后，进行焊偏量测量的方法。该方法能够直观显现焊道偏移，因而可以方便地进行焊偏量的测量。目前实际所使用的焊偏量金相测量方法，可以归纳为中心线法、弧顶偏离法和中脊线法三种。

（1）中心线法。

在包含焊道的取样块上，抛光焊道剖面，在光学显微镜下进行焊偏量测量，也可以在平头后的钢管管端使用2%~4%（体积分数）的硝酸酒精溶液擦拭包含焊道部位，清晰显示焊道后再进行焊偏量测量。如图2-16(a)所示，内、外焊道焊趾连线中心线的距离即为焊偏量，即内外焊道盖面宽度的中心距离。中心线法可以保证给出唯一的焊偏量值，但是此焊偏量是以盖面焊的宽度为测定基准，如果因内外焊道内部的偏移造成焊缝的未熔合和未焊透，如图2-16(b)所示，焊偏量即使符合要求，但已失去了对焊偏要求的意义。

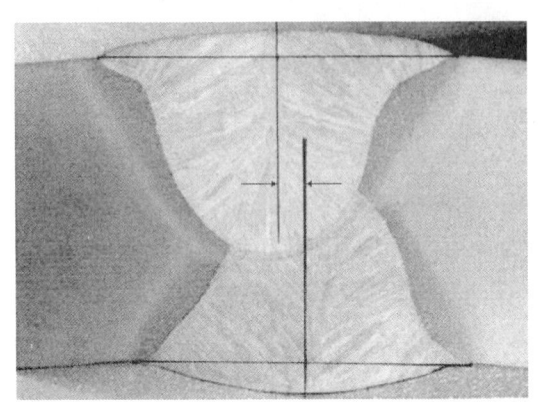

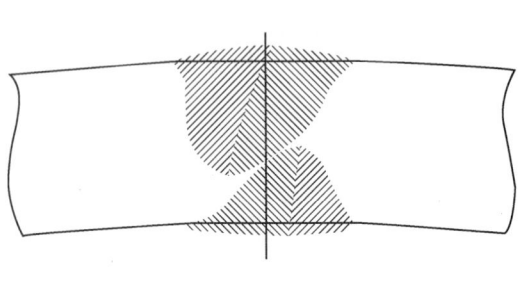

(a) 正常焊偏量测量　　　　　　　　　　(b) 焊缝未熔合和未焊透

图2-16　中心线法测量示意图

（2）弧顶偏离法。

该方法一般在车间焊接后检查岗位或者终检岗位进行，可以在酸蚀后勾划出焊道弧顶轮廓，画出过弧顶的垂直线后进行焊偏量的测量，也可以使用光学显微镜进行焊偏量的测量。如图2-17所示，内、外焊道过弧顶与焊趾连线垂直线段的距离即为焊偏量。弧顶偏离法是在考虑内外焊道充分熔合的基础上进行焊偏量的测量，由于内外焊道的熔合，需要依靠未熔合部分的轮廓延伸勾画内外焊道的弧顶，因而主观性较强，通常难以保证焊偏量测量值的唯一性。

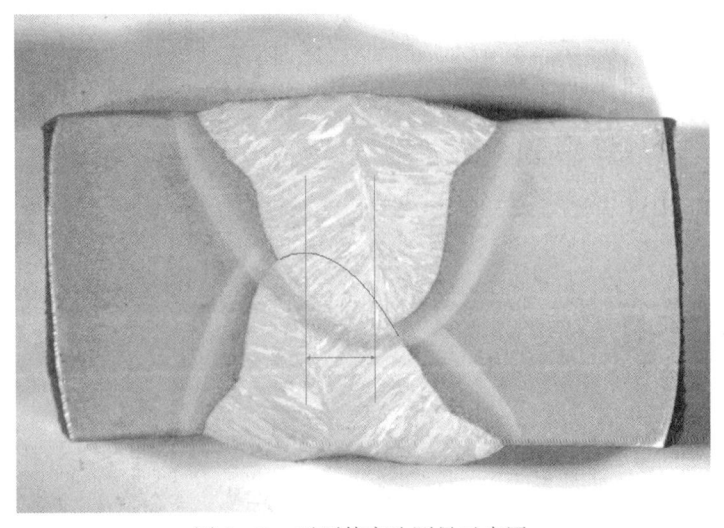

图2-17　弧顶偏离法测量示意图

(3) 中脊线法。

该方法是采用测量内外焊道结晶中脊线的距离来测量内外焊道的焊偏量,主要通过宏观金相观察整个焊接接头横截面的金属流线方向以及焊缝金属晶体结构对称线,并以此来判定内外焊道中心线偏移量。在双丝或多丝焊接中,中脊线很多时候并不是规则的直线,或者内外焊道中脊线并不平行,如图2-18所示,因而也难以准确测量焊偏量。

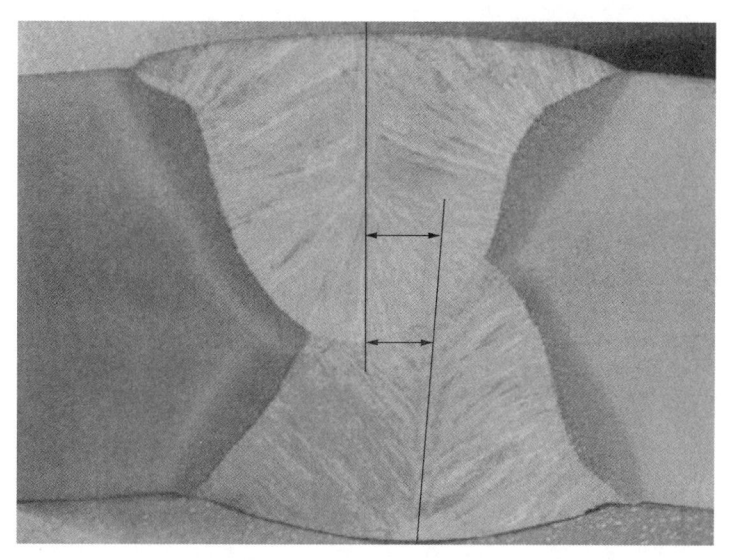

图2-18 中脊线法测量示意图

综合以上分析,现在工程实际中进行焊偏量测量的三种金相方法都存在不合理之处,不同检验方法得到结果容易引起争议。

2.2.2.2 焊偏量检测方法改进

(1) API标准理解。

API SPEC 5L 第43版中规定[16],只要无损检测证实焊缝完全焊透并充分熔合,焊偏不应作为拒收的依据。在API SPEC 5L 第44版[17]中对钢管的焊偏量做了如下要求:焊偏量在下述规定范围内且无损检测结果表明焊缝完全焊透和熔合,埋弧焊接(SAW)钢管、熔化极气体保护焊与埋弧焊组合焊接(COW)钢管焊缝的焊偏不应成为拒收的理由;其中对于壁厚$t \leqslant 20mm$的钢管,焊缝最大焊偏量应不超过3mm,对于壁厚$t>20mm$的钢管,焊缝最大焊偏量应不超过4mm。

API SPEC 5L对于焊偏量的规定,都是基于保证内外焊道充分熔合的基础上。因此,对于焊偏量的测量也应该是以内外焊缝熔合(重合)部位偏移为基准。

(2) 新方法的建立。

为了对焊偏量进行准确的判断,需要有一种更合理的测定方法。考虑标准对焊偏量的定义,目的是为了保证内外焊道的充分熔合,也就是保证内外焊道的根部完全熔合。所以将焊偏量测定方法测量范围确定为过内外焊道边沿两个结合点之间的区域,而不关注和涉及焊道表面,在此区域内考虑内外焊道应该重合部分的中心偏移,也即与金相观察中的内外焊道重合量有关。因内外焊道根部在理想熔合状态下具有最大重合量,如图2-19所示,偏移越大重合量越小,熔合效果越差,结合测量结果唯一性的考虑,提出基于内外焊道重合量的埋弧焊管焊偏量测量方法。

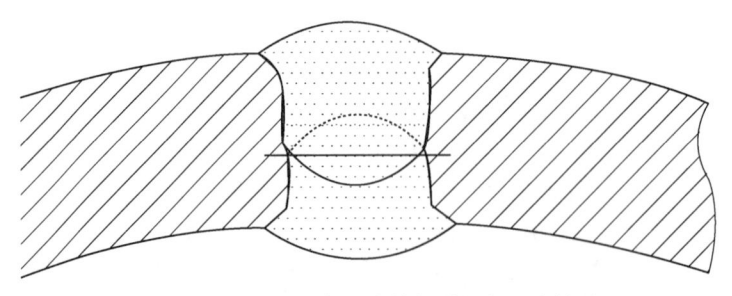

图 2-19 理想状态下内外焊道根部重合情况

如图 2-20 所示，M_1 和 M_2 分别为过内外焊道边沿结合点处且与焊管外表面切线平行的线的中点，距离 1 为分别过 M_1 和 M_2 点且与两平行线垂直线的距离，此即为焊偏量。此方法的基本点在于，焊偏的规定是基于规范内外焊道熔合(重合)部分的偏移量，焊道表面部位可以不予考虑偏移，以达到控制焊偏的目的，该方法不仅能准确地反映内外焊道的实际偏移量，而且测量结果唯一，因而可以达到控制焊偏的目的。

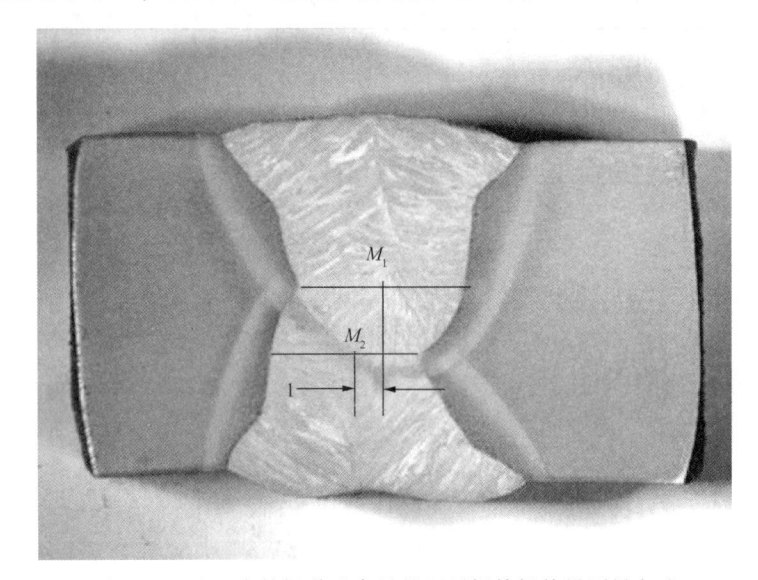

图 2-20 基于内外焊道重合量的埋弧焊管焊偏量测量方法

（3）实物样品检测举例。

选 X80 级直缝埋弧焊接钢管，垂直于焊缝方向的取样，焊缝在试样的中心线上，试样检验面为钢管的横截面。试样应使用机械方法或线切割加工，以获得检测面。

对试样检测面使用金相水砂纸进行粗磨、细磨。对细磨好的试样采用 2.5μm 粗抛和 1.5μm 精抛的机械抛光工艺，制备好的检测面应成镜面且无划痕。2%~4%的硝酸酒精溶液腐蚀 10~20s，直至试样表面原镜面消失，颜色变为浅灰色。此时，能够清晰观察到试样表面的焊缝形状。焊偏的测量有如下步骤(图 2-21)：

① 将腐蚀好的试样置于放大倍数为 2~10 倍的，且带有采集系统的显微镜镜头下方，旁边放置好长度 1cm 的标尺。采集照片并精细打印。

② 用游标卡尺测量试样照片上标尺的长度，换算出试样照片的放大倍数 N。

③ 试样检测照片如图 2-21 所示。A_1、B_1 分别为外焊道与内焊道边沿的两个交点，沿 A_1、B_1 点各画一条平行于焊管外表面切线(图中虚线)的直线，并与内外焊道边沿分别相交

于 A_2 和 B_2 点。

④ 在线段 A_1A_2 和 B_1B_2 线的中点画两条垂直线，两条垂直线间的距离即焊偏量。用游标卡尺测量两条垂直线间的距离，并除以放大倍数 N 得出 1# 试样的焊偏量为 1.84mm。

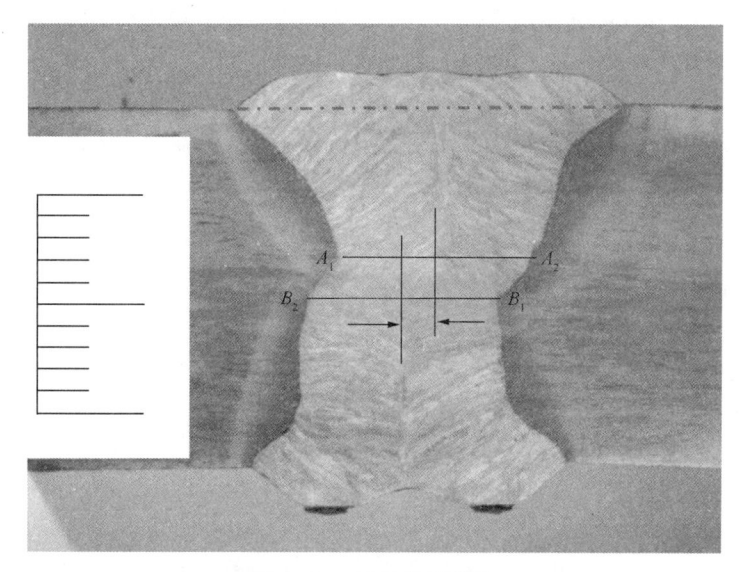

图 2-21　试样检测照片

综上所述，埋弧焊接钢管焊偏量检测新方法，不仅能准确地反映内外焊道的实际偏移量，而且测量结果唯一，结果准确可靠，因而可以达到控制焊偏的目的。该测量方法已经向 API 5L/ISO3183 提出标准修改提案，并在 2011 年 7 月发布的 API 5L-2007-ADDENDUM 3 文件和 ISO3183-2012 中，采纳了该提案。

2.2.3　马氏体奥氏体(M/A)岛的评定技术

钢的强韧性能与其微观组织结构密切相关。高钢级管线钢通常采用热机械控制工艺(TMCP)或者在线热处理技术(HOP)得到粒状贝氏体(GB)组织。粒状贝氏体组织的显著特点是在高密度位错铁基体上分布着马氏体和残余奥氏体(M/A)组元。该组元通常呈岛状，因此称为 M/A 岛。M/A 岛是粒状贝氏体组织的重要组成[18,19]，主要分布于晶内或晶界处。作为组织中硬的第二相，M/A 岛对管线钢的力学性能尤其是抗断裂性能有显著影响[20-23]。因此，M/A 岛面积含量、尺寸等特征参数的定量评定已成为管线钢检验不可缺少的项目。

目前，实验室常用的面积含量评定方法为金相软件定量分析法，该方法一般分为手动提取和自动提取。手动提取是使用金相软件或图像处理软件把所有的 M/A 岛通过手工操作提取出来，然后将 M/A 岛总面积与金相照片的面积相比得到面积含量。手动提取法由于采用手工识别，费时费力，且对操作人员识别 M/A 岛的能力要求很高。自动提取法是软件利用组织中的灰度差，自动提取 M/A 岛组织进行定量分析。该方法虽然简单迅速，但对 M/A 岛显示方法的要求很高。如果 M/A 岛与基体组织灰度差不明显，软件往往会把晶界或碳化物提取出来进行分析，导致定量计算的不准确。因此，现有技术在评定 M/A 岛面积含量时，存在费时费力、操作复杂，且对操作人员的识别能力和 M/A 岛的显示灰度要求高等不足。

针对以上问题，研究了管线钢中 M/A 岛组织的显示及面积含量评定方法，该方法能快速、准确地评定管线钢组织中的 M/A 岛的面积含量。

2.2.3.1 管线钢中 M/A 岛组织的显示方法

比较了国内外 M/A 岛组织显示方法，选择了不同的腐蚀剂对 M/A 岛进行了腐蚀显示，最终开发了一种管线钢中 M/A 岛组织的显示方法。具体方法为：在烧杯中将 100mL 蒸馏水中加入 1g 偏重亚硫酸钠；100mL 无水乙醇中加入 3.65g 苦味酸和 0.65g 氢氧化钠；将两种溶液 3∶2 混合并加热搅拌得到改进的着色试剂；将制备好的试样先采用 2%~4% 的硝酸酒精溶液轻度腐蚀，再将试样放入着色试剂浸泡 120~240s 后用酒精洗净吹干。此时 M/A 岛呈现出亮白色 M/A 岛，与周围组织灰度差很明显，如图 2-22 和图 2-23 所示。本方法操作简单，腐蚀时间短，可快速、准确地定量分析组织中的 M/A 岛面积含量、尺寸、形态等特征参数。

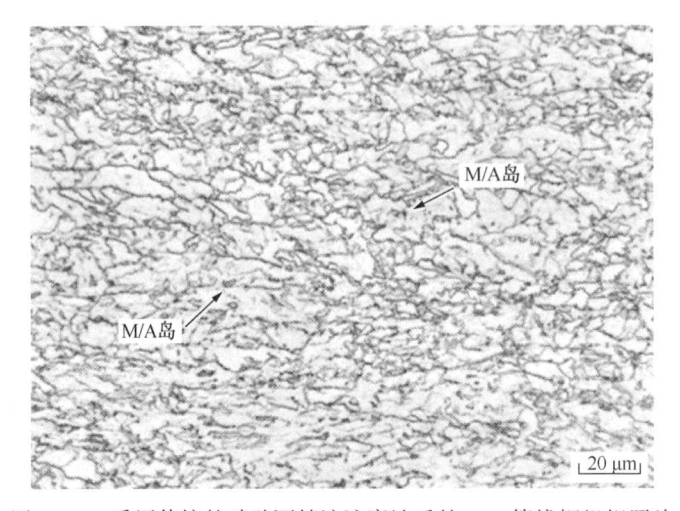

图 2-22 采用传统的硝酸酒精溶液腐蚀后的 X80 管线钢组织照片

图 2-23 采用本技术方法腐蚀后的 X80 管线钢组织照片

2.2.3.2 管线钢中 M/A 岛组织的面积含量评定方法

依据高钢级管线钢组织特点，通过一系列试验研究，建立了管线钢的 M/A 岛组织面积含量为 0.5%~6% 系列标准评级图，如图 2-24 所示。主要技术方法为：通过金相显微镜在 500 倍下观察试样的 M/A 岛组织，并与所建立的 M/A 岛组织面积含量系列标准评级图进行比对，即可较快捷准确的评定管线钢中的 M/A 岛组织面积含量。若所观测视场中的 M/A 岛组织面积含量处于两张评级图含量之间，其所测视场中的 M/A 岛组织面积含量取两张评级图之间的面积含量。

0.5%	1.0%
1.5%	2.0%
2.5%	3.0%
3.5%	4.0%

图 2-24　M/A 岛组织面积含量为 0.5%~6.0%的标准系列评级图

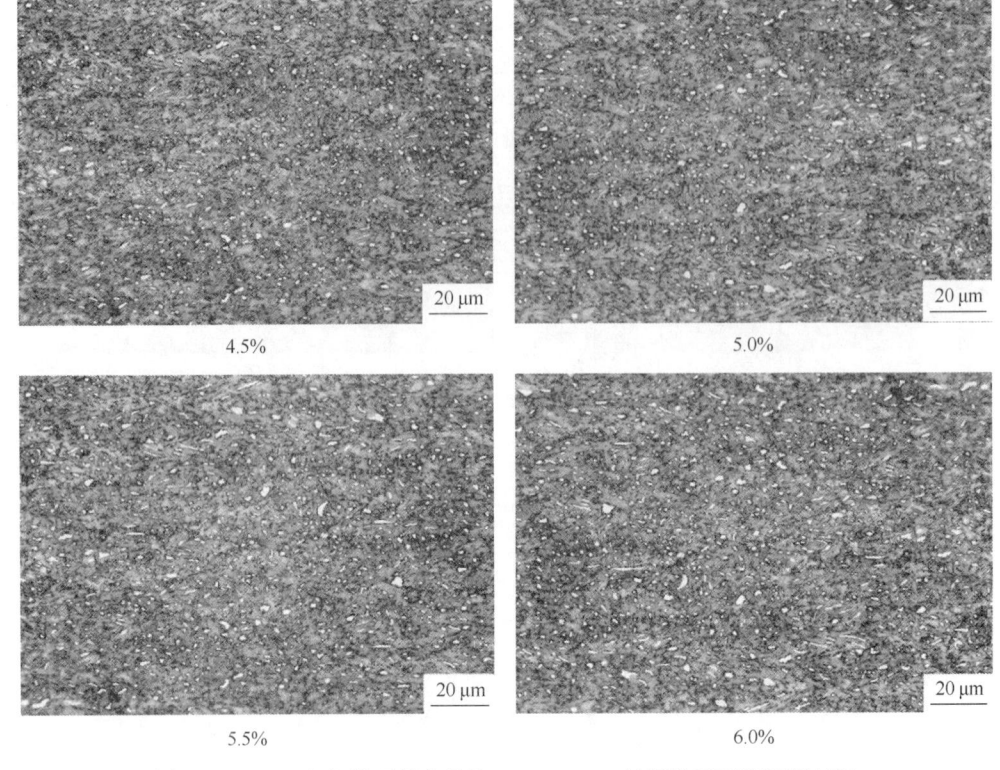

图 2-24　M/A 岛组织面积含量为 0.5%～6.0% 的标准系列评级图(续)

本方法优点在于操作简单，对人员的识别能力和 M/A 岛的显示灰度要求相对较低，弥补了现有技术的不足。操作者通过与标准系列图比对，可以迅速、方便地评定组织中 M/A 岛的面积含量，结果准确、可靠。

2.3　高钢级管线钢韧性测试技术

韧性是管线钢一种重要的力学性能，管道工程历史上大量断裂事故的频繁发生，促使从事与管道有关人员把相当的精力投入到有关韧性的研究上。尤其是伴随天然气输送的发展、极地管线的开发和高强度管线钢的应用，韧性问题已成为每一时期的研究热点。从某种意义上讲，韧性是管道安全性的保证。在管线钢韧性测试技术领域，通常需要进行夏比冲击试验、落锤撕裂试验(DWTT)和断裂韧性试验的检测。

2.3.1　焊缝夏比冲击缺口精确定位装置

研究表明[24]，焊接钢管韧性表现最差的部位大多数为焊缝的熔合线处。因此焊缝处的夏比冲击吸收能是评价焊接钢管焊接质量的重要指标。在加工夏比冲击试样时，要求 V 形或 U 形缺口根部位置与焊缝熔合线的精确对中。目前在定位焊缝冲击缺口时，一般采用直尺或角尺等简单工具对试样逐个划线，以确定焊缝冲击缺口位置，但是由于钢管焊缝较窄，人工定位的缺口根部位置与焊缝熔合线偏移量往往超出要求，且目前的定位方法效率低下，而且劳动重复量大。

冲击缺口定位专用装置(图 2-25)包括：板状的底座，其上放置被定位的冲击试样；底座两端分别设置有与其垂直的定位板和支撑板,冲击试样位于定位板和支撑板之间;定位板上设置有带刻度的主尺,定位板和支撑板之间且位于冲击试样上方设置有带刻度的可移动定位尺,主尺与定位尺上的刻度平行设置。

(a) 装置部分结构示意图

(b) 底座部分示意

(c) 对HFW钢管焊缝冲击缺口定位时装置使用状态图

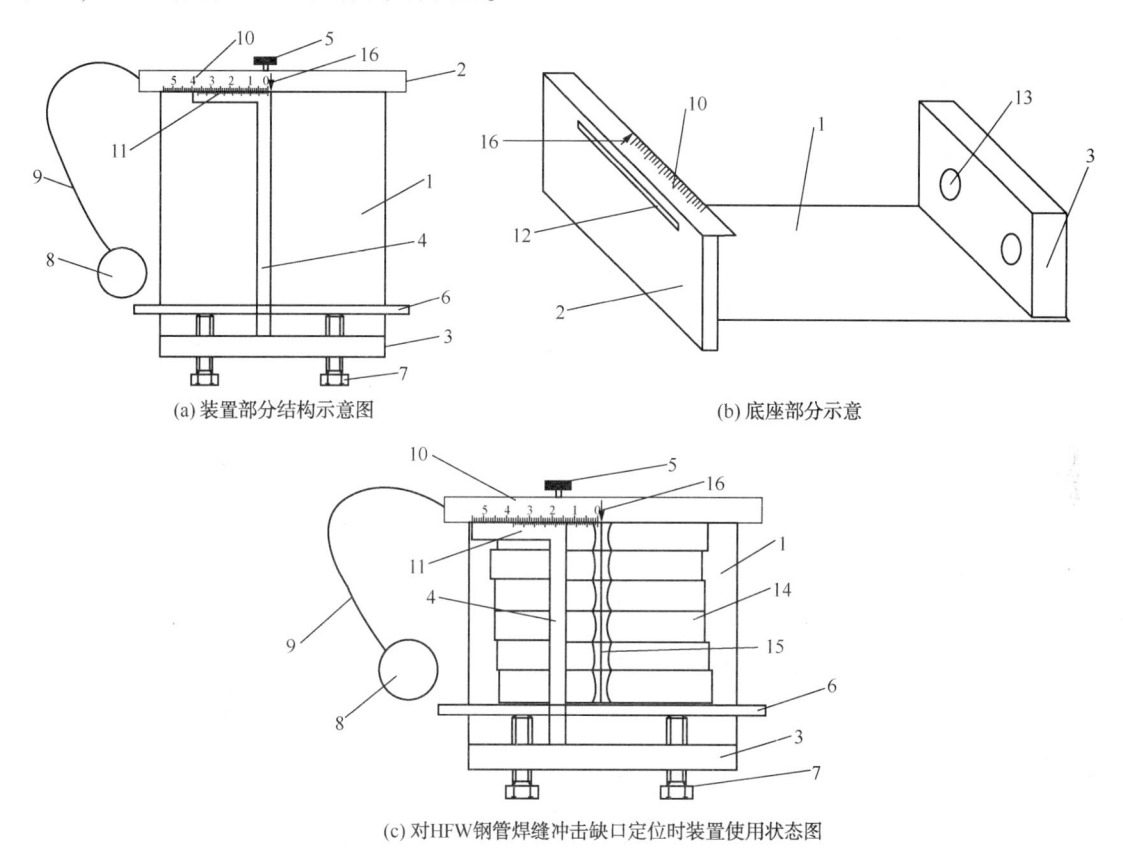

图 2-25 焊缝冲击缺口定位装置结构示意图
1—底座;2—定位板;3—支撑板;4—定位尺;5—紧固螺钉;6—活动挡板;7—压紧螺母;
8—放大镜;9—调节器;10—主尺;11—游标尺;12—活动槽;13—螺纹孔;
14—冲击试样;15—焊缝;16—定位标识

应用冲击缺口定位专用装置在对焊接钢管焊缝冲击缺口定位工作过程为:

(1) 首先将被定位焊接钢管焊缝冲击试样 14 进行腐蚀,使得冲击试样 14 的焊缝 15 熔合线轮廓能够较清晰地显示出来。

(2) 把腐蚀过的冲击试样 14 排成一排放置在底座 1 上,在光照充足的环境下通过可调节放大镜 8 观察冲击试样 14 上焊缝 15 的位置,横向调节不同冲击试样 14,使得焊缝 15 熔合线与主尺 10 的定位标识 16 对齐。

(3) 拧紧压紧螺母 7,此时冲击试样 14 固定在底座 1 上。

(4) 滑动定位尺 4,将游标尺 11 的零刻度线与主尺 10 的零刻度线重合,同时拧紧紧固螺钉 5。此时,沿着定位尺 4 的纵向画出焊缝 15 熔合线的定位线。

也可以通过以上步骤对焊接钢管热影响区冲击缺口进行定位,其操作过程相似。应用本装置在对钢管焊缝冲击缺口定位后,发现此时游标尺 11 的零刻度线与主尺 10 的零刻度线未完全重合,观察游标尺 11 与主尺 10 刻线的重合刻度线读出误差距离(原理与游标卡尺一

39

致),若误差距离低于控制要求时,则该误差可以接受。

本定位装置操作便捷,能精确、批量地对钢管焊缝以及焊接热影响区冲击缺口进行定位,减小缺口定位误差,提高工作效率。

2.3.2 落锤撕裂试验方法

大试样落锤撕裂试验(DWTT)是一种动态撕裂试验,通过测试金属材料的抗撕裂时的剪切面积或(和)吸收能量来判断其断裂韧性好坏,试验简便,成本低。大量的试验结果表明,落锤撕裂试验比夏比冲击试验更能得到与管线全尺寸气体爆破试验相近的韧脆转变温度和断口剪切面积比。因此,落锤撕裂试验结果是衡量管线钢抵抗脆性开裂能力的重要韧性指标。

2.3.2.1 试验因素对落锤撕裂试验结果影响

(1)冷却方式对试验结果的影响。

落锤撕裂试验标准中[25,26],明确规定了冷却保温时间及温度控制范围,却未在标准中明确规定冷却时具体的操作方式。在日常试验中,会存在如何选择冷却方式的问题。按照温度上行、温度下行或定温(先将温度调节至目标温度附近,再将试样放入冷却),分别针对X70、X80的三种冷却方式进行了比较,结果见表2-2、表2-3以及图2-26。

表2-2 X70热轧钢板不同冷却方式试验结果

试验温度(℃)	剪切面积百分数(%)											
	定温度试验结果				温度下行试验结果				温度上行试验结果			
	单个值			平均值	单个值			平均值	单个值			平均值
0	98	99	100	99	98	99	99	99	97	98	95	97
−20	85	87	90	87	76	84	90	83	87	84	76	82
−40	75	77	79	77	65	85	80	77	90	75	70	78

表2-3 X80热轧板卷不同冷却方式试验结果

试验温度(℃)	剪切面积百分数(%)											
	定温度试验结果				温度下行试验结果				温度上行试验结果			
	单个值			平均值	单个值			平均值	单个值			平均值
0	90	92	88	90	90	92	93	92	90	90	85	88
−20	82	87	83	84	80	90	80	83	80	85	85	83
−40	75	70	75	73	65	62	60	62	80	65	62	69

对于X70来说,温度上行、温度下行对剪切面积百分数影响不大,而定温度相对于前两者,每组数据结果较均匀。这也许是由于在温度上行或下行的冷却方式中倒入液氮时,有可能冲击在试样表面,使试样局部过冷,应此相对数据不均匀。对于X80来说,温度上行、温度下行及定温度虽无规律可循,但在单组数据中,定温度相对于前两者,每组数据结果较均匀。由于X80本身不稳定,在日常试验中经常会出现两高一低或两低一高的现象。

(2)锤头高度(初始能量值)对试验结果的影响。

试验标准中[25,26]规定冲击时的速度应为5~9m/s,相应锤头高度应在1.25~4.1m范围内。试样锤断时的速度对断口的影响很大,高度不同,自由落体后的锤断速度不同,试样断口形貌也不同。对X70、X80的不同锤头高度进行了比较,结果见表2-4及图2-27。由试验结果可见,随着锤头高度(初始能量值)增大,X70、X80管线钢落锤撕裂试验的剪切面积百分数呈现降低的趋势。

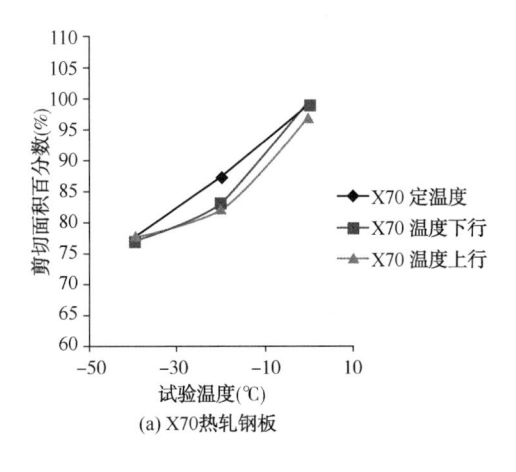

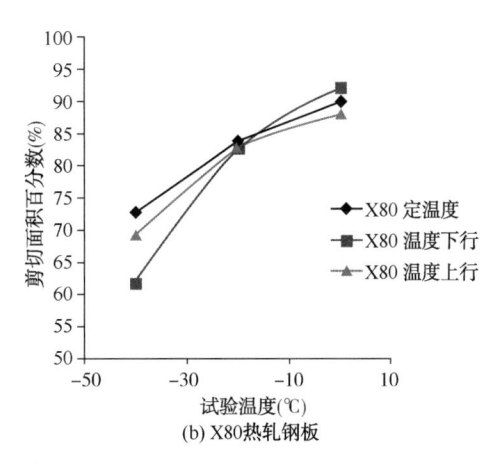

图 2-26 DWTT 不同冷却方式试验结果

表 2-4 不同落锤高度试验结果(-40℃)

锤头高度(mm) [初始能量值(kJ)]	剪切面积百分数(%)					
	X70 试验结果			X80 试验结果		
	单个值		平均值	单个值		平均值
1300(30)	75	76	79	77	75	70	75	73
1516(35)	63	66	—	68	65	75	—	70
1733(40)	65	70		64	65	60	—	63

（3）试样减薄对试验结果的影响。

在试验标准中明确规定对于壁厚大于 19.0mm 的试样，允许减薄后试验。对于减薄试样，可对试样的一个或两个表面进行机械加工，进行减薄。对壁厚为 27.5mm X80 试样进行了一个面及两个面的减薄，试验结果见表 2-5。试验结果表明，单边减薄及双边减薄对试验结果影响不大。生产厂或企业的设备无法满足要求时，可考虑将试样减薄后试验。

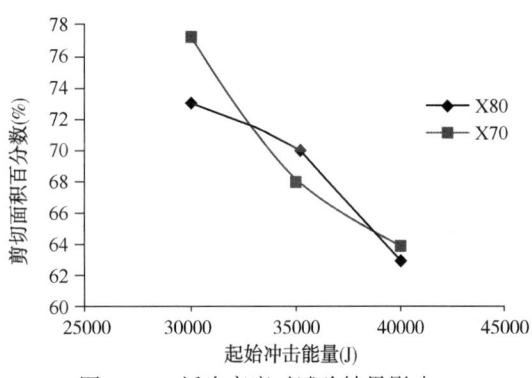

图 2-27 锤头高度对试验结果影响

表 2-5 X80 不同减薄方式试验结果

试样壁厚(mm)	试验温度(℃)	剪切面积百分数(%)	
		单个值	平均值
27.5(全尺寸)	0	95	95
	-10	97 95	96
19.1(单边减薄)	-11	97 98	98
	-21	97 97	97
19.1(双边减薄)	-11	97 97	97
	-21	95 95	95

41

2.3.2.2 50000J 示波摆锤式落锤撕裂试验机的设计开发

随着冶金技术进步和工程服役条件需要，强度高、厚度大、抗动态撕裂韧性好的金属材料开发成功，并在重大油气输送管道工程和重大装备上得到应用。但这些材料在DWTT试验很容易出现异常断口，即在试样缺口下为韧性断裂接着转化为解理断裂，这种情况在API RP 5L3[26]中规定为试样无效，需要重新取样试验，但仍避免不了异常断口的产生。虽然通过大量研究，有文献和相关标准提出了异常断口剪切面积百分比的评判[27,28]，但异常断口形貌相当复杂，对异常断口有效性的评价具有很高的技术性，并且在一定程度上还存在争议。因此，仅仅依赖落锤撕裂试验的断口剪切面积百分比来评判强度高、厚度大的材料的韧性具有很大的局限性，需要引入能量判据指标。

虽然，在常用的落锤试验机上安装位移传感器和力传感器后可以测试材料抵抗撕裂时的能量，但由于这种落锤试验机设计局限性，冲击锤头自由落体落下冲断试样，除了试样断裂吸收部分能量，冲击头与砧座撞击后剩余能量由砧座传递给减震弹簧和减震垫而被吸收。同时测试传感器装在冲击头上，测试系统不稳定，容易出现故障，每次测量传感器都受到巨大冲击，导致落锤示波测量噪波强、干扰大，得到的数据波动大，因此难以得到测试样的真实值。

目前，最新的金属材料落锤撕裂试验装置，采用摆锤型式，最大的测试能量可以达到40000J，但仍然满足不了强度高、厚度大、韧性好的材料能量测试要求。而且采用传统的传动系统，即在摆锤转轴上安装伺服电机来实现摆锤提升扬摆，由于力臂小，伺服电机需要很大功率才能将摆锤提升到一定高度，结构笨重，能耗大。

鉴于此，管研院与ZWICK联合开发了世界上首台50000J示波摆锤式落锤撕裂试验机（图2-28）。该装置采用摆锤方式，并装有能量采集系统，用于测试强度高、厚度大、韧性好、易出现异常断口的金属材料抗动态撕裂能，从而解决材料的韧性评定问题，为工程上抗断裂设计和安全评价提供数据支撑。

该试验机测量范围大，可在-100~25℃温度下测试5000~50000J金属材料抗动态撕裂能，从而解决强度高、厚度大、韧性好易出现异常断口的材料的能量评定问题，而且采用特殊的环形双轨道，通过齿轮和齿条传递提升摆锤，摆锤提升力臂大，能耗低，齿轮与齿条啮合，位置控制精度高，可实现135°及以下任意角度的摆锤预扬角，无级可调，能耗低，最高冲击速度8.2m/s；多种方式测试能量，测试数据和结果实时显示。测试结果精确，角度测量精度±0.1°，示波系统能量示值与理论计算值误差≤5%，表盘所示能量值与示波系统所得能量值偏差≤5%。可直接读出测试试样的冲击吸收能量，能根据力—位移的变化自动实时显示和绘制载荷—时间、位移—时间、载荷—应变、载荷—位移、应力—应变和应力—位移的测试曲线，从而实现试验数据的计算、分析、统计、拟合、存储、打印和检索等功能。特殊的弹簧—气动刹车装置能有效阻止摆锤锤击试样后多余的摆动，并且能大幅度减少刹车片的磨损；自动上样和残样回收，提高试验效率，减轻操作人员劳动强度。

2.3.2.3 高钢级管线钢大摆锤异常断口撕裂能量判定方法

(1) 大摆锤吸收能量与夏比冲击吸收能量的关系。

在壁厚为26.4mm的X80钢板取DWTT试样共10件，进行了0℃摆锤试验，100%为异常断口，与落锤撕裂试验产生异常断口概率基本一致。结果表明，大摆锤试验可应用异常断口和撕裂能量的研究。同时，在该X80钢板取冲击试样进行夏比冲击试验，试验结果见表2-6。

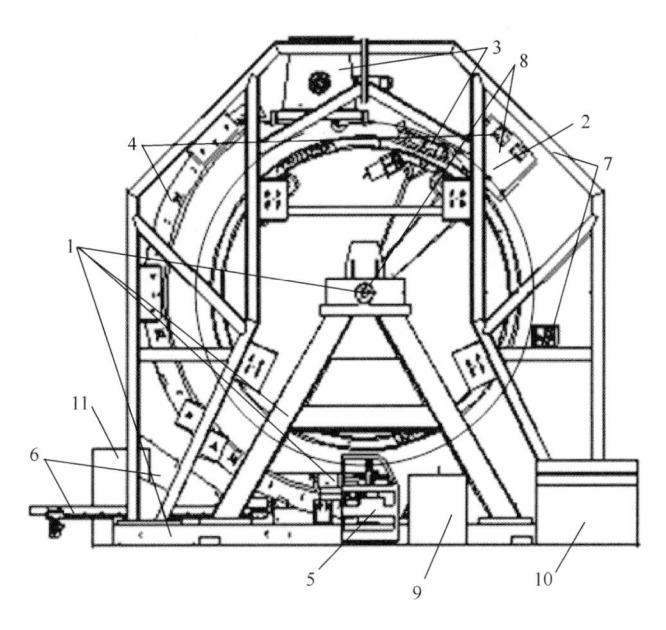

图 2-28 50000J 示波摆锤式落锤撕裂试验机结构示意图

1—主机架；2—摆锤装置；3—摆锤提升及保持释放装置；4—刹车装置；5—自动上样装置；
6—残样自动回收装置；7—安全保护装置；8—能量测试装置；9—测试操作控制系统；
10—试样冷却箱；11—动力系统

表 2-6 26.4mm 厚 X80 摆锤试验结果

试样编号	E_{total}(kJ)	$E_{tot,PLC}$(kJ)	异常断口剪切面积(%) 方法一	方法三	方法三
1-B-1	31.30	35.77	82	87	91
1-B-2	26.74	32.89	80	85	88
1-B-3	26.23	31.19	73	80	86
1-B-4	35.61	40.79	82	87	90
1-B-5	31.28	38.13	75	83	86
1-B-6	33.61	39.40	78	84	82
1-B-7	26.39	31.28	80	86	90
1-B-8	35.26	40.41	82	87	91
1-B-9	25.40	30.91	75	82	84
1-B-10	43.02	46.83	82	87	88

文献研究发现，夏比冲击吸收能量与 DWTT 吸收能量存在如下的经验关系：

$$D_p = k \times t^{1.5} \times C_v^{0.544}$$

其中，$k = 5.93$。

根据夏比冲击与 DWTT 吸收能量的经验公式，计算出 DWTT 的能量并与大摆锤测试能量（平均值）比较，结果见表 2-7。分析结果后可以发现：在 0℃ 以上时，经验公式计算所得的 DWTT 吸收能量比实际测试的能量要小，在 0℃ 相差较大，而在 20℃ 时相差较小；在 -20℃ ~ -10℃ 时，经验公式计算所得的 DWTT 吸收能量与实际测试的能量几乎相等；

在-40℃以下时，计算所得的 DWTT 吸收能量比实际测试的能量大 2kJ 以上。因此，CVN 与 DWTT 能量的经验公式适用于一定的温度范围。

表 2-7　26.4mm 厚 X80 夏比冲击试验结果

试样				试验温度(℃)	吸收能量(J)			剪切断面率(%)		
编号	取向	规格(mm×mm×mm)			单个值		平均值	单个值			平均值
D	横向	10×10×55 || 20	485	476	467	476	100	100	100	100
	横向	10×10×55 || 0	501	492	497	497	100	100	100	100
	横向	10×10×55 || −10	498	479	492	490	100	100	100	100
	横向	10×10×55 || −20	503	484	488	492	100	100	100	100
	横向	10×10×55 || −40	501	493	489	494	100	100	100	100
	横向	10×10×55 || −60	452	461	483	465	100	100	100	100

（2）大摆锤吸收能量与剪切面积的关系。

图 2-29~图 2-33 是不同温度下壁厚为 26.4mm 的 X80 管线钢 DWTT 断口试样和能量曲线。由图可见：在-20~20℃之间，26.4mm X80 的 DWTT 摆锤冲击断口几乎为异常断口。此温度范围内，在同一温度下，异常断口的吸收能量离散性较大，且能量越大，其断口的剪切面积越大。在-40~-30℃之间，DWTT 既可能为异常断口，也可能为正常断口，但出现异常断口的概

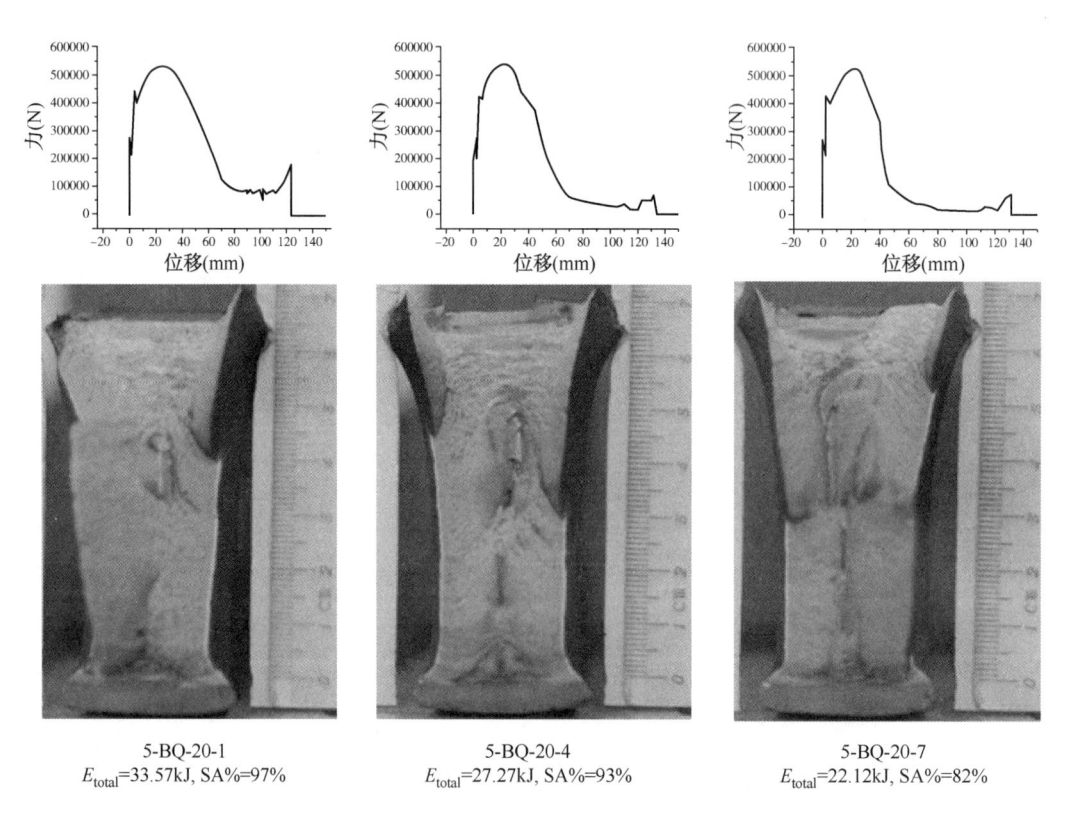

5-BQ-20-1
E_{total}=33.57kJ, SA%=97%

5-BQ-20-4
E_{total}=27.27kJ, SA%=93%

5-BQ-20-7
E_{total}=22.12kJ, SA%=82%

图 2-29　20℃下 X80 管线钢 DWTT 典型异常断口和能量曲线(全部异常断口)

率比正常断口概率要高。对异常断口而言，其吸收能量离散型较小，但其剪切面积相差较大；且随着吸收能量越大，其断口剪切面积相对较大。在-50℃以下，出现正常断口的概率比出现异常断口的概率大。此时，对正常断口而言，能量越大，其断口剪切面积相对较大。

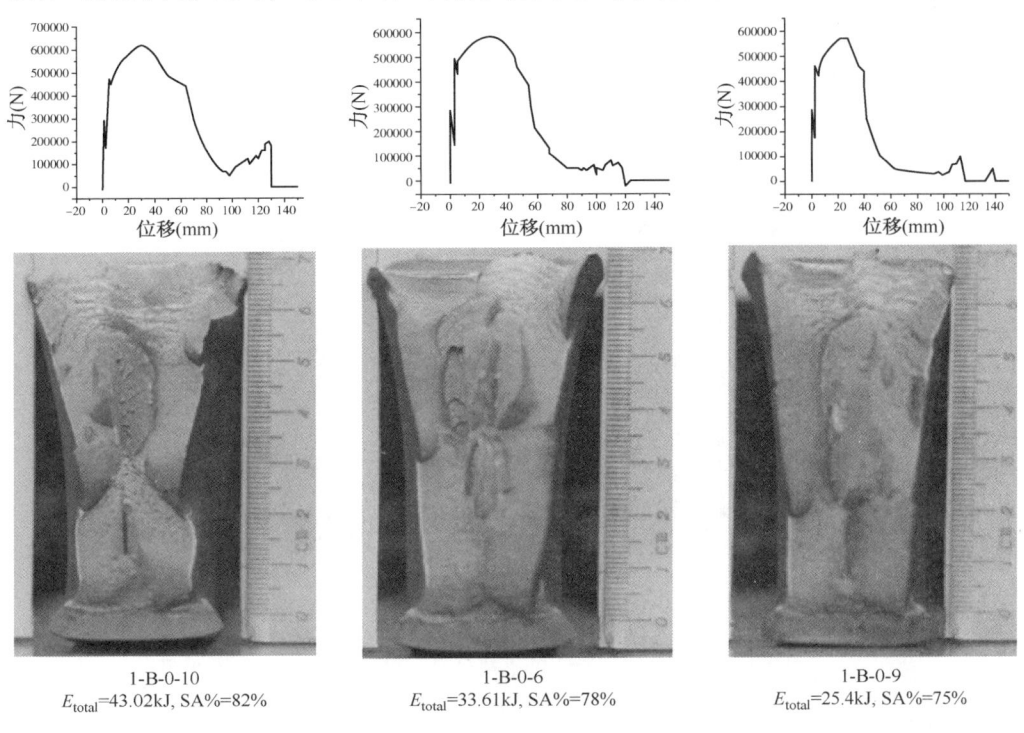

1-B-0-10
E_{total}=43.02kJ, SA%=82%

1-B-0-6
E_{total}=33.61kJ, SA%=78%

1-B-0-9
E_{total}=25.4kJ, SA%=75%

图 2-30　0℃下 X80 管线钢 DWTT 典型异常断口和能量曲线（全部异常断口）

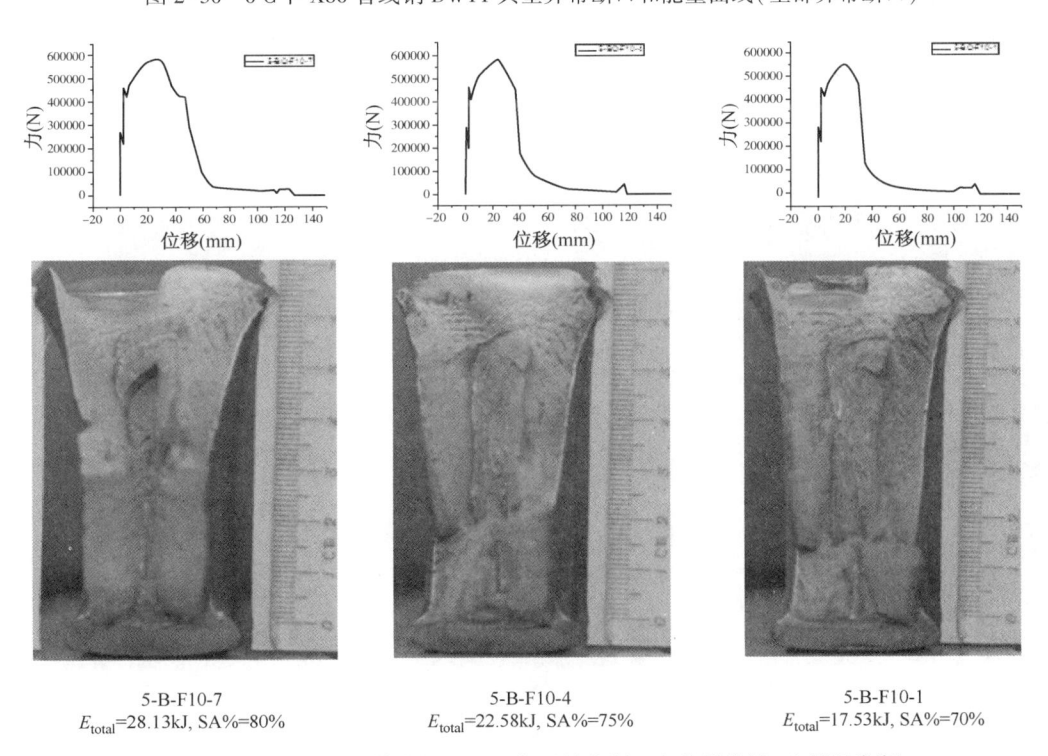

5-B-F10-7
E_{total}=28.13kJ, SA%=80%

5-B-F10-4
E_{total}=22.58kJ, SA%=75%

5-B-F10-1
E_{total}=17.53kJ, SA%=70%

图 2-31　-10℃下 X80 管线钢 DWTT 典型异常断口和能量曲线（全部异常断口）

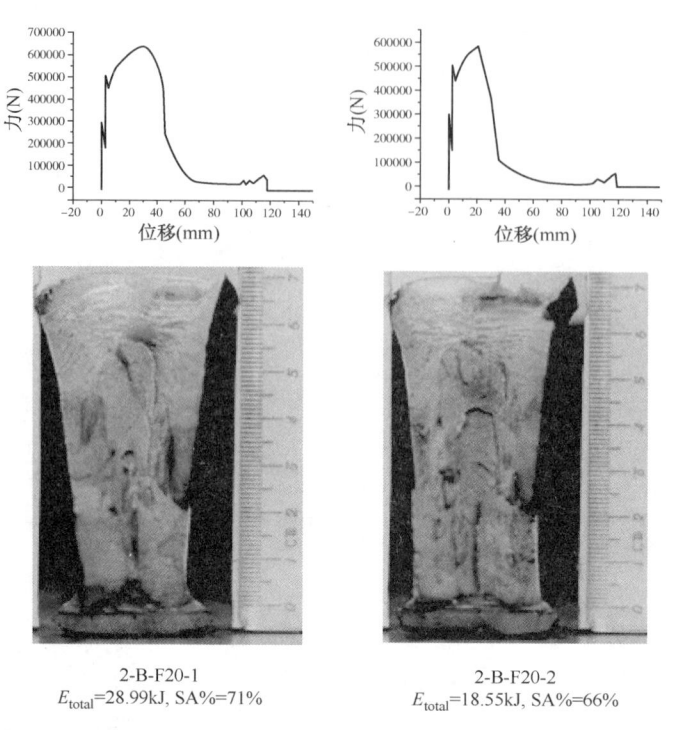

2-B-F20-1
E_{total}=28.99kJ, SA%=71%

2-B-F20-2
E_{total}=18.55kJ, SA%=66%

图2-32 -20℃下X80管线钢DWTT典型异常断口和能量曲线(全部异常断口)

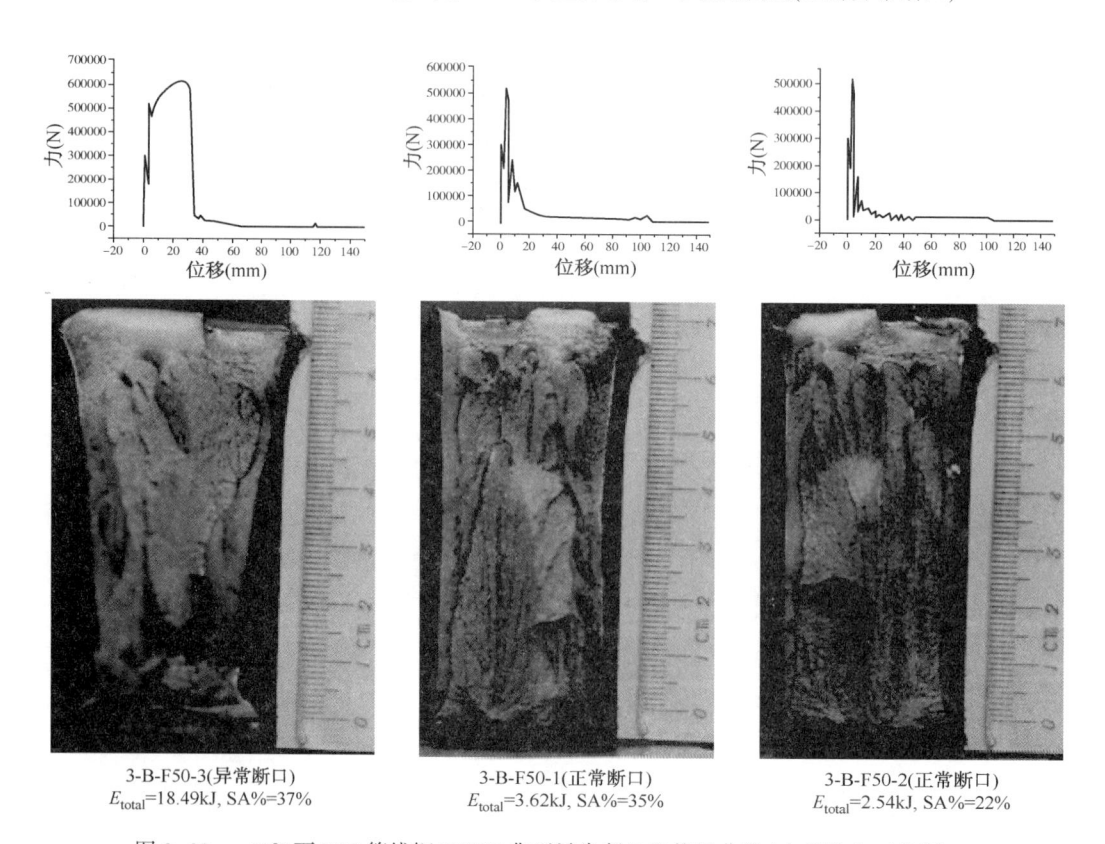

3-B-F50-3(异常断口)
E_{total}=18.49kJ, SA%=37%

3-B-F50-1(正常断口)
E_{total}=3.62kJ, SA%=35%

3-B-F50-2(正常断口)
E_{total}=2.54kJ, SA%=22%

图2-33 -50℃下X80管线钢DWTT典型异常断口和能量曲线(大部分为正常断口)

2.3.3 管线钢断裂韧性试验方法

夏比冲击试验由于其试样加工简便、设备简单、试验时间短，试验数据对材料组织结构、冶金缺陷等敏感的特点，在管线钢领域得到了广泛应用，已成为评价管材性能的重要指标，管道安全评价中也常采用冲击韧性和断裂韧性的经验关系式换算得到材料断裂韧性数据。但是实验过程测定的 A_k 值并没有明确的物理意义，不能真实地反映材料实际抵抗冲击载荷能力的韧性，例如在管线钢的测试中经常可以发现，两个试样冲断后，二者的冲击能量可能是相等的，但是其剪切面积差距却很大，反映出材料的韧性水平是不同的。

由于材料在达到冲击最大力之前只产生弹塑性变形，随着塑性变形的发展逐渐形成裂纹，而一旦有裂纹产生，力将会下降。因此可以把冲击最大力作为裂纹形成的判据，以最大力为分界点，最大力之前是裂纹形成消耗的能量，称为裂纹形成功，之后的称为裂纹扩展功。韧性材料的裂纹扩展能量较大，裂纹扩展很慢，力—位移曲线不存在陡然下降的现象；脆性材料裂纹扩展能量很小，甚至不存在不稳定裂纹扩展终止点。对不同的管线钢材料，其冲击吸收功可以相同，但其裂纹形成功和裂纹扩展功却可能相差很大。若裂纹形成功所占比例很大，则表明材料断裂前塑性变形小，裂纹一旦形成就立即扩展直到断裂，裂纹必然是呈放射状甚至结晶状的脆性断口；反之，若裂纹扩展功所占比例很大，则断口是以呈纤维状为主的韧性断口。由此可见，冲击吸收功的大小并不能直接反映材料韧或脆的性质，材料韧性的好坏主要取决于裂纹扩展功的大小。这就需要采用示波冲击试验，对冲击试验的全过程进行详细描述。

但是，冲击吸收功只能表示材料韧性的相对大小，并不能代表实际管道结构材料能承受的冲击能量。由断裂力学的发展，基于线弹性力学的 K_{IC} 和基于弹塑性断裂力学的 CTOD、J 积分为油气输送管道材料的韧性问题研究提供了方便，在管线钢管的抗断裂设计和安全评价中发挥了重要作用。但是由于高钢级管线钢的韧性、塑性较好，这几种断裂韧性方法的适用性还存在争议，所测试的结果有效性和准确度难以达成共识。

另外，在油气输送管道材料中管体和环焊缝接头常常存在表面缺陷和裂纹。单一参数的裂纹尖端场已经无法满足于弹塑性断裂行为的描述。对于壁厚相对薄，塑性相对好的管线钢管材料，受到拉伸应变作用时裂尖处于低约束条件的管线钢的断裂力学行为，单边缺口拉伸试验提供了很好的研究途径。通过单边缺口拉伸试验，可以在裂纹尖端产生类似于管线环焊缝的低约束条件，从而比传统的高约束条件能够获得更为准确地对环焊缝断裂韧性的描述，相对于传统的深缺口三点弯曲(SENB)试样，单边缺口拉伸试样(SENT)测试 CTOD 更适合代表管线环焊缝断裂韧性的描述。

对于高韧性、大壁厚的管线钢来说，CVN 测试简单易行，但是夏比冲击试样尺寸过小，不能反映实际构件中的应力状态，用来对管道断裂韧性进行预测控制的偏差较大。全尺寸爆破试验成本昂贵，试验周期较长。而 DWTT 试验的断口形貌与钢管全尺寸爆破试验断口形貌非常相似，更能接近材料的使用状态，反映其断裂的真实情况，可以代替全尺寸爆破试验来精确的预测实际管道韧脆转变温度，被广泛应用于管线钢断裂韧性的评价，成为重要的质量验收指标之一。

目前，大多 DWTT 试验通过测试试样断口下的剪切面积来评价材料的断裂韧性。但对于高能量材料和异常断口，现行的落锤撕裂试验方法标准的适用性还未完全统一。高钢级大壁厚管线钢其上平台冲击吸收能一般都大于 200J，落锤撕裂试验时经常出现异常断口。这种异常断口虽然在 GB/T 8363[29] 和 SY/T 6476[25] 作为有效试样进行剪切面积判定，但在国际通用标准 APIRP 5L3[26] 和 ASTM E436[30] 中定义为无效试样，导致其剪切面积判定无效，而且在即将发布实施的新版 API RP 5L3 中规定"对于上平台冲击吸收能大于200J的钢管落锤试验常导致无效试验,本方法不适用"。因此,需要寻找一种通过重锤试验测试高钢级大壁厚管线钢断裂韧性的有效性方法。

2.3.3.1　管线钢示波冲击试验方法

图 2-34 是不同钢级的示波冲击试验曲线图,由图表明,随着钢级的升高,载荷—位移曲线中的最大力 F_m 和不稳定裂纹扩展起始力 F_{iu} 也相应地升高,不稳定裂纹扩展起始位移 S_{iu} 逐渐变小。过了最大力后,曲线变得越来越陡峭,裂纹扩展地越来越快。

图 2-35 是 X80 管线钢不同温度下的示波冲击试验曲线图。由图可见,当温度为 20℃ 时,吸收能量增长较慢,在位移为 15mm 时,冲击载荷还很高,说明在裂纹扩展过程中受到的阻碍较多。当温度为 -80℃ 时,试样在位移为 15mm 时,冲击载荷已经接近 0。在 -80℃ 时,试样刚过最大力就发生不稳定裂纹扩展。因此,随着温度的降低,吸收能量增长变快,示波冲击曲线变化明显。不稳定裂纹扩展起始位移 S_{iu} 逐渐变小。试验温度越低,试样在冲击过程中所受阻碍越小。

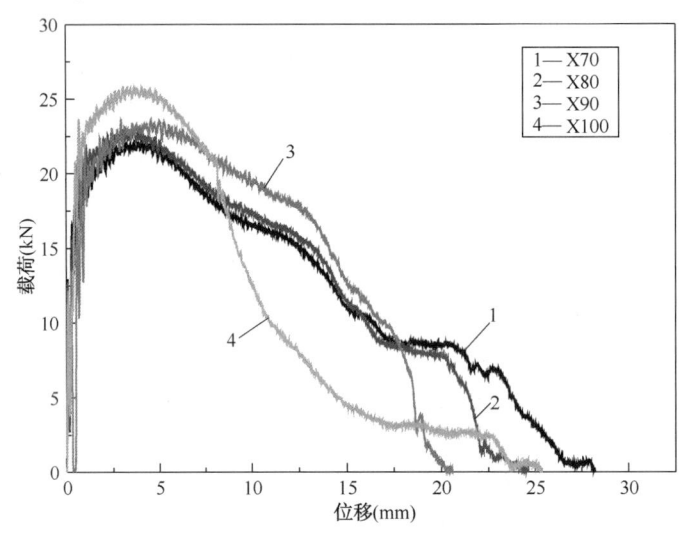

图 2-34　不同钢级的示波冲击试验曲线

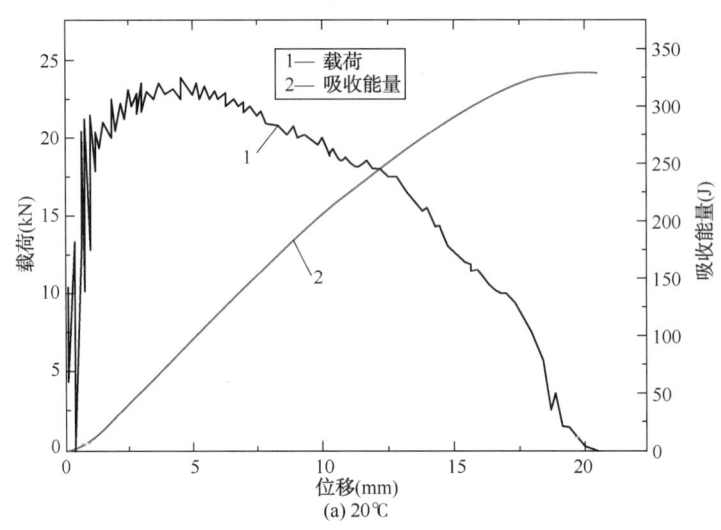

(a) 20℃

图 2-35　同一钢级,不同温度的示波冲击试验曲线

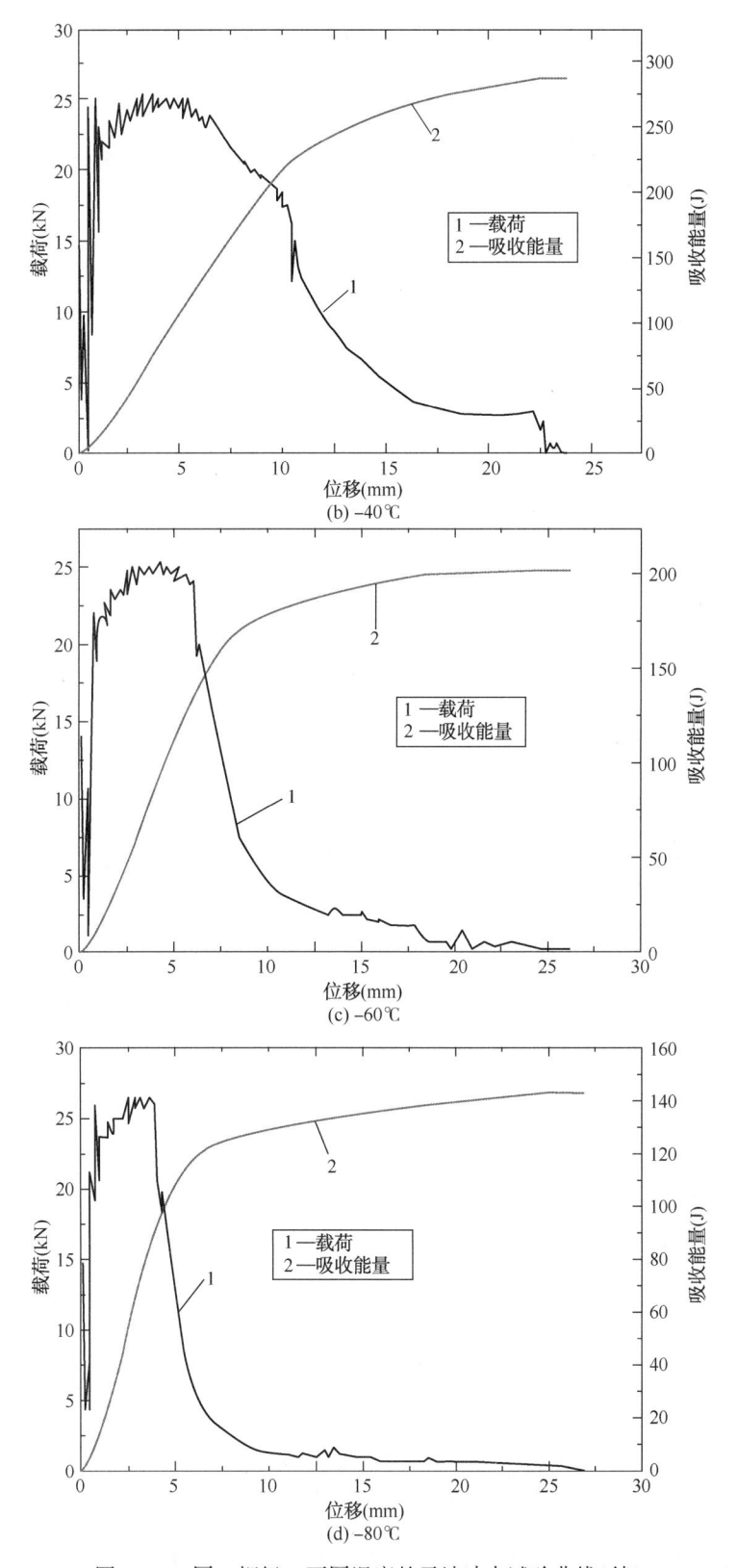

图 2-35 同一钢级，不同温度的示波冲击试验曲线(续)

图 2-36 是 X80 管线钢焊缝及热影响区的示波冲击试验曲线图。由图可见，在 20℃ 时，焊缝示波冲击曲线有明显的不稳定裂纹扩展起始力 F_{iu} 和不稳定裂纹扩展终止力 F_a。裂纹在最大力后经过一段稳定扩展后，出现了不稳定扩展，力值急剧下降，当下降到 F_a 时，又转变为稳定扩展。而对于热影响区，其示波冲击曲线介于母材和焊缝的示波曲线之间。裂纹扩展的比母材快，比焊缝慢。没有出现不稳定扩展。

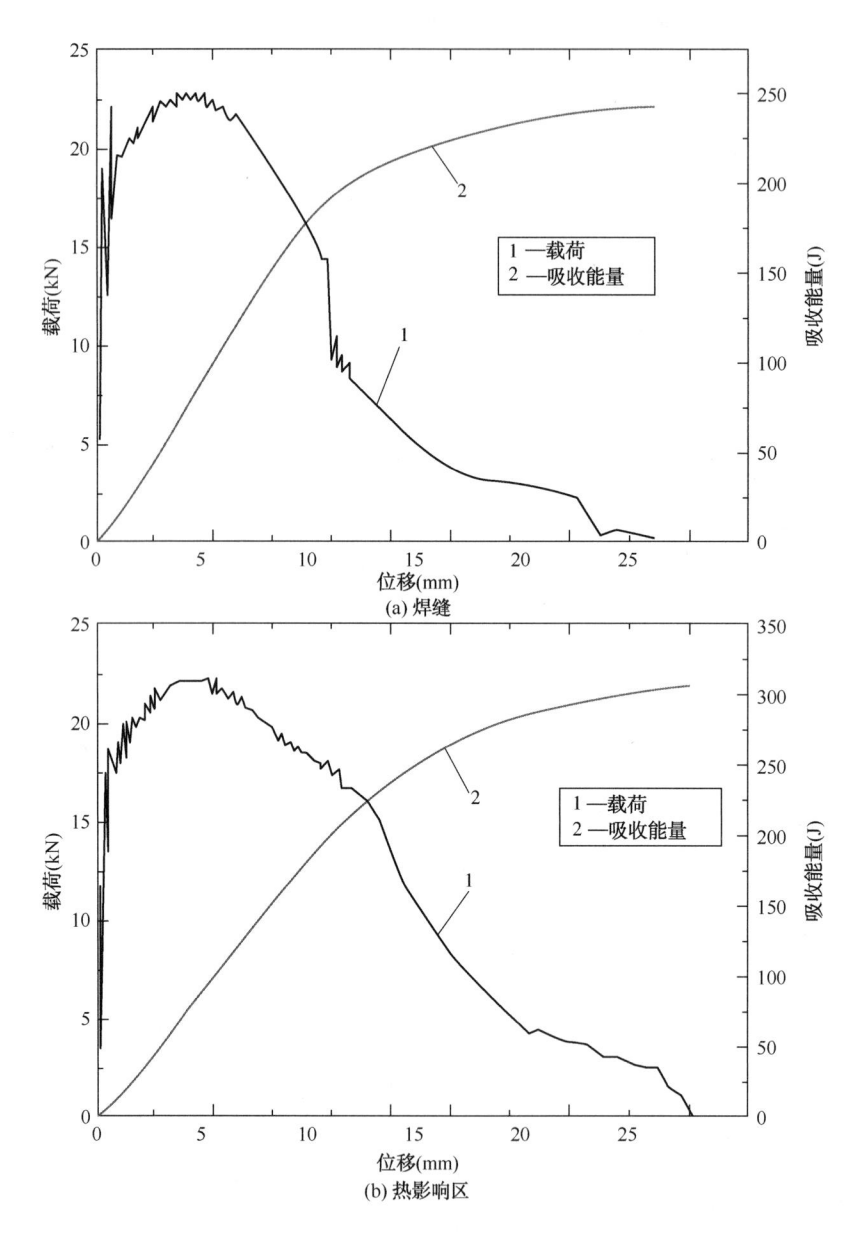

图 2-36 焊缝及热影响区的示波冲击试验曲线

2.3.3.2 管线钢断裂韧性参量测试方法适用性

选用了西二线管道工程用的 X80 管线钢作为试验材料，试验设备为 MTS 试验机，开展了 JIC 及 CTOD 测试技术研究。多试样法拟合后的曲线方程为 $\delta = -0.8929 + 2.04011 \times$

$\Delta\alpha^{0.4156}$，求解 $\delta_{0.2}BL(10) = 0.6603$（图 2-37a）。单试样法拟合得到的 R 曲线方程为 $\delta = -0.35978 + 1.49428 \times \Delta\alpha^{0.63576}$，求解 $\delta_{0.2}BL(10) = 0.5755$（图 2-37b）。

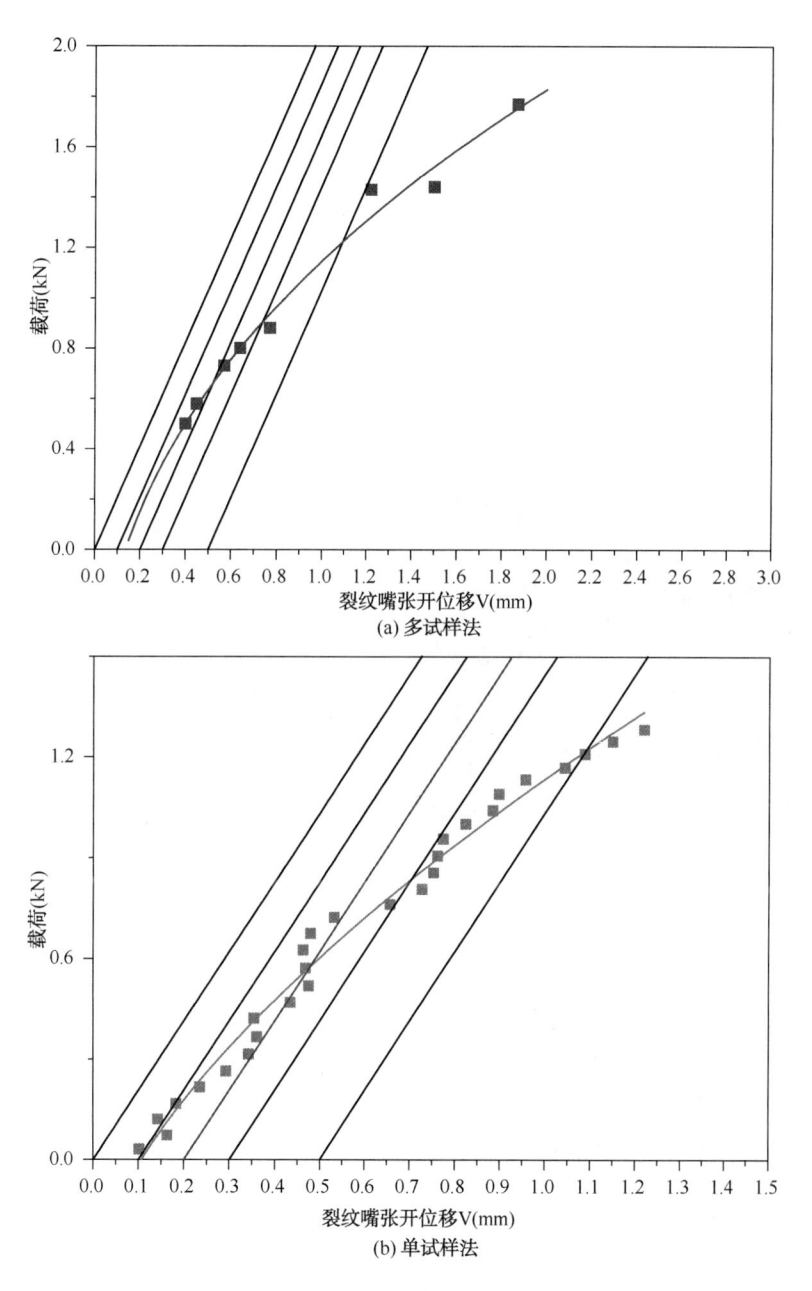

图 2-37 试样断裂阻力曲线

对比多试样法和单试样法结果（图 2-38），CTOD 值分别为 0.6603 和 0.5755，其结果相差 12.8%。两种方法试验过程中的参数均满足标准要求，但结果却出现差异较大。分析造成结果差异的具体原因是下一步工作的研究方向。此外，还开发了多试样法和单试样卸载柔度法的单边缺口拉伸试验，如图 2-39 所示。

(a) 多试样法和单试样法对比

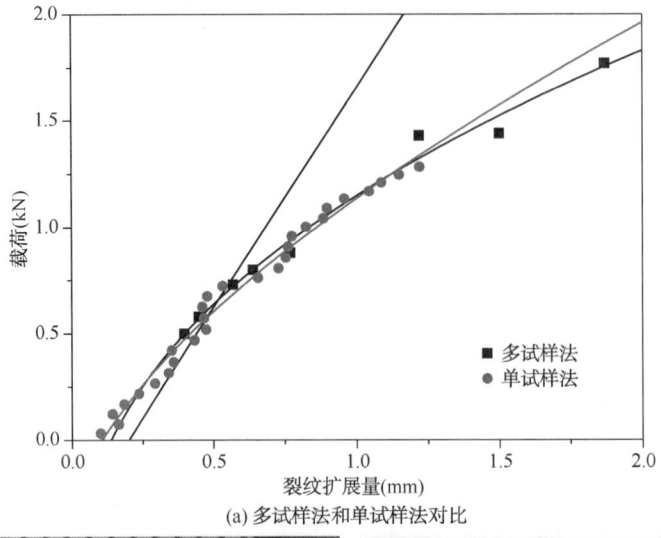

(b) 裂纹长度扩展图一

(c) 裂纹长度扩展图二

图 2-38 多试样法和单试样卸载柔度法 CTOD 测试对比试验

(a) 试验装置示意图

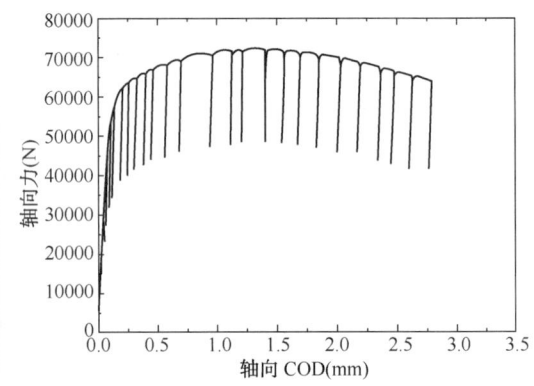

(b) 轴向力—轴向引伸计曲线图

图 2-39 单边缺口拉伸试样方法

2.4 高钢级管线钢强度测试技术

大管径、高压输送是当前油气管道工程的发展趋势。同样的输送条件下，应用更高钢级管线钢产品可以使钢管的壁厚减薄，节省用钢量，或在管道口径、壁厚不变的条件下提高输送压力，达到提高输送量的目的。因此，提高管线钢的强度级别已经成为管线钢的发展趋势。目前，面临的困难不仅仅是在开发高强度、高塑性和低温韧性良好的管线钢方面，对于如何科学、客观的对这些材料性能进行准确地测试评价也是一个难题。例如，对X80及以下钢级，采用测定$R_{t0.5}$作为材料的屈服强度，不仅准确而且方便，但对X80以上钢级，若再采用测定$R_{t0.5}$作为材料的屈服强度可能就不适用了。然而对于应该采用什么指标人们还没有得到共识。API 5L[16]规定钢级为X90及以上时，采用测定$R_{p0.2}$作为材料的屈服强度。而CSA Z245.1[31]中规定钢级为X100及以下时均采用测定$R_{t0.5}$作为材料的屈服强度。此外，对于高钢级管线钢拉伸试样的形式，如矩形试样或圆棒试样，甚至圆棒试样的直径大小也存在争论。分析研究了影响拉伸性能测试的屈服强度指标选定、拉伸试样尺寸大小及拉伸试样形式等因素进行分析研究，为高钢级管线钢强度测试应用提供了依据。

2.4.1 试验设备及方法

拉伸试样在母材距焊缝180°位置沿钢管的横向及90°位置沿钢管的纵向截取，试样形状采用板状和圆棒两种，其中板状试样标距内宽度为38.1mm，厚度为钢管原壁厚；圆棒试样标距内直径分别为12.7mm、10mm、8.9mm及6.25mm。

拉伸试验依据Q/SY GJX 0104[2]、API SPEC 5L[16]和CSA Z245.1[31]进行。圆棒试样和板状试样采用的试验机分别是MTS810(25t)和MTS810-15(100t)，试验采用载荷控制模式，拉伸速度为0.03m/s。

2.4.2 所用指标对拉伸性能的影响

在X80及以下钢级管线钢的拉伸试验中，通常采用测定$R_{t0.5}$作为材料的屈服强度。而X80以上钢级，用$R_{t0.5}$作为管线钢的屈服强度指标，就会给试验带来很大的误差。图2-40给出了X80、X100及X120的拉伸应力—应变曲线。拉伸试验采用钢管管体横向棒状试样。表2-8分别给出了$R_{p0.2}$、$R_{t0.5}$及$R_{t0.6}$的数值来表征材料的屈服强度。

在图2-40的应力—应变曲线上划一条平行于力轴并与该轴的距离分别等效于规定总延伸率为0.5%和0.6%的平行线，可以看出，X80钢级管线钢的$R_{t0.5}$值和$R_{t0.6}$值均在$R_{p0.2}$值的右侧，随着钢级的提高，管线钢拉伸曲线弹性段向上延伸，使曲线的屈服部分和其后的均匀延伸部分较X80管线钢拉伸曲线上升，而同为钢铁材料的两种钢级弹性阶段的直线斜率即弹性模量(E)不变，所以$R_{t0.5}$值和$R_{t0.6}$值均逐渐向$R_{p0.2}$的左侧移动。X100级管线钢的$R_{p0.2}$值落在$R_{t0.5}$和$R_{t0.6}$之间，而X120级管线钢$R_{t0.5}$值和$R_{t0.6}$值均落在$R_{p0.2}$左侧。在应力—应变曲线上，从X80钢级到X100钢级，$R_{t0.5}$相对于$R_{p0.2}$位置由基本重合变的差距越来越大，从而使通过测量规定总延伸率为0.5%时的应力来确定X80级管线钢材料屈服强度的方法不再适用于X80钢级以上管线钢。由于管线钢的应力—应变曲线具有连续屈服行为(拱顶形曲线)，没有明显的屈服平台，因此需测定管线钢材料的规定非比例延伸强度$R_{p0.2}$，从而测量管线钢材料屈服强度的实际工程应用意义。

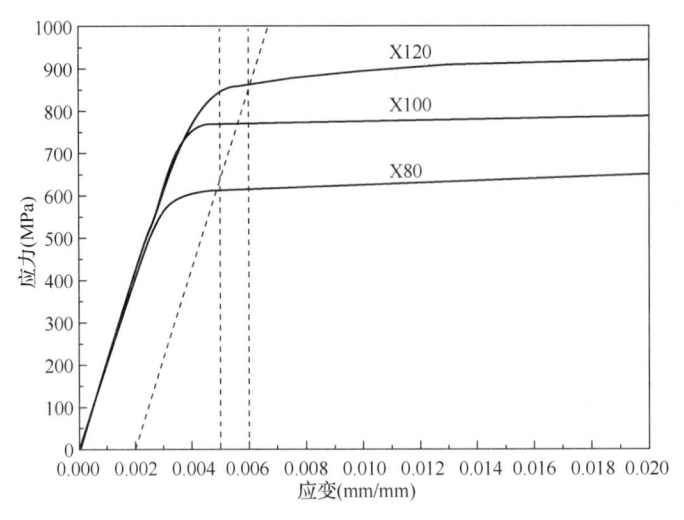

图 2-40　X80、X100 及 X120 钢管的横向圆棒试样拉伸应力—应变曲线

表 2-8　直缝焊管的拉伸试验结果

钢级	管线尺寸 (外径×壁厚) (mm×mm)	$R_{t0.5}$ (MPa)	$R_{p0.2}$ (MPa)	$R_{t0.6}$ (MPa)	R_m (MPa)	非比例延伸率为0.2% 时对应的总延伸率	均匀延伸率 (%)
X80	1219×22.0	610	609	613	700	0.49	8.077
X100	1016×20.6	761	764	764	819	0.58	5.197
X120	914×16.0	844	864	862	926	0.61	3.55

从表 2-8 可以看出，X80 级管线钢，$R_{t0.5}$ 比 $R_{p0.2}$ 高 1MPa，$R_{t0.6}$ 比 $R_{p0.2}$ 高 4MPa；对于 X100 级管线钢，$R_{t0.5}$ 比 $R_{p0.2}$ 低 3MPa，$R_{t0.6}$ 与 $R_{p0.2}$ 刚好相等；而 X120 级管线钢，$R_{t0.5}$ 比 $R_{p0.2}$ 低 20MPa，，$R_{t0.6}$ 比 $R_{p0.2}$ 低 2MPa。进一步对 X100 级管线钢研究发现，规定非比例延伸率为 0.2% 时对应的总延伸率平均值为 0.57%（表 2-9）。图 2-41 为 X100 管线钢管的屈服强度。从图 2-41 对 X100 级管线钢的 $R_{t0.5}$、$R_{t0.6}$ 和 $R_{p0.2}$ 进行比较可以看出，$R_{t0.5}$ 和 $R_{p0.2}$ 值差距较大，$R_{t0.6}$ 和 $R_{p0.2}$ 值基本重合，这表明对于 X100 及以上钢级管线钢来说，总延伸率为 0.6% 时的应力 $R_{t0.6}$ 更接近规定非比例延伸强度 $R_{p0.2}$。因此为了更准确地测定 X100 及以上钢级管线钢材料的屈服强度，使用规定总延伸强度方法测量时应提高规定总延伸率数值，这一数值规定在 0.6% 比较合理。

表 2-9　X100 直缝焊管的拉伸试验结果

试验编号	钢级	$R_{t0.5}$ (MPa)	$R_{p0.2}$ (MPa)	$R_{t0.6}$ (MPa)	非比例延伸率为0.2%时 对应的总延伸率
1	X100	807	809	809	0.56
2	X100	797	798	798	0.56
3	X100	800	800	800	0.56
4	X100	815	817	817	0.57
5	X100	805	808	809	0.56
6	X100	802	805	806	0.56
7	X100	802	808	809	0.57

续表

试验编号	钢级	$R_{t0.5}$ (MPa)	$R_{p0.2}$ (MPa)	$R_{t0.6}$ (MPa)	非比例延伸率为0.2%时对应的总延伸率
8	X100	770	771	771	0.56
9	X100	769	770	770	0.57
10	X100	761	764	764	0.58
非比例延伸率为0.2%时对应的总延伸率平均值					0.57

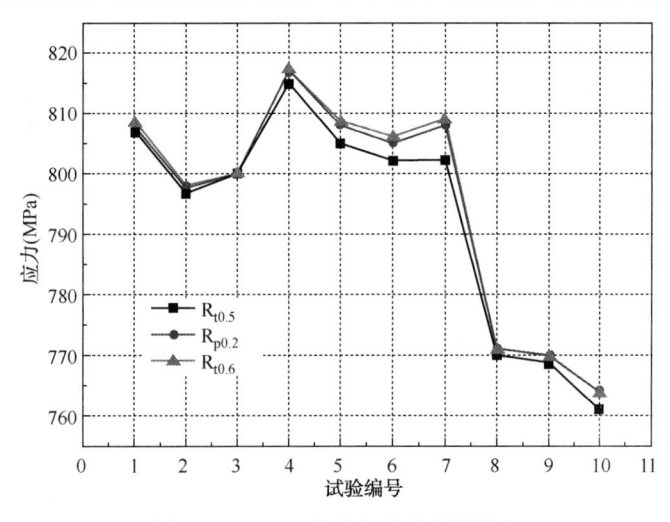

图 2-41 X100 管线钢管的屈服强度

2.4.3 试样尺寸对拉伸性能的影响

为了对比试样尺寸对拉伸性能的影响，取不同横截面积的试样进行拉伸试验。如图 2-42 和图 2-43 所示为同一根 X100 钢管纵向和横向拉伸试样的拉伸曲线。纵向拉伸试样取全壁厚矩形试样及平行段长度直径为 10mm、8.9mm 和 6.25mm 的圆棒试样。横向拉伸试样考虑到展平矩形试样的包申格（Bauschinger）效应的影响，仅取平行段长度直径为 10mm、8.9mm 和 6.25mm 的圆棒试样。可以看出，无论纵向还是横向，拉伸试样直径（横截面积）越大，$R_{t0.5}$、$R_{p0.2}$ 和 $R_{t0.6}$ 及抗拉强度均越高。沿钢管壁厚方向分析其金相组织，可以看出，壁厚中心处组织相对粗大，而越靠近钢管壁厚表面，金相组织越细小，且 $B_{粒}$ 及 M/A 组织含量增加，如图 2-44~图 2-46 所示。通常圆棒拉伸试样从钢管壁厚中心区取样，试样直径越大，试样中包含的高强度细晶越多，拉伸试验结果强度越高，直至矩形试样包含了壁厚方向所有的细晶。因此试样的直径（横截面积）越大越能真实反应钢管强度情况。

2.4.4 试样几何形状对拉伸性能的影响

拉伸试验结果不仅受试样尺寸的影响，同时也受试样形状的影响。在 X80 钢级以下强度较低的管线钢，钢管横向拉伸试验通常采用展平的条形试样。然而由于包申格效应，在试样展平过程中会造成一部分强度损失。一般认为当钢管的钢级越高时，这种包申格效应带来的强度损失越大。为了对比试样的几何形状对拉伸结果的影响，做了一系列的圆棒和条形试样拉伸试验。

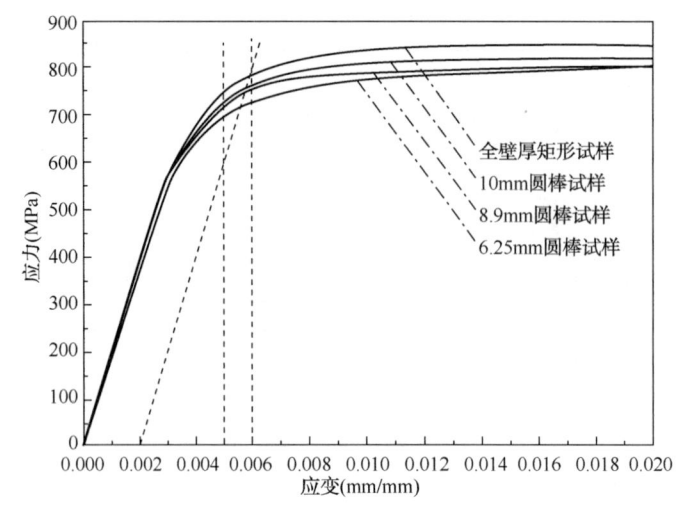

图 2-42　钢管纵向不同尺寸拉伸试样应力—应变曲线

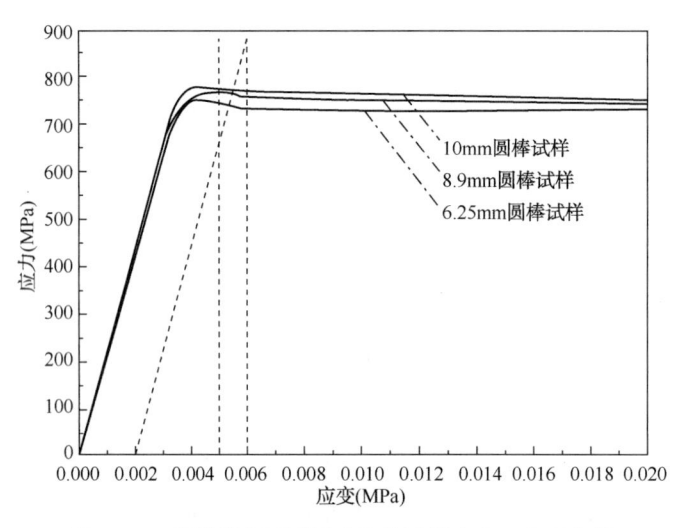

图 2-43　钢管横向不同尺寸拉伸试样应力—应变曲线

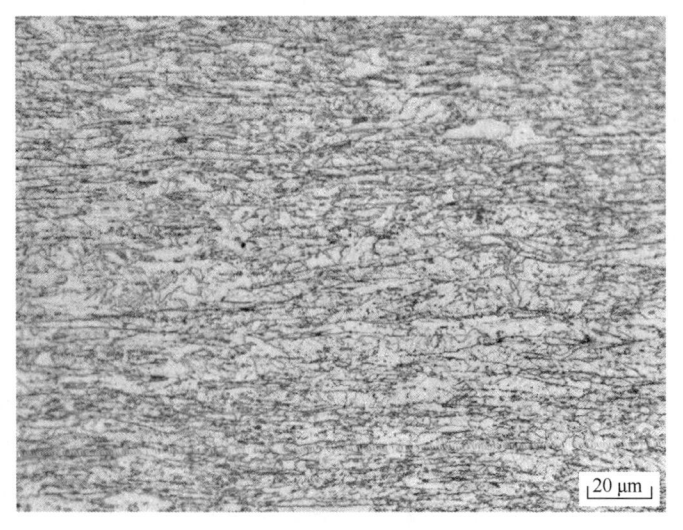

图 2-44　钢管表面附近组织

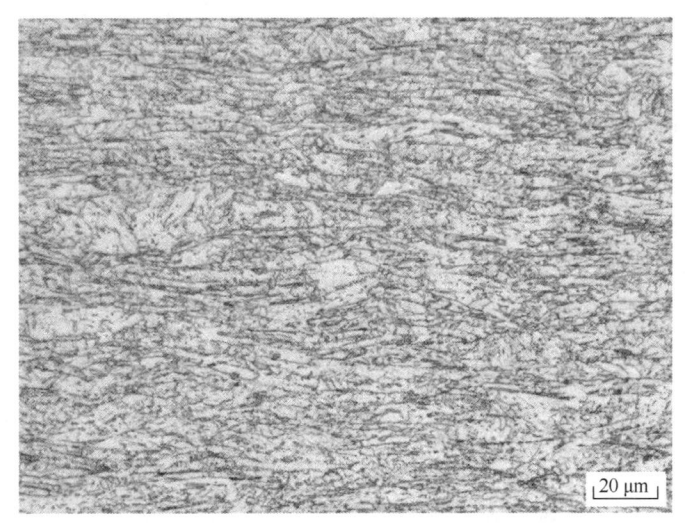

图 2-45 钢管壁厚 1/4 处组织

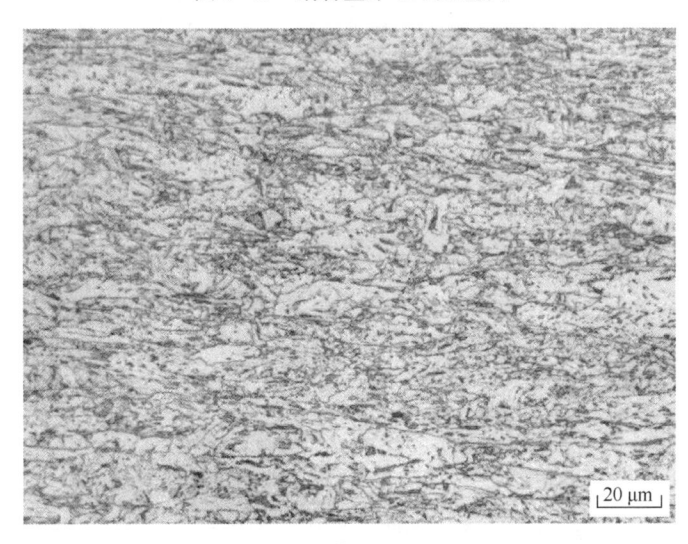

图 2-46 钢管壁厚中心组织

从表 2-10 和图 2-47 可以看出，X80、X100 和 X120 三种钢级管线钢，由于展平过程中发生了包申格效应，展平矩形拉伸试样的屈服强度均明显低于圆棒拉伸试样的屈服强度。对于 X80 级管线钢的圆棒和矩形拉伸试样，屈服强度应力值之差 $\Delta R_{p0.2}$ 比 $\Delta R_{t0.5}$ 和 $\Delta R_{t0.6}$ 稍大，$\Delta R_{p0.2}$ 值最大为 69MPa，$\Delta R_{t0.5}$ 值为 62MPa。随着钢级升高，$\Delta R_{p0.2}$ 变得低于 $\Delta R_{t0.5}$，即 $R_{p0.2}$ 值受包申格效应的影响变小。对于 X100 钢级 $\Delta R_{p0.2}$ 低于 $\Delta R_{t0.5}$，但高于 $\Delta R_{t0.6}$，$R_{t0.6}$ 值受包申格效应的影响最小。对于 X120 钢级 $\Delta R_{p0.2}$ 比 $\Delta R_{t0.5}$ 和 $\Delta R_{t0.6}$ 均低，$\Delta R_{p0.2}$ 最大为 5MPa，即 $R_{p0.2}$ 值受包申格效应的影响最小。X80 钢级的矩形试样的抗拉强度稍低于圆棒试样的抗拉强度 R_m，差值最大为 7MPa，随着钢级的升高，矩形试样的抗拉强度逐渐高于圆棒试样的抗拉强度 R_m，X100 钢级 R_m 差值最大为 24MPa，X120 钢级 R_m 差值最大为 25MPa。这表明随着钢级的升高，抗拉强度 R_m 受试样尺寸和包申格效应的影响越来越大。对于本次试验来说，X80 管线钢采用 $R_{t0.5}$ 作为其屈服强度指标，矩形试样比圆棒试样屈服强度低 62MPa，而抗拉强度差异较小。X100 管线钢无论用 $R_{p0.2}$ 或 $R_{t0.6}$ 作为其屈服强度指标，矩形试样比圆棒试样的屈服强度分别低 98MPa 和 56MPa，抗拉强度高 24MPa。X120 管线钢用 $R_{p0.2}$ 或 $R_{t0.6}$ 作为其屈服强度指标，矩形试样和圆棒试样的屈服强度差异较小，仅为5MPa和14MPa，而抗拉强度有较大差异。由于圆棒拉伸试样比矩形拉伸试样的拉伸曲线屈服段变化平缓，因此，采用圆棒拉伸试样有利于降低 $R_{t0.5}$ 和 $R_{p0.2}$，$R_{p0.2}$ 和 $R_{t0.6}$ 之间的误差。综合考虑屈服强度和抗拉强度指标，X80和X100选用圆棒拉伸试样较为合理，对于X120级管线钢，尤其是管壁较薄，管径较小时，圆棒拉伸试样直径较小，用 $R_{p0.2}$ 作为其屈服强度指标，采用矩形试样更为合理。

表2-10 不同形状横向试样的拉伸试验结果

钢级	试样几何尺寸	宽/直径× 标距长度	R_m (MPa)	$R_{t0.5}$ (MPa)	$R_{p0.2}$ (MPa)	$R_{t0.6}$ (MPa)	ΔR_m (MPa)	$\Delta R_{t0.5}$ (MPa)	$\Delta R_{p0.2}$ (MPa)	$\Delta R_{t0.6}$ (MPa)
X80	矩形	38.1mm×50mm	687	541	533	560	7	62	69	48
X80	圆棒	φ12.7mm×50mm	694	603	602	608				
X100	矩形	38.1mm×50mm	843	660	666	708	−24	101	98	56
X100	圆棒	φ12.7mm×50mm	819	761	764	764				
X120	矩形	38.1mm×50mm	951	786	861	848	−25	58	5	14
X120	圆棒	φ10mm×50mm	926	844	866	862				

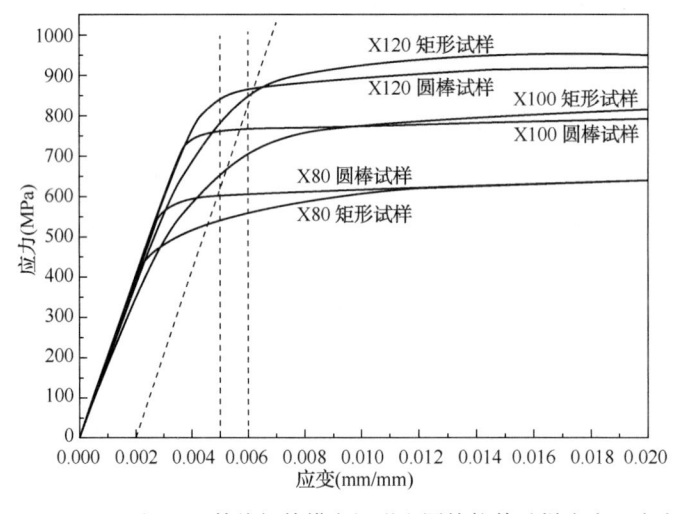

图2-47 X80、X100及X120管线钢管横向矩形和圆棒拉伸试样应力—应变曲线对比

2.4.5 结论

（1）对于X80以上钢级管线钢用 $R_{t0.5}$ 已经不能准确表征材料的屈服强度。建议使用 $R_{p0.2}$ 值作为材料的屈服强度。使用规定总延伸强度方法测量材料的屈服强度时，应适当提高规定总延伸率数值，这一数值规定在0.6%比较合理。

（2）圆棒试样直径越小，机加工损失的壁厚表面附近的细晶材料越多，拉伸试验测定的 $R_{t0.5}$、$R_{p0.2}$ 和 $R_{t0.6}$ 及抗拉强度均越低。

（3）由于包申格效应的影响，X80和X100钢管横向展平矩形试样的屈服强度比圆棒试样明显降低。圆棒拉伸试样比矩形拉伸试样的拉伸曲线屈服段变化平缓，因此，采用圆棒拉伸试样有利于降低$R_{t0.5}$和$R_{p0.2}$，$R_{p0.2}$和$R_{t0.6}$之间的误差。

（4）X120管线钢用$R_{p0.2}$或$R_{t0.6}$作为其屈服强度指标，矩形试样和圆棒试样的屈服强度差异较小。尤其当管壁较薄，管径较小时，圆棒拉伸试样直径较小，用$R_{p0.2}$作为其屈服强度指标，采用矩形试样更为合理。

2.5 高钢级管线钢低硫分析试验

硫在钢中是有害元素，当硫的含量超过规定范围时，就要降低其含量，生产中称为"脱硫"。硫在钢中固溶量极小，但能形成多种硫化物，如FeS、MnS、VS、ZrS、TiS、CrS、NbS等，当钢中有大量锰存在时，主要以MnS存在，其次以FeS状态存在，因而在炼钢过程中常常加入锰铁脱硫，使其进入炉渣中。硫对钢铁性能影响是产生"热脆"，即在热变形时，工件产生裂缝，因而其危害甚大。硫还能降低钢的机械性能，特别是使疲劳极限、塑性和耐磨性显著下降，影响钢件的使用寿命。普通钢中硫含量通常分别不超过0.05%；优质钢、工具钢中分别不超过0.045%、0.03%；高级优质钢中不超过0.02%；生铁中含硫量较高，可达0.35%；球墨铸铁中一般不超过0.025%。硫是钢中含量偏低的元素之一，也是钢材中重点检测的元素。因此，在硫的分析测试过程中，把握每个测试环节，减少产生误差的因素，对于指导生产、开发钢材新品种、把握钢铁产品质量有着极其重要的意义。近年来对硫的分析，尤其是冶金行业中对硫的分析报道呈递增趋势。随着高性能合金研究的发展，精炼技术的进步，要求测定钢中0.0001%的硫。微量硫的测定因受低硫标样匮乏，仪器灵敏度低及空白等诸多因素的限制，一直是人们探索的课题。目前，在生产中广泛应用的是钢铁中硫分析法是红外吸收光谱法，该法方便快捷、精度高。我国也有相应的国家标准GB/T 20123[32]钢铁总碳硫含量的测定高频感应炉燃烧后红外吸收法（常规方法），适用于质量分数为0.005%~4.3%的碳含量及0.0005%~0.33%的硫含量的测定。

随着"西气东输二线"工程的实施，X80高强度管线钢的应用越来越广泛。为了得到较高的强韧性和良好的焊接性，X80钢级管线钢采取微合金化、超纯净冶炼和控扎控冷等技术，这样，X80钢级的碳、硫元素含量均较低，尤其是硫含量在0.001%以下，对这种超低含量碳、硫，如不对试验条件进行优化，用传统的做法精度低，难以满足测定要求。

利用美国LECO公司的CS-444红外碳、硫分析仪，通过大量条件试验，对试验条件，包括坩埚、燃烧时间、称样量、助熔剂的选择、加入量等进行了优化，选出了最佳条件。其次，通过大量的文献调研和现场试验，采用建立工作曲线，改变称样量等方法，解决了在试验室超低碳、硫标钢缺乏的情况下低碳、低硫的检测问题。本法简便、快速、灵敏度高，用于实际样品的测定，结果令人满意。

2.5.1 主要仪器和试剂和工作条件

美国力克公司（LECO Corporation）CS-444红外碳硫分析仪：
气体：氧气（纯度99.9%），氮气（99.9%）；
瓷坩埚：ϕ25mm；
除水剂：碱石棉、无水高氯酸镁（力克公司）；
催化剂：稀土氧化铜（力克公司）；
助熔剂：钨粒（中国钢研科技集团有限公司）；

温度：15~25℃；

氧气及氮气压力：0.26MPa。

2.5.2 实验条件确定

（1）影响分析精度的因素。

影响分析精度的因素有很多，包括氧气纯度、坩埚、燃烧时间、助熔剂的选择等，本文对上述几个影响因素通过研究，均选出了最佳条件。

（2）空白试验。

空白是影响微量碳、硫测定的关键因素，因此空白值必须低且稳定。试验中，使用经1300℃灼烧4h的坩埚及纯度大于99.5%的氧气作为载气，减少其对空白值的影响。加入钨助熔剂（约1.5g）后，按1g试样计算，将空白值手动输入仪器中，在仪器校准和分析试样时自动从分析结果中扣除。

（3）坩埚处理。

坩埚除本身含有微量碳、硫，产生空白外，它还能吸收空气中的水分，对微量碳、硫的测定产生较大影响。因此本试验前，将坩埚在马弗炉中于1300℃灼烧4h，冷却后放置于干燥器中备用，使其空白值降到最低。

（4）燃烧时间的确定。

燃烧时间与样品本身及助熔剂有关。由于管线钢中碳、硫含量都较低，为保证样品充分燃烧且完全释放出碳、硫，本实验选择燃烧时间为50s。

（5）助熔剂选择。

红外吸收法常用的助熔剂有纯钨、纯锡以及钨锡混合助熔剂等。锡低温融化包裹样品，亦能提高试样导磁性，钨是高熔点金属，可提高熔融物的热容量。在试验中，分别以钨粒、锡粒以及它们的混合助熔剂进行对照试验。

实验结果表明：选用钨作助熔剂，空白值最小，燃烧充分，粉尘少，且碳、硫释放曲线平滑，分析结果的精密度和准确度较好；选用锡作助熔剂，粉尘多，易产生吸附效应和堵塞炉膛和气路，分析结果的精密度和准确度较差；用钨锡混合助熔剂的情况则介于二者之间。因此，通过对比，本试验选择钨粒作为助熔剂。

（6）助熔剂添加量。

在其他试验条件不变的情况下，分别加入0.5g、1.0g、1.5g、2.0g、2.5g钨粒作助熔剂，平行测定5次，考察助熔剂添加量对测定结果的影响。

试验结果表明：钨粒的加入量大约为1.5g时，样品熔融状态好，燃烧充分，分析结果精密度高。故本实验选择钨助熔的添加量为1.5g。

（7）称样量。

在其他条件不变的情况下，分别称取0.2g、0.4g、0.5g、0.6g、0.8g试样进行试验。试验结果表明：在微量碳、硫分析中，试样量对测定结果有不容忽视的影响。称样量过少，则被测气体浓度较低，检测信号较弱，灵敏度较差，影响结果的准确性；称样量过大，燃烧试样所需的功率较大，容易造成试样熔融不佳，CO_2和SO_2的生成和释放变慢，使积分时间延长[4]，且需要更多助熔剂，提高成本。本方法选择最合适的称样量为0.5g。

（8）及时清洗燃烧管，清扫金属网过滤器，保证燃烧炉的清洁，以降低空白，减少对实验结果的影响。

2.5.3 实验过程

2.5.3.1 仪器校准

标钢一直是仪器校准时的最大困难。目前低碳、低硫标钢鲜有出售，特别是超低硫标钢。本实验的解决方法是将现有标钢的实际加入量为 0.25g，而输入量按 0.5g 计算。管线钢中碳、硫含量范围较宽，用单一标样误差较大，而用多个标样建立工作曲线则避免了这一问题，同时起了校准仪器的作用，从而使结果更接近真实值。因此本试验中采取建立工作曲线的方法来测量硫含量。

称取 0.5g 样品，加一勺钨（约 1.5g）助熔剂，覆盖在样品表面上，将坩埚放置于托盘上后，燃烧进行分析，记录分析结果，察看碳、硫释放曲线。准确称取硫含量在 0.00057%~0.0121% 的 5 种标样各 0.5g，在选定的条件下和扣除空白的仪器上，按测定方法进行测定，以读取的数值相对于相应的证书含量数值拟合曲线，即得硫元素的工作曲线为：$y=1.1326x-0.0002$，$R^2=0.9983$，见图 2-48。

2.5.3.2 样品检测

（1）准确度。

在确定的最佳试验条件下，按试验方法，对 3 种硫含量的钢铁标准样品分别进行了 5 次测定，结果见表 2-11。

表 2-11 不同标样硫含量测定的准确度（$n=5$）　　　　（单位：%）

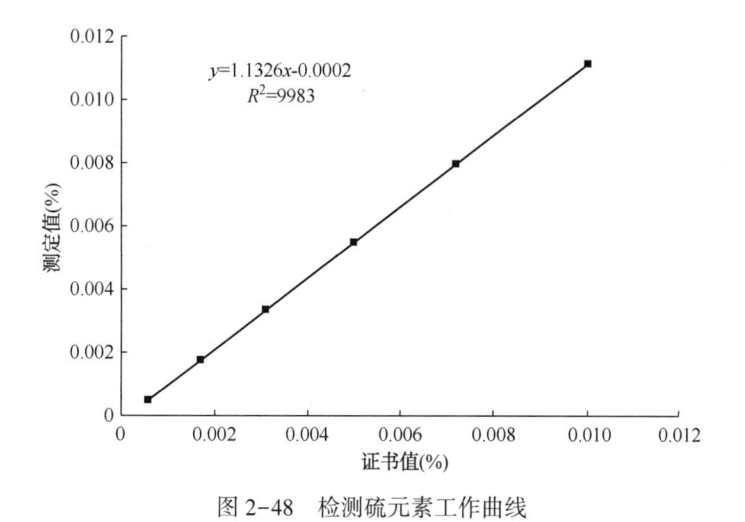

标准样品	证书值	测定值	相对误差
YSBC18201a-05	0.0027	0.00264	2.22
GSB03-1565-2003	0.00057	0.00058	1.75
BH85-4	0.0017	0.00173	1.76

图 2-48 检测硫元素工作曲线

（2）精密度。

在最佳试验条件下，按试验方法操作，对硫含量不同的 3 种高钢级管线钢样品进行了 5 次测定，结果见表 2-12。

表 2-12 不同样品硫含量测定的精密度($n=5$)　　　　　（单位:%）

序　号	样品1	样品2	样品3
1	0.00148	0.00265	0.00811
2	0.00143	0.00277	0.00812
3	0.00145	0.00260	0.00807
4	0.00143	0.00261	0.00797
5	0.00137	0.00269	0.00816
平均值	0.00144	0.00263	0.00808
相对标准偏差	2.80	2.63	0.90

2.5.4 结论

通过试验研究了测定高钢级管线钢样品中低含量硫的红外吸收分析方法。本方法利用红外碳硫分析仪,对包括坩埚、燃烧时间、称样量、助熔剂的选择、加入量等试验条件进行了优化,确定了最佳试验条件,采用不同含量标准样品建立工作曲线,改变称样量等方法,大大简化了分析步骤,并应用该方法测定了高钢级管线钢中的低含量硫元素。实验结果表明,该方法测定低含量硫元素准确度和精密度均较高,操作程序简便、快速,具有实用和推广价值。这些特点使得本方法已经应用于西二线 X80 钢管的常规质量检验及监督检验工作。

参　考　文　献

[1] 石油天然气工业管线输送系统用钢管:GB/T 9711—2005[S].北京:中国标准出版社,2012.

[2] 西气东输二线管道工程用直缝埋弧焊管技术条件:Q/SY GJX 0104—2007[S].北京:中国石油天然气股份有限公司管道建设项目经理部,2007.

[3] 赵明纯,肖福仁,单以银,等.超低碳针状铁素体管线钢的显微特征及强韧性行为[J].金属学报,2002,38(03):283-287.

[4] 冯耀荣,高惠临,霍春勇,等.管线钢显微组织的分析与鉴别[M],西安:陕西科学技术出版社,2008.

[5] Thompon M, Ferry M, Manohar PA. Simulation of hot-band microstructure of C-Mn steels during high speed cooling[J]. ISIJ, 2001, 41: 891-899.

[6] Carneiro R A, Ratnapuli R C, Lins V C. The influence of chemical composition and microstructure of API linepipe steels on hydrogen induced cracking and sulfide stress corrosion cracking[J]. Materials Science and Engineering A, 2003, (A357): 104-110.

[7] M. AI-Mansour, A. M. Alfantazi, M. El-boujdaini. Sulfide stress cracking resistance of API-X100 high strength low alloy steel[J]. Materials & Design, 2009, 30: 4088-4094.

[8] 周琦,季根顺,杨瑞成,等.管线钢中带状组织与氢致开裂[J].甘肃工业大学学报,2002,28(2):30-33.

[9] 周琦,付希圣,黄淑菊.石油专用管中的带状组织对低温区 CO_2 腐蚀的影响[J].腐蚀与防护,2005,26(11):472-475.

[10] 熊庆人,冯耀荣,霍春勇,等.X70 管线钢断口分离现象分析研究[J].焊管,1995,18(5):7-11.

[11] 李家鼎,麻庆申,姜中行,等.高级别管线钢中几种常见带状组织浅析[J].轧钢,2009,26(6):16-21.

[12] 钢的显微组织评定方法:GB/T 13299—1991[S].北京:中国标准出版社,1992.

[13] Standard Practice for Assessing the Degree of Banding or Orientation of Microstructures ASTM E1268-01: 2007[S]. American: American Society for Testing Materials, 2005.

[14] 彭涛,高惠临. 管线钢显微组织的基本特征[J]. 焊管, 2010, 33(7): 5-11.

[15] 付强,荆松龙,马志勋. 螺旋埋弧焊接钢管焊偏量的测定方法[J]. 理化检验:物理分册, 2012(4): 245-247.

[16] Specification for Line Pipe: API SPEC 5L: 2007[S]. Washington: American Petroleum Institute, 2007.

[17] Specification for Line Pipe: API SPEC 5L: 2012[S]. Washington: American Petroleum Institute, 2012.

[18] 于庆波,段贵生,孙莹,等. 粒状贝氏体组织对低碳钢力学性能的影响[J]. 钢铁, 2008, 43(7): 68-71.

[19] Mn-Mo-Nb-B低碳微合金钢中温转变组织的演化[J]. 金属学报, 2008, 44(3): 287-291.

[20] 荆洪阳,霍立兴,张玉凤. 马氏体-奥氏体组元形态对高强钢焊接热影响区韧性的影响[J]. 机械工程学报, 1995, 31(6): 102-106.

[21] 于少飞,钱百年. X70管线钢的局部脆化[J]. 材料研究学报, 2004, 18(4): 405-411.

[22] 高惠临,董玉华,王荣. 管线钢焊接临界粗晶区局部脆化现象的研究[J]. 材料热处理学报, 2001, 22(2): 60-65.

[23] 仝珂,庄传晶,刘强,等. 高钢级管线钢中M/A岛的微观特征及其对力学性能的影响[J]. 机械工程材料, 2011(02): 4-7.

[24] 何小东,马秋荣,王长安,等. 高强度管线钢焊接接头不同缺口位置的断裂韧性研究[J]. 焊管, 2009, 32(8): 21-25.

[25] 管线钢管落锤撕裂试验方法: SY/T 6476—2013[S]. 北京: 石油工业出版社, 2014.

[26] Drop-Weight Tear Tests on Line Pipe: API RP 5L3: 2014[S]. Washington: American Petroleum Institute, 2014.

[27] Z Yang, C. B. Kim, Y. R. Feng, C. D. Cho. Abnormal fracture appearance in drop-weight tear test specimens of pipeline steel[J]. Materials Science and Engineering A, 2008, 483-484(1): 239-241.

[28] B. Hwang, S. Lee, Y. M. Kim, et al. Analysis of abnormal fracture occurring during drop-weight tear test of high-toughness line-pipe steel[J]. Materials Science and Engineering A, 2004, 368(1-2): 18-27.

[29] 铁素体钢落锤撕裂试验方法: GB/T 8363—2007[S]. 北京: 中国标准出版社, 2007.

[30] ASTM E436-03(2014), Standard Test Method for Drop-Weight Tear Tests of Ferritic Steels[S]. American: American Society for Testing Materials, 2014.

[31] Steel Pipe: CSA Z245.1-02[S]. Canada, 2002.

[32] 钢铁总碳硫含量的测定 高频感应炉燃烧后红外吸收法(常规方法) GB/T 20123-2006[S]. 北京: 中国标准出版社, 2006.

3 拉伸与疲劳载荷下高钢级管线钢中夹杂物的微观力学行为

高钢级管线钢在设计和生产过程中采用了微合金化、超纯净冶炼和现代控轧控冷等技术。然而，由于合金元素含量控制不当，管线钢中不可避免出现非金属夹杂物。夹杂物常作为衡量钢质量的重要指标，在光学显微镜下呈不规则形状，有单颗粒分布，也有团状或链状分布，其形态、含量、尺寸、分布等各种状态因素都对钢性能产生影响。大量实验结果显示[1-6]，由于夹杂物通常以独立相的形态存在于管线钢中，破坏了钢基体的连续性，增大了钢组织的不均匀性，因此会对管线钢的承载能力、塑性、冲击韧性及耐蚀性等使用性能产生不利影响。另外，钢中非金属夹杂物还会作为裂纹源而成为管线钢产生疲劳破坏的原因，显著降低管线钢的疲劳强度。

对西气东输二线用X80钢管质量检验时发现，个别批次管线钢出现了大尺寸的夹杂物。在API Spec 5L[7]中，并未对夹杂物的形态、尺寸等参数做规定限制。到底大尺寸夹杂物对管线钢质量性能能有多大影响，还不得而知。因此，研究非金属夹杂物尤其是大尺寸夹杂物对X80管线钢性能影响具有重要的工程价值。

原位观测技术是研究不同尺寸、形态夹杂物对基体材料性能影响最直接有效的方法[8-11]。因此，采用扫描电镜的原位观测方法，跟踪研究在拉伸载荷过程中不同尺寸、形态夹杂物导致裂纹萌生及扩展的微观力学行为，可以从微观角度阐明夹杂物在拉伸载荷下对基体材料裂纹萌生及扩展的影响机制，并为X80管材选用、质量评价和可靠性评估方面提供了技术支持。

3.1 试验材料及实验方法

3.1.1 试验材料

本试验所用的X80钢的力学性能为屈服强度 $R_{t0.5}$ = 555~570MPa，抗拉强度 R_m = 641~700MPa；取自壁厚为17.5mm厚的热轧钢板。X100钢的屈服强度 $R_{t0.5}$ = 773MPa，抗拉强度 R_m = 860MPa。上述材料的化学成分如表3-1所示。

表3-1 试验材料化学成分 （单位:%）

钢级	C	Si	Mn	P	S	Cr	Mo	Ni	Nb	V	Ti	Cu	B	Al
X80	0.065	0.24	1.80	0.010	0.0023	0.018	0.31	0.29	0.060	0.006	0.013	0.23	<0.0001	0.036
X100	0.052	0.16	1.85	0.008	0.0025	0.130	0.28	0.40	0.079	0.005	0.012	0.22	<0.0001	0.027

3.1.2 试验方案及原理

以高钢级管线钢为研究对象，主要研究在外加载荷作用下夹杂物导致裂纹萌生与扩展的微观行为。因此，首先必须弄清钢中非金属夹杂物的基本特性，然后再进行原位拉伸与原位疲劳试验，并对失效试样断口进行观察和分析，试验方案如图 3-1 所示。

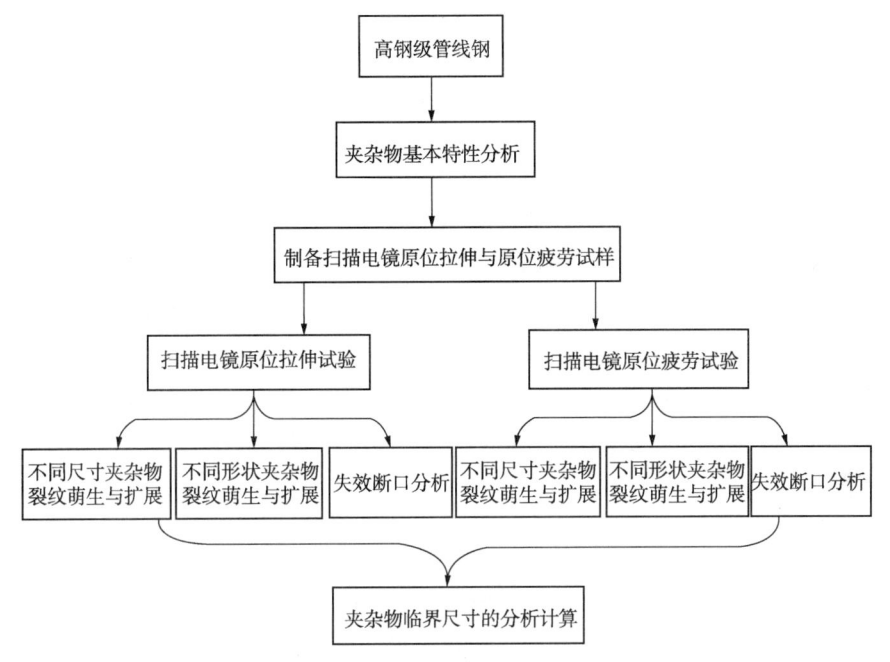

图 3-1 高钢级管线钢中夹杂物微观力学行为研究试验方案

（1）夹杂物基本特性分析。

试样经过 60#/240#/400#/600#/800#/1200# 砂纸打磨，机械抛光后，在光学金相显微镜下初步观察其夹杂物的基本特性，然后采用扫描电子显微镜（SEM）、能谱仪（EDS）分析研究夹杂物的种类、形状、尺寸及分布等基本特性。

（2）原位观测用试样的制备。

将尺寸为 5mm×6mm×1mm 的试片，用 60#~1200# 的砂纸打磨、机械抛光后，在光学显微镜下寻找不同形状和尺寸的夹杂物，并在试片表面标定其位置。采用 SEM 和 EDS 能谱分析确定所标夹杂物的成分，选定所需类型的夹杂物作为原位观测用夹杂物。采用线切割的方法将试片切成图 3-2 所示试样，并使所选夹杂物位于试样的标距中心。用砂纸磨去线切割痕迹，并将试样清洗干净。

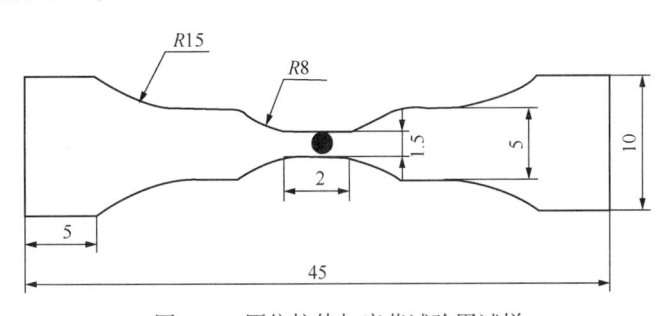

图 3-2 原位拉伸与疲劳试验用试样

（3）原位拉伸及原位疲劳试验。

以不同形状和尺寸的夹杂物为研究对象，在仔细分析了试验材料中夹杂物基本特性的基础上，选定合适的夹杂物，制备扫描电镜原位拉伸与原位疲劳试验用试样，然后跟踪观察夹杂物在受力状态下的微观行为。研究夹杂物的形态和尺寸对裂纹萌生与扩展的影响。

① 扫描电镜原位拉伸与原位疲劳试验机原理。

扫描电镜下的原位动态拉伸和疲劳试验是近年来发展起来的一种先进试验方法，试验设备采用了日本岛津公司生产的 SEM(550)-SERVO 带扫描电镜高温伺服疲劳系统(图 3-3)。该系统主要由常规 SEM 电镜、试样夹具和常规电液伺服驱动三部分组成，由计算机精确控制。为了能动态观测试样表面缺陷的演化过程，通过调节一个电磁环的磁吸，原位动态观测裂纹萌生与扩展的情况。二次电子图像分辨率为 3.5nm，倍率为 20~300000，最大载荷为 ±1.2kN，重复频率为 0.001~10Hz。除了设置了自减振系统之外，还可以通过步进电机沿 X 或 Y 方向自由移动试样，调节观察位置，甚至还可以通过调节载物台的角度，对试样的立体形貌进行采样，这就有利于准确地观察到材料受载直至断裂的全过程。对于高钢级管线钢，由于其强度较高，韧性较好，受扫描电镜原位拉伸或疲劳试验台载荷极限的限制，要想观测到裂纹萌生、扩展直至试样断裂的全过程，只能进行薄片试样的拉伸与疲劳试验。位于薄片表面的夹杂物处于平面应力状态。

图 3-3 SS-550 型带扫描电镜的电液伺服疲劳试验机

② 原位拉伸试验。

原位拉伸试验在图 3-3 所示的 SS-550 型带扫描电镜的电液伺服疲劳试验机上进行，试验温度为室温，试验采用应变速率控制，加载速率为 5.0×10^{-3} mm/s，外加载荷从零开始直至试样断裂。在拉伸过程中跟踪观察试样表面夹杂物导致裂纹萌生与扩展的过程以及其周围基体的变化情况，同时记录相应的载荷和位移值。

③ 原位疲劳试验。

原位疲劳试验在图 3-3 所示的 SS-550 型带扫描电镜的电液伺服疲劳试验机上进行，试验温度为室温，试验采用载荷控制，外加载荷波形为拉—拉正弦波，最大应力 σ_{max} =

$0.90R_{t0.5}$，应力幅值比 $R=0.1$，试验时载荷频率 $f=10\text{Hz}$。试样表面的夹杂物处于平面应力状态。疲劳试验过程中跟踪观察试样表面夹杂物导致裂纹萌生与扩展的情况，同时记录相关数据。

(4) 失效断口分析。

在扫描电镜下对原位拉伸与疲劳试验后的失效试样进行断口观察，分析不同形状与尺寸的夹杂物对裂纹萌生与扩展的影响。

3.2 高钢级管线钢中夹杂物的基本特性

为了研究高钢级管线钢中夹杂物的微观行为，我们首先采用光学金相显微镜(OM)、扫描电子显微镜(SEM)及能谱仪(EDS)对高钢级管线钢中夹杂物的种类、形状、尺寸等基本特性进行了观察和分析。图 3-4 显示出了高钢级管线钢中典型的夹杂物及其成分。从图 3-4 可以看出，夹杂物的主要成分为 O、Mg、Al、Ca，此外还含有少量 S、Ti 和 Mn 等元素，说明高钢级管线钢中夹杂物主要为氧化钙和氧化铝的复合夹杂物，此外还含有少量硫化物。在光学显微镜下观察，管线钢中的夹杂物一般呈浅灰色，且大小不一，形态各异，分布不均匀。夹杂物的形态主要有单独存在的颗粒状夹杂和成堆分布的带状夹杂两种。颗粒状夹杂的形状比较圆滑，没有尖锐的棱角，整体上近似圆形、椭圆形等形状；其尺寸小的大约 $4\mu\text{m}\times5\mu\text{m}$，大的可达 $100\mu\text{m}\times55\mu\text{m}$。带状夹杂是多个颗粒状夹杂堆积而成的，形状不规则，其尺寸大约为 $100\mu\text{m}\times20\mu\text{m}$，大的可达 $500\mu\text{m}\times175\mu\text{m}$。

管线钢主要用于制造油气管线。油气管网是连接资源区和市场区的最为高效、经济、安全和无污染的通道。它的快速建设不仅将缓解我国铁路运输的压力，而且有利于保障油气市场的安全供给，有利于提高我国的能源安全保障程度和能力。为了提高输送速率、减少投资，长输管线向高压、大口径发展已成趋势，这就对管线钢的强度提出了更高的要求。另一方面，在管线服役过程中，钢管要承受静力载荷和随时间变化的动态载荷的双重作用。疲劳可能产生于外部的变动载荷，如埋地管线上车辆引起的振动、沼泽地管线浮力的波动、沙漠管线流沙的迁移、穿越管段的卡曼振动以及海洋管道承受的海浪冲击等，也可能是内压波动和气体介质分层结构的作用。近年来，随着管线的服役环境越来越恶劣，疲劳断裂发生的概率逐渐增高，因此对管线钢疲劳性能的要求也越来越高[12,13]。另外，随着管线钢强度的不断提高，其对内部缺陷的敏感性也显著增大。作为管线钢中不可避免的缺陷，非金属夹杂物对钢的性能，尤其是疲劳性能必然会产生巨大的影响，但目前有关这方面的研究鲜有报道。

高钢级管线钢中夹杂物的主要成分为 O、Mg、Al、Ca，此外还含有少量 S、Ti 和 Mn 等元素，说明高钢级管线钢中的夹杂物主要为氧化钙和氧化铝的复合夹杂物，此外还含有少量硫化物。在光学显微镜下观察，管线钢中的夹杂物一般呈浅灰色，且大小不一，形态各异，分布不均匀。

高钢级管线钢中夹杂物的形态主要有单独存在的颗粒状夹杂和呈条带分布的带状夹杂两种。颗粒状夹杂的形状比较圆滑，没有尖锐的棱角，整体上近似圆形、椭圆形等形状，其尺寸小的大约为 $4\mu\text{m}\times5\mu\text{m}$，大的可达 $100\mu\text{m}\times55\mu\text{m}$。带状夹杂是多个颗粒状夹杂堆积而成的，形状不规则，其尺寸大约为 $100\mu\text{m}\times20\mu\text{m}$，大的可达 $500\mu\text{m}\times175\mu\text{m}$。

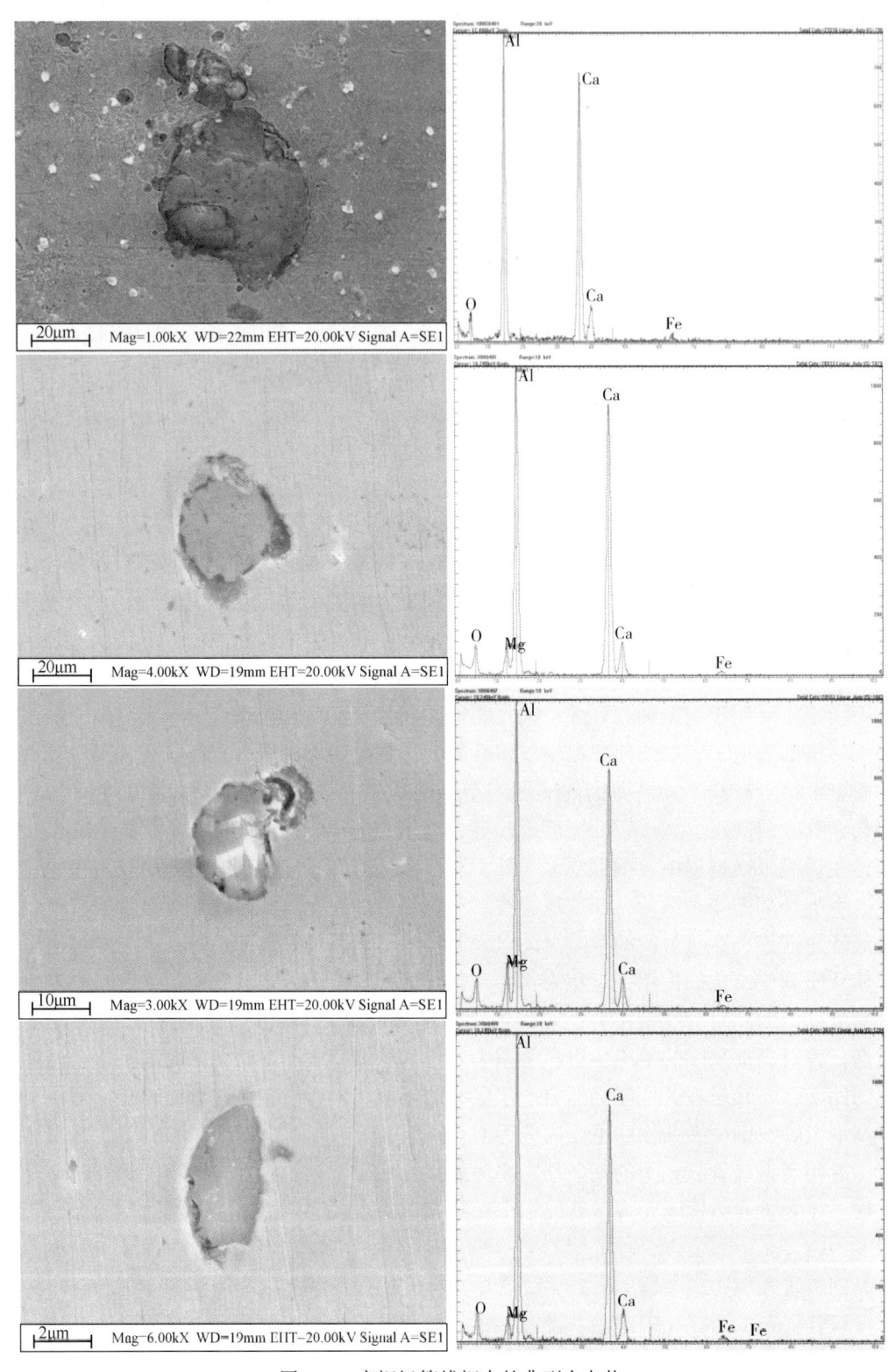

图 3-4 高钢级管线钢中的典型夹杂物

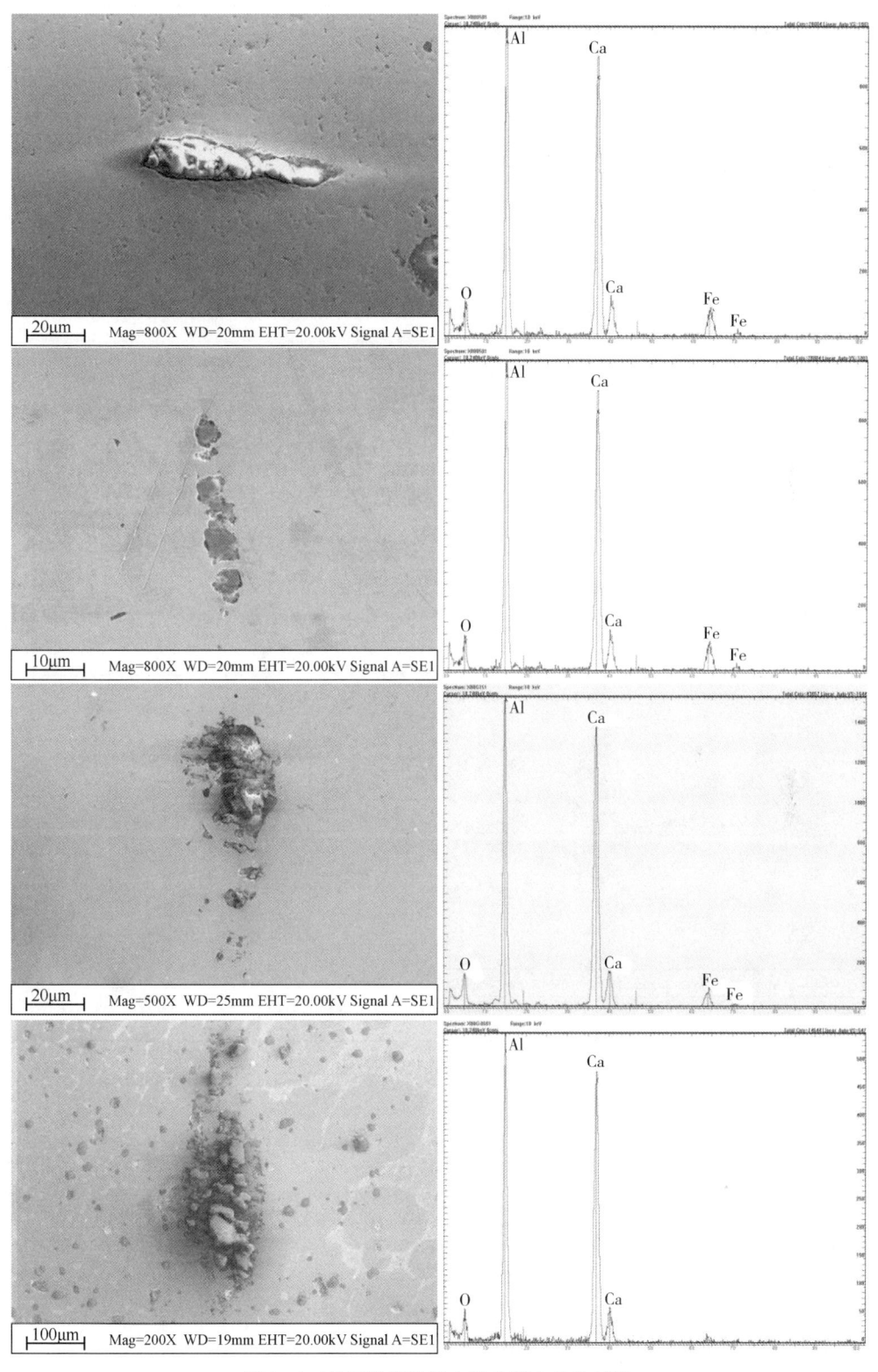

图 3-4 高钢级管线钢中的典型夹杂物(续)

(a) X80管线钢中典型的夹杂物及其成分

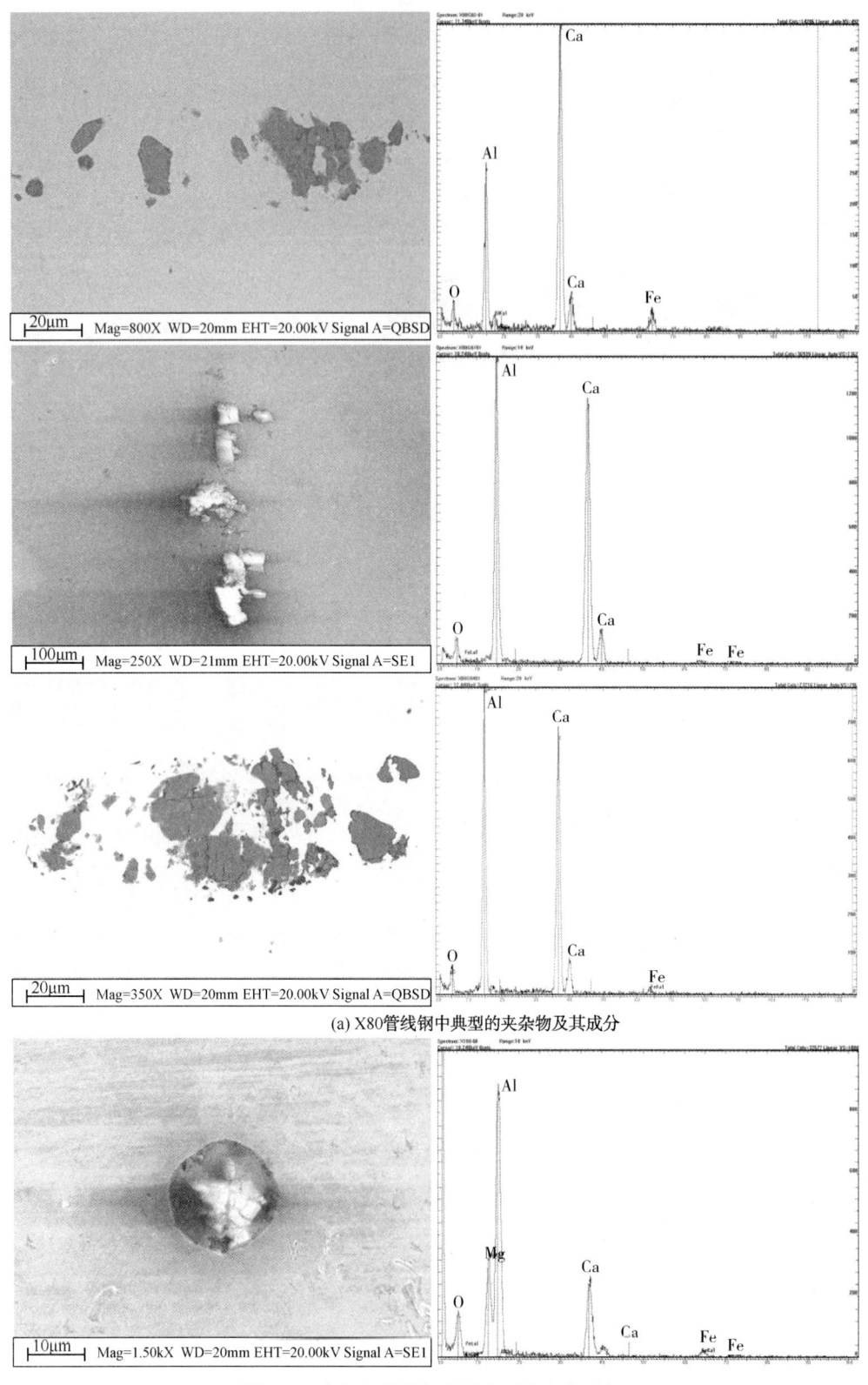

图 3-4　高钢级管线钢中的典型夹杂物(续)

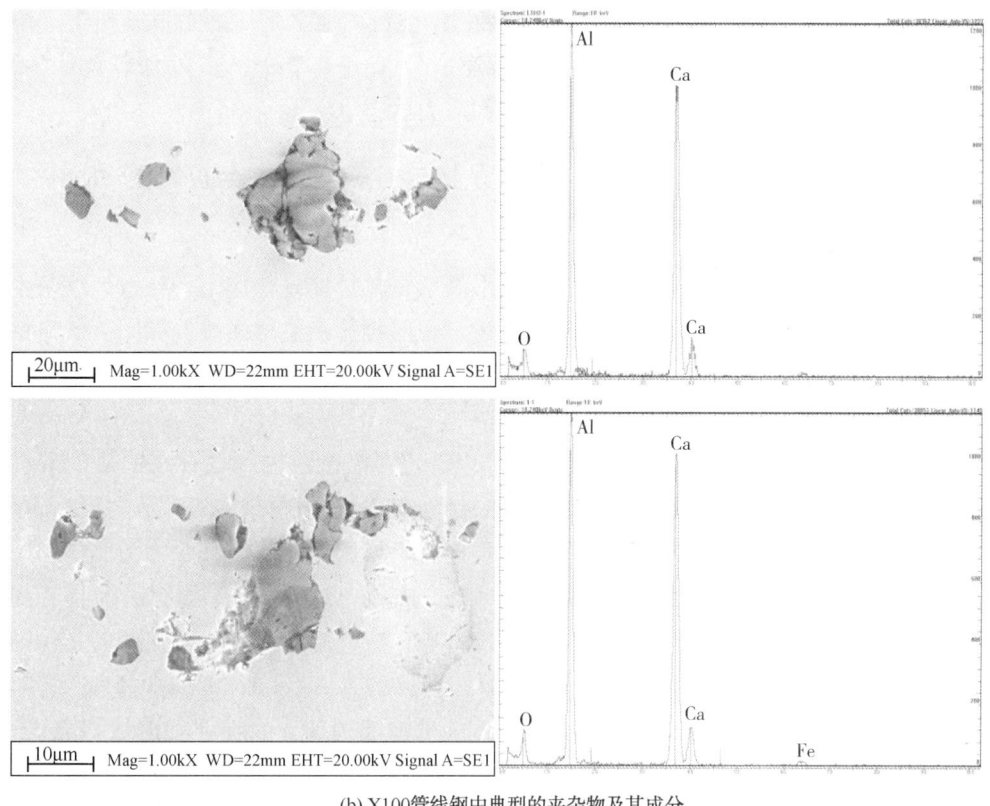

(b) X100管线钢中典型的夹杂物及其成分

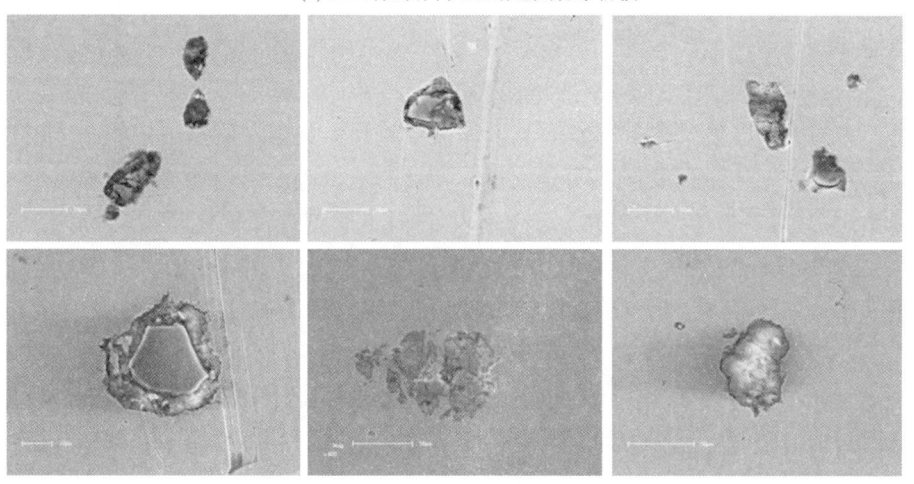

(c) 管线钢中的其他夹杂物

图 3-4 高钢级管线钢中的典型夹杂物(续)

3.3 拉伸载荷下夹杂物导致高钢级管线钢裂纹萌生与扩展的微观行为

管线钢的拉伸性能是钢最基本的性能之一，并且和钢的疲劳性能息息相关。为了详细研究管线钢中夹杂物在单轴拉伸载荷作用下的微观行为，本章采用扫描电镜原位拉伸的方法，动态跟踪观察了高钢级管线钢中非金属夹杂物导致裂纹萌生与扩展的全过程。

原位拉伸试验在图 3-3 所示的 SS-550 型带扫描电镜的电液伺服疲劳试验机上进行，试验温度为室温，试验采用应变速率控制，加载速率为 5.0×10^{-3} mm/s，外加载荷从零开始，直至试样断裂。位于试样表面的夹杂物处于平面应力状态。

3.3.1 拉伸载荷下 X80 管线钢中夹杂物导致裂纹萌生与扩展的微观行为

3.3.1.1 拉伸过程的原位观察

图 3-5 显示了尺寸为 13μm×10μm 的三角形夹杂物在拉伸载荷作用下导致裂纹萌生、扩展乃至试样断裂的全过程，图中同时给出了上述过程的载荷—位移曲线，如图 3-5(g)所示。图 3-5(a)~(f)对应于图 3-5(g)中的 a~f 点。从图 3-5(g)中可以看出，a 点并不在原点，主要是因为在加载前，试样与夹具之间存在间隙。

图 3-5(a)为加载前夹杂物的形貌，由图可以看出，夹杂物内部已存在明显的裂纹，如图中箭头所示，这主要是由于氧化铝和氧化钙夹杂本身很脆，在材料加工与试样制备过程中极易开裂。随着外加载荷的增加，在外加载荷达到材料屈服点之前，夹杂物与基体均无明显改变。当外加载荷超过材料屈服点，达到图 3-5(g)中的 b 点时，在靠近夹杂/基体界面的夹杂物内立刻萌生了两条裂纹，夹杂与基体界面局部脱粘，并且在靠近夹杂左侧的基体中产生了一条斜向上、与加载方向呈 45°的微裂纹，裂纹长度约为 3.5μm，如图 3-5(b)中箭头所示，此时夹杂物周围基体变形并不明显。随着外加载荷的增加，当外加载荷达到图 3-5(g)中的 c 点时，夹杂内已有的裂纹明显变宽，且沿夹杂/基体界面扩展，在靠近夹杂左侧的基体中又萌生了一条斜向下、与加载方向呈 45°的微裂纹，如图 3-5(c)中箭头所示，此时夹杂物周围的基体变形明显。当外加载荷达到图 3-5(g)中的 d 点时，夹杂物内又萌生了一条与加载方向垂直的裂纹，如图 3-5(d)中箭头所示，此时夹杂物左上部的裂纹沿夹杂/基体界面扩展，并与夹杂左侧基体上部斜向上的微裂纹相连，夹杂左侧基体中斜向上的微裂纹扩展不明显，但斜向下的微裂纹扩展明显，基体变形严重，表面出现明显的滑移带。当外加载荷达到 6.5(g)中的 e 点时，夹杂物左侧基体中斜向下的微裂纹扩展至滑移带处，并与滑移带相连，如图 3-5(e)中箭头所示。当外加载荷达到 6.5(g)中的 f 点时，夹杂物与基体中的裂纹变化不大，如图 3-5(f)所示。继续加载，试样突然断裂，断裂的位置并不在所跟踪观察的夹杂物处。

图 3-6 显示了尺寸为 7.7μm×8.3μm 的圆形夹杂物在拉伸载荷作用下导致裂纹萌生、扩展乃至试样断裂的全过程。图中同时给出了上述过程的载荷—位移曲线，如图 3-6(e)所示。图 3-6(a)~(d)对应于图 3-6(e)中的 a~d 点。

图 3-6(a)为加载前夹杂物的形貌，由图可以明显看出，夹杂物内部没有裂纹存在。随着外加载荷的增加，在外加载荷达到材料屈服点之前，夹杂物与基体均无明显改变。当外加载荷超过材料屈服点，达到图 3-6(e)中的 b 点（即 $\sigma/\sigma_s = 1.066$）时，在夹杂物内部立刻萌生了一条裂纹，如图 3-6(b)中箭头所示，此时夹杂附近的基体仍无明显变化。随着外加载荷的增加，当外加载荷达到图 3-6(e)中的 c 点时，夹杂物内已有的裂纹明显变宽，并且在夹杂物的下部又萌生了一条裂纹，如图 3-6(c)中箭头所示，此时夹杂物附近的基体变形明显，出现了多条滑移带，且夹杂物内的裂纹与基体中的滑移带相连。当外加载荷达到图 3-6(e)中的 d 点时，夹杂物内又萌生了一条与加载方向垂直的裂纹，如图 3-6(d)中箭头所示，

此时基体变形严重。继续加载，试样突然断裂，断裂的位置并不在所跟踪观察的夹杂物处。

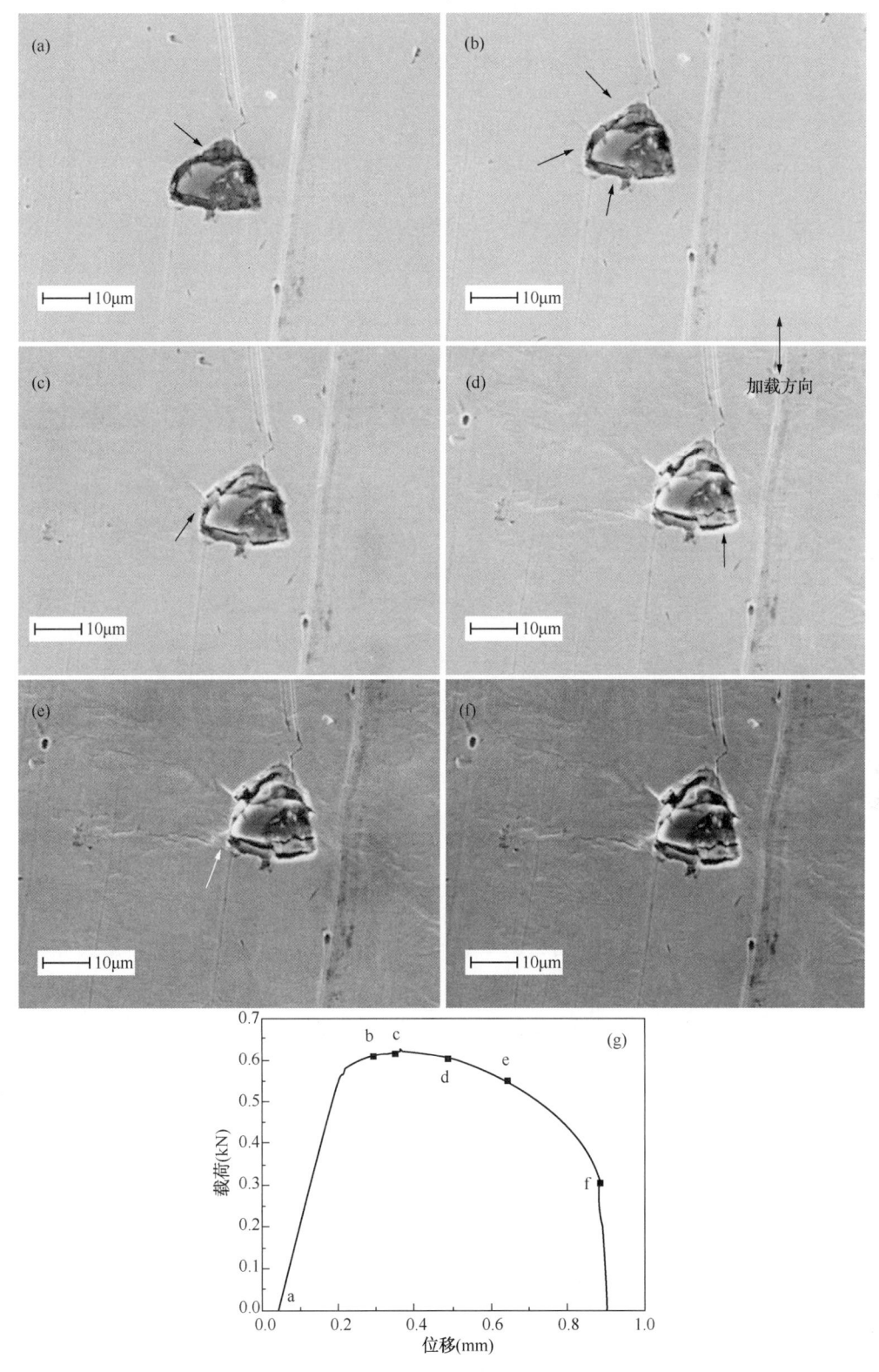

图 3-5　拉伸载荷下 X80 管线钢中三角形夹杂物导致裂纹萌生与扩展
的微观行为及该过程的载荷—位移曲线

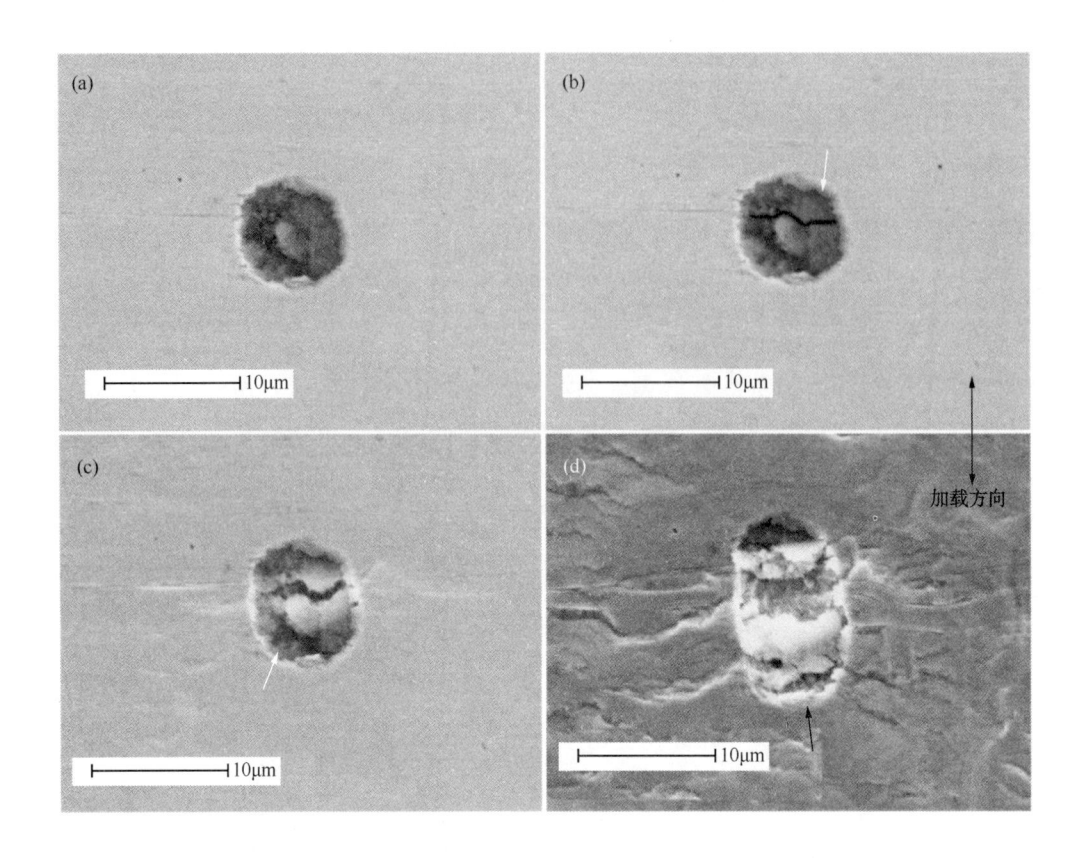

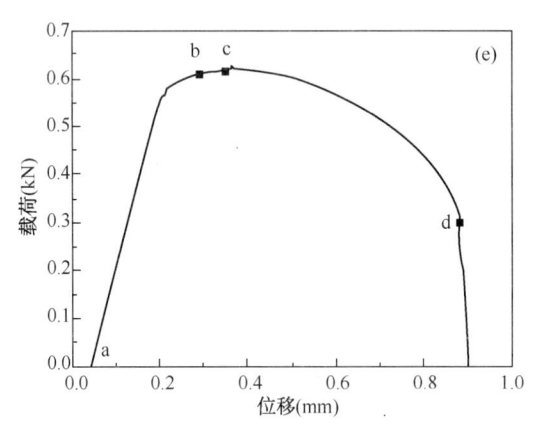

图 3-6 拉伸载荷作用下 X80 管线钢中圆形夹杂物导致裂纹萌生与扩展
的微观行为及该过程的载荷—位移曲线

图 3-7 显示了尺寸为 14μm×8μm 的椭圆形状的夹杂物在拉伸载荷作用下导致裂纹萌生、扩展乃至试样断裂的全过程。图中同时给出了上述过程的载荷—位移曲线，如图 3-7(e)所示。图 3-7(a)~(d)对应于图 3-7(e)中的 a~d 点。

图 3-7(a)为加载前夹杂物的形貌，由图可以看出，夹杂物内部没有裂纹存在。随着外加载荷的增加，在外加载荷达到材料屈服点之前，夹杂物与基体均无明显改变。当外加载荷超过材料屈服点，达到图 3-7(e)中的 b 点时，夹杂物内部立刻萌生了两条裂纹，如图 3.5(b)中箭头所示，此时夹杂附近基体仍无明显变化。随着外加载荷的增加，当外加载荷达到

图 3-7(e)中的 c 点时，夹杂内已有的裂纹明显变宽，并且在夹杂内部又萌生了两条新裂纹，如图 3-7(c)中箭头所示，此时夹杂附近的基体开始变形。当外加载荷达到图 3-7(e)中的 d 点时，夹杂物内已有的裂纹合并成了一条贯穿整个夹杂的长裂纹，并且在夹杂物内又萌生了多条与加载方向垂直的裂纹，如图 3-7(d)中箭头所示；此时基体变形严重，表面出现了明显的滑移带。继续加载，试样断裂，断裂的位置并不在所跟踪观察的夹杂物处。

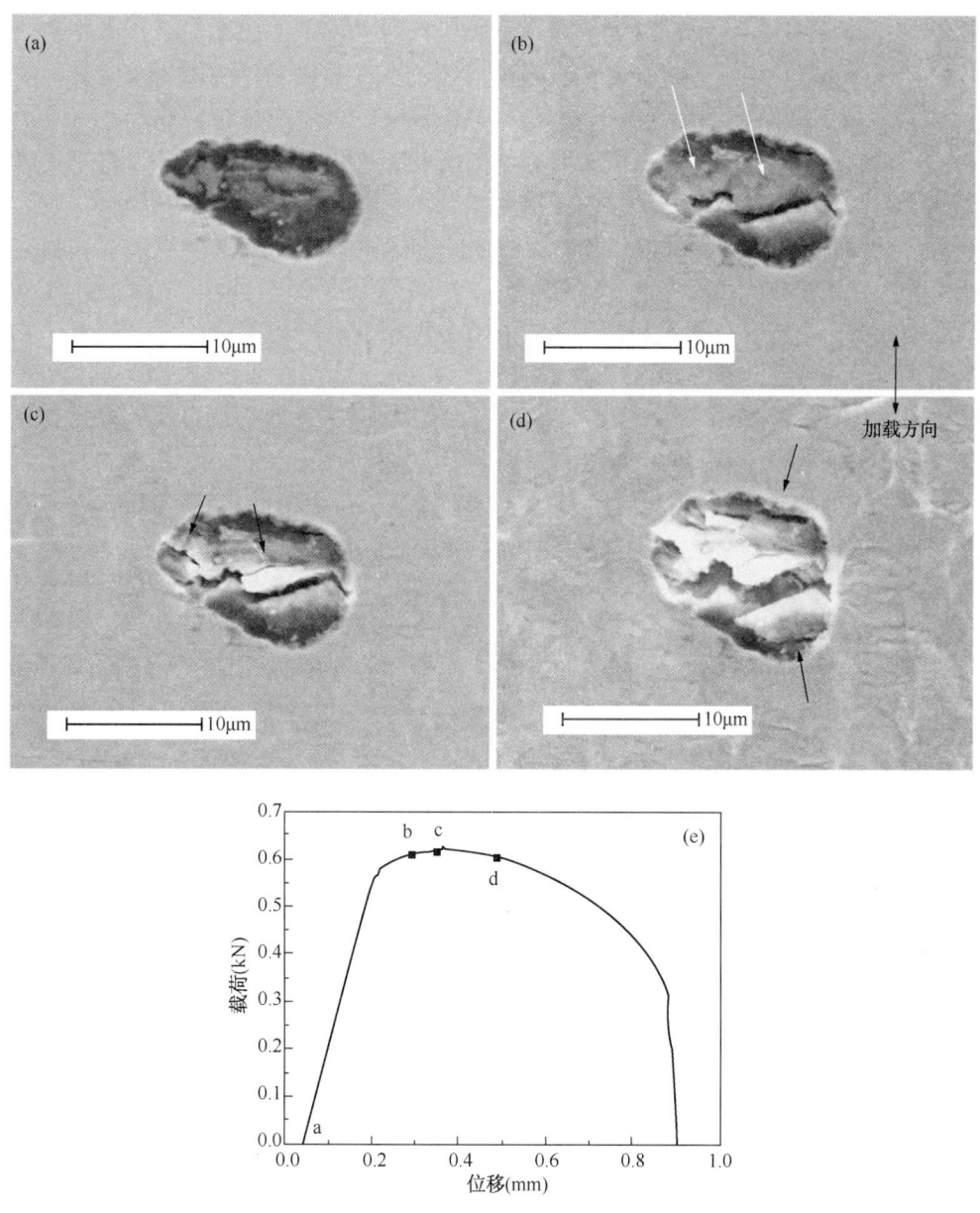

图 3-7 拉伸载荷作用下 X80 管线钢中椭圆形夹杂物导致裂纹萌生与扩展
的微观行为及该过程的载荷—位移曲线

图 3-8 显示了尺寸为 55μm×23μm 的四边形夹杂物在拉伸载荷作用下导致裂纹萌生、扩展乃至试样断裂的全过程。图中同时给出了该过程的载荷—位移曲线，如图 3-8(g)所示。

图 3-8(a)~(f)对应于图 3-8(g)中的 a~f 点。

图 3-8(a)为加载前夹杂物的形貌，由图可以看出，夹杂物内部无裂纹存在。随着外加载荷的增加，在外加载荷达到材料屈服点之前，夹杂物与基体均无明显变化。但当外加载荷超过材料屈服点，达到图 3-8(g)中的 b 点时，夹杂物与基体界面立即脱黏，如图 3-8(b)中箭头所示，此时夹杂物周围的基体仍无明显变化。随着载荷的继续增加，当外加载荷达到图 3-8(g)中的 c 点时，夹杂/基体界面的裂纹变宽，并在夹杂右侧的基体中萌生了一条与加载方向约成 45°的微裂纹，如图 3-8(c)中箭头所示，此时基体滑移仍不明显。当外加载荷达到图 3-8(g)中的 d 点时，夹杂附近的基体开始滑移，夹杂右侧基体中的裂纹沿滑移带向前扩展，长度大约为 22μm，如图 3-8(d)所示。当外加载荷达到图 3-8(g)中的 e 点时，基体变形明显，夹杂被挤出基体，但夹杂右侧基体中的裂纹扩展并不明显，如图 3-8(e)所示。当外加载荷达到图 3-8(g)中的 f 点时，夹杂附近基体变形严重，夹杂与基体分离，如图 3-8(f)所示。继续加载，试样突然断裂，断裂的位置并不在所跟踪观察的夹杂物处。

图 3-9 显示了由多个小夹杂堆积而成的尺寸为 45μm×33μm 的带状夹杂物在拉伸载荷作用下导致裂纹萌生、扩展乃至试样断裂的全过程。图中同时给出了该过程的载荷—位移曲线，如图 3-9(e)所示。图 3-9(a)~(d)对应于图 3-9(e)中的 a~d 点。

图 3-9(a)为加载前夹杂物的形貌，从图可以看出，夹杂物内部已存在明显的裂纹，如图中箭头所示。随着外加载荷的增加，在外加载荷达到材料屈服点之前，夹杂物与基体均无明显改变。但当外加载荷超过材料屈服点，达到图 3-9(g)中的 b 点(即 $\sigma/\sigma_s = 1.070$)时，夹杂物内部立即出现多条裂纹，且分别在靠近夹杂左下角和右下角的基体中萌生了两条微裂纹，如图 3-9(b)中箭头所示，此时基体变形并不明显。当外加载荷达到图 3-9(g)中的 c 点时，夹杂物与基体中已有的裂纹明显变宽，夹杂上部与左下部的裂纹扩展进入基体，如图 3-9(c)中箭头所示，此时基体变形已非常明显。当外加载荷达到图 3-9(g)中的 d 点时，整个夹杂物已破碎成许多小块，部分小块已从夹杂中脱落，基体变形相当严重，如图 3-9(d)所示。继续加载，试样突然断裂，断裂的位置并不在所跟踪观察的夹杂物处。

上述试验结果表明，由多个夹杂组成的带状夹杂，在拉伸载荷作用下导致 X80 管线钢裂纹萌生与扩展的微观行为与单个夹杂是相同的。

在 SEM 下观察上述试样的断口，其结果如图 3-10 所示。从图可以看出，上述试样断口上存在带状夹杂，其尺寸约为 365μm×15μm。

由上述试验结果可以看出，在拉伸载荷作用下，X80 管线钢中裂纹首先在夹杂处萌生，裂纹萌生的位置与夹杂物的形状与尺寸有关，其萌生方式主要有三种：一是在夹杂物内部萌生，二是在夹杂物/基体界面萌生，三是在靠近夹杂的基体中萌生。夹杂物导致裂纹萌生均发生在材料屈服之后，所萌生的裂纹有的会向基体中扩展，并与基体中的滑移带相连。

3.3.1.2 夹杂物形状对裂纹萌生方式的影响

表 3-2 总结了拉伸载荷作用下不同形状夹杂物导致 X80 管线钢裂纹萌生的情况。可以看出，对于圆形和椭圆形夹杂，裂纹首先在夹杂物内部萌生；而对于三角形夹杂，裂纹不仅首先在夹杂物内部萌生，而且还在靠近夹杂的基体中萌生，由此可见，拉伸载荷作用下 X80 管线钢中裂纹萌生的方式与夹杂物的形状有关。

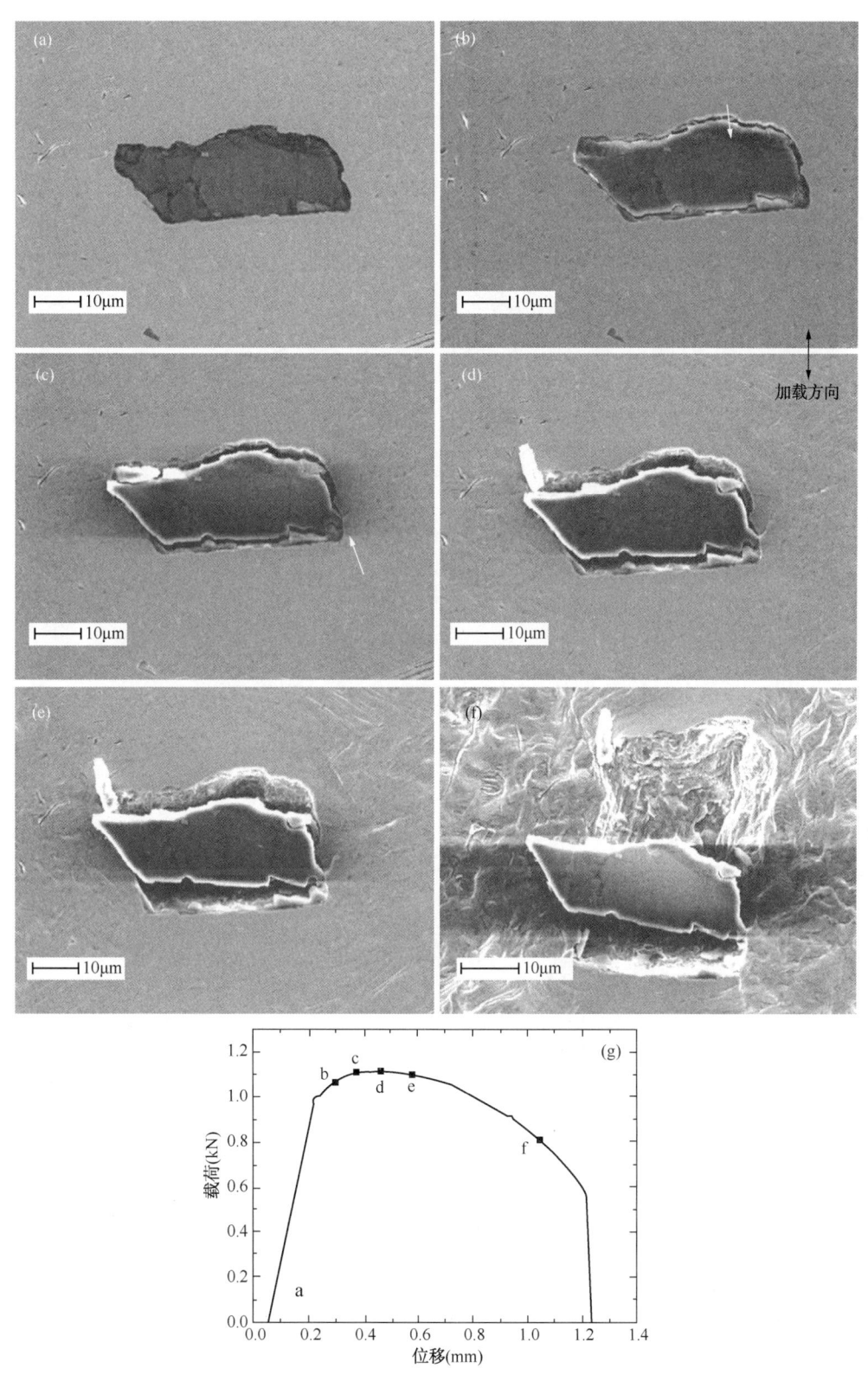

图 3-8 拉伸载荷作用下 X80 管线钢中四边形夹杂物导致裂纹萌生与扩展
的微观行为及该过程的载荷—位移曲线

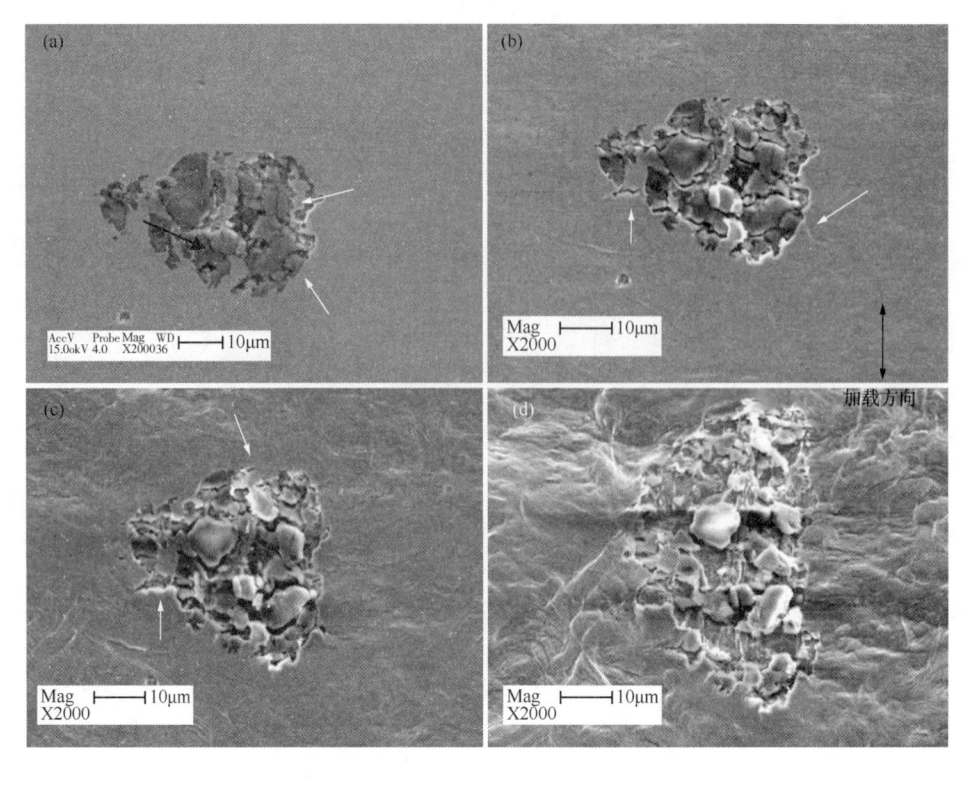

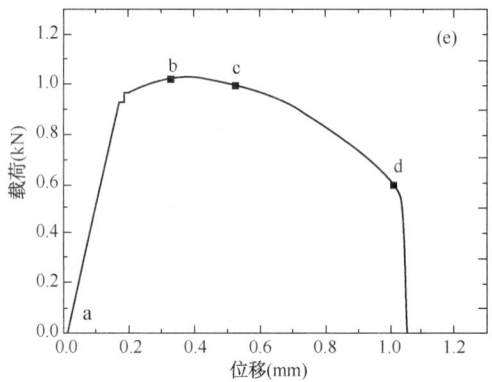

图 3-9 拉伸载荷作用下 X80 管线钢中带状夹杂物导致裂纹萌生与扩展的微观行为及该过程的载荷—位移曲线

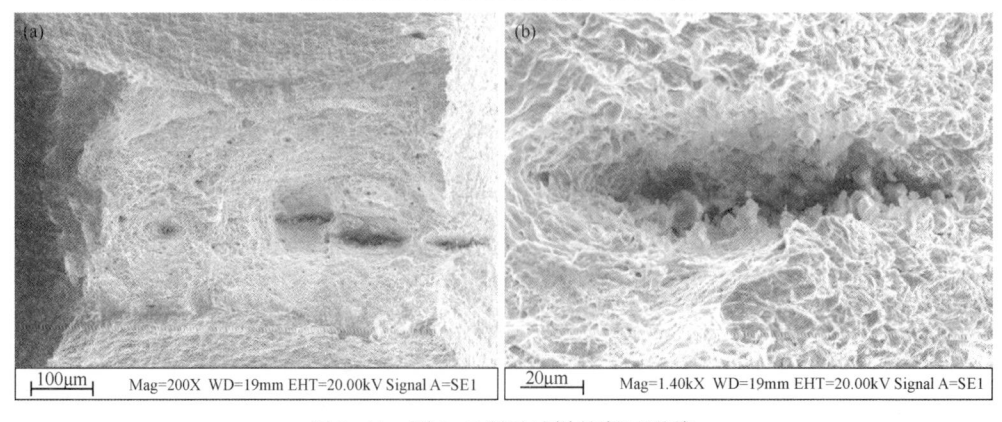

图 3-10 图 3-5 所示试样的断口形貌

表 3-2 拉伸载荷作用下 X80 管线钢中夹杂物形状与裂纹萌生位置之间的关系

材料	夹杂物特征参数		裂纹萌生位置
	夹杂物形状（载荷方向↕）	夹杂物尺寸（μm×μm）	
X80 管线钢	（不规则形状）	13×10	
	（椭圆形）	7.7×8.3	
	（长条形）	14×8	

采用通用的有限元软件 ANSYS 计算了不同形状夹杂物内部及其周围应力场的分布情况。假设夹杂物和基体均为内部均匀、各向同性的连续介质，它们之间界面完好，界面应变协调一致。考虑到原位拉伸试样表面的夹杂物处于平面应力状态，因而按平面应力问题进行求解。由于夹杂物内部的应力场分布比较复杂，故计算时夹杂物内部采用四边形单元进行划分，而基体则采用三角形单元进行划分。已知 X80 管线钢的泊松比为 0.3，弹性模量为 210GPa；氧化铝夹杂物的泊松比为 0.24，弹性模量为 380GPa；拉伸试验采用应变速率控制，应变速率为 $5×10^{-3}$mm/s。图 3-11 为计算得到的表 3-2 所示三种形状夹杂物周围的第一主应力场分布，图中区域 1 为应力集中区，从区域 1 到区域 2，应力集中逐渐减小。

从图 3-11(b) 和 (c) 可以看出，除夹杂上下基体中较小区域存在应力集中外，圆形和椭圆形夹杂内部应力集中最大。由于基体的塑性远远好于夹杂，可以通过塑性变形使应力集中得到松弛，故裂纹应首先在夹杂物内部萌生。表 3-2 中的试验结果也充分证实了这一点。然而，对于三角形夹杂，从图 3-11(a) 可以看出，其应力集中区主要位于夹杂右上部，裂纹本应首先在此处萌生。但从表 3-2 可以看出，裂纹不仅在夹杂物内萌生了，而且还在靠近夹杂的基体中萌生了，且裂纹在夹杂中萌生的实际位置也与模拟结果不太相符，这可能是由于模拟时进行了大量简化造成的。

3.3.1.3 夹杂物尺寸对裂纹萌生方式的影响

表 3-3 总结了拉伸载荷作用下，X80 管线钢中夹杂物尺寸与裂纹萌生方式之间的关系，由于 X80 管线钢中的夹杂物多接近圆形或椭圆形，故表 3-3 中主要给出了这两种形状的夹杂物的尺寸与裂纹萌生方式之间的关系。从表 3-3 可以看出，对于形状近似圆形的夹杂物，当其尺寸小于 100μm² 时，裂纹首先在夹杂物内部萌生，并且夹杂尺寸越小，裂纹越会在夹杂中心萌生；当夹杂物尺寸大于 100μm² 时，裂纹首先在夹杂/基体界面萌生。对于形状近似椭圆形的夹杂物，当其尺寸小于 150μm² 时，裂纹首先在夹杂物内部萌生；当其尺寸大于 300μm² 时，裂纹首先在夹杂/基体界面萌生。

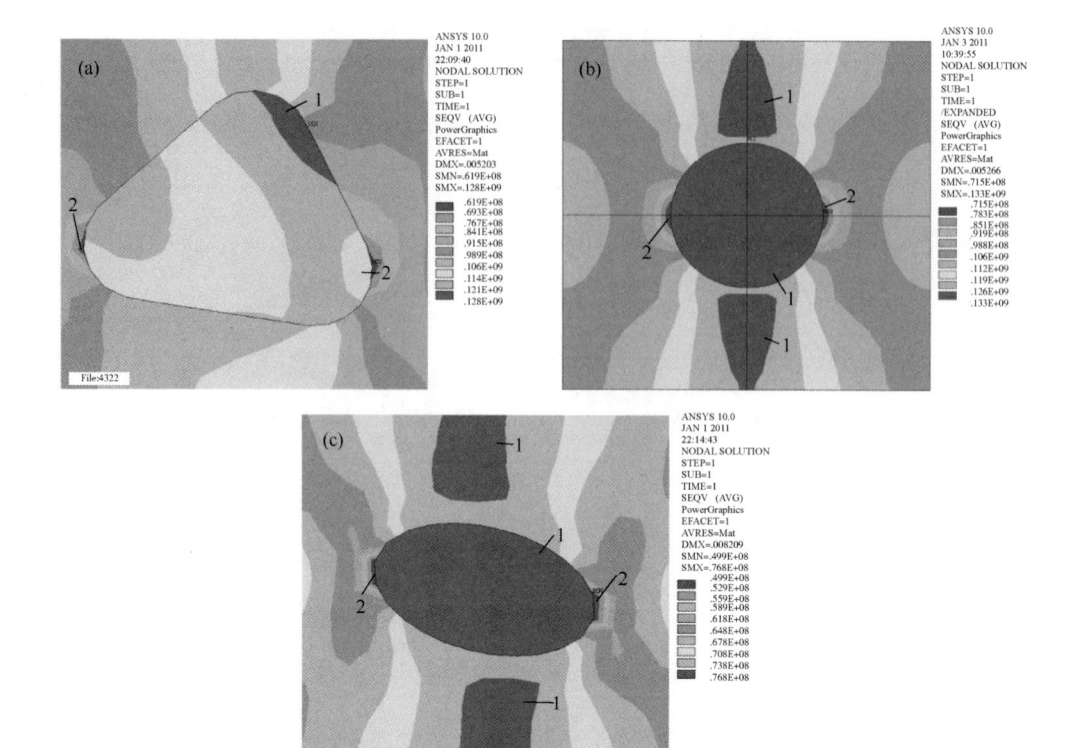

图 3-11 夹杂物周围的应力场分布

(a)三角形夹杂；(b)圆形夹杂；(c)椭圆形夹杂

表 3-3 拉伸载荷作用下 X80 管线钢中夹杂物尺寸与裂纹萌生方式之间的关系

夹杂物形状	夹杂物尺寸 (μm×μm)	裂纹萌生位置 夹杂/基体界面	裂纹萌生位置 夹杂物内部
圆形	3.5×4		√
圆形	8×9		√
圆形	8.5×8		√
圆形	9×9		√
圆形	10×8		√
圆形	10.5×9		√
圆形	11×12	√	
圆形	13×12	√	
圆形	14×12	√	
圆形	15×20	√	
圆形	18×15	√	
椭圆形	14×8		√
椭圆形	16×8		√
椭圆形	16×9		√
椭圆形	16.5×6		√
椭圆形	21×16	√	
椭圆形	55×23	√	

3.3.1.4 夹杂物尺寸对第一条裂纹萌生所需应力的影响

表3-4总结了拉伸载荷作用下X80管线钢中夹杂物尺寸与第一条裂纹萌生所需应力之间的关系。从表3-4可以看出，当夹杂物面积在$10 \sim 1430 \mu m^2$范围内时，无论夹杂物尺寸多大，拉伸载荷作用下，X80管线钢中第一条裂纹萌生时的应力均为材料屈服强度的$1.06 \sim 1.07$倍，这说明夹杂物尺寸对第一条裂纹萌生所需应力影响不大，第一条裂纹萌生所需应力主要与管线钢的屈服强度有关。

表3-4 第一条裂纹萌生所需应力与夹杂物面积之间的关系

夹杂物尺寸($\mu m \times \mu m$)	夹杂总面积(μm^2)	第1条裂纹萌生时的$\sigma/R_{t0.5}$
3×3.5	9.5	1.066
8.4×10.7	110	1.066
8.5×16.5	64.5	1.066
13×10	107.5	1.066
17×9	127	1.060
55×23	880	1.060
45×33	1097	1.070
22.5×98	1430	1.067

3.3.1.5 拉伸载荷作用下X80管线钢中裂纹的扩展方式

图3-12显示了X80管线钢表面无夹杂试样在拉伸载荷作用下裂纹萌生、扩展乃至试样断裂的全过程，图中同时给出了该过程的载荷—位移曲线，如图3-12(k)所示。图3-12(a)~(j)对应于图3-12(k)中的a~j点。

图3-12(a)为加载前试样表面形貌，可以看出试样表面基本无夹杂物存在。随着外加载荷的增加，在载荷达到材料屈服点之前，试样表面无明显变化。当外加载荷超过材料屈服点，达到图3-12(k)中的b点时，在试样右边缘萌生了一条裂纹，如图3-12(b)中箭头所示。将图3-12(b)中的裂纹放大，其形貌如图3-12(c)所示，可以看出，裂纹左尖端非常尖锐，有向与加载方向约呈45°角的最大剪切应力方向扩展的趋势。继续加载，随着裂纹不断向左扩展，在裂纹左尖端前形成了一个无塑性变形区，如图3-12(d)中箭头所指。裂纹向前扩展一段距离后，裂尖出现钝化，裂尖钝化到一定程度又萌生出扩展方向与之垂直的新的小裂纹，如图3-12(e)中箭头所指。如此反复进行，裂纹便不断沿与拉伸轴成45°的最大剪切应力方向呈"之"字形从试样右端向左端扩展，直至试样断裂，在裂纹扩展过程中，裂纹经历了无数次扩展、止裂、钝化、重新起裂的过程，如图3-12(c)~(j)所示。

在SEM下观察上述试样的断口，其结果如图3-13所示。从图可以看出，上述试样断口上存在带状夹杂，其尺寸约为$300 \mu m \times 10 \mu m$。

3.3.1.6 夹杂物尺寸对X80管线钢拉伸强度的影响

图3-10和图3-13所示试样的断口上均存在带状夹杂，图3-10所示试样断口上带状夹杂的尺寸为$365 \mu m \times 15 \mu m$。图3-13所示试样断口上带状夹杂的尺寸为$300 \mu m \times 10 \mu m$，远小于图3-10所示试样断口上带状夹杂的尺寸，并且图3-10所示试样断口上夹杂物的数量明显比图3-13所示试样多。由表3-5可以看出，图3-10所示试样的屈服强度和抗拉强度明显低于图3-13所示试样。由此可见，对于存在带状夹杂的材料来说，夹杂物尺寸越大、数量越多，其屈服强度和抗拉强度就越低。这主要是由于夹杂与基体的变形不协调，夹杂物尺

寸越大，由于变形不协调而产生的应力集中就越大，越易产生空洞；夹杂物数量越多，产生的空洞数量就越多，在材料内部越易连接形成裂纹，故材料的拉伸强度就越低。

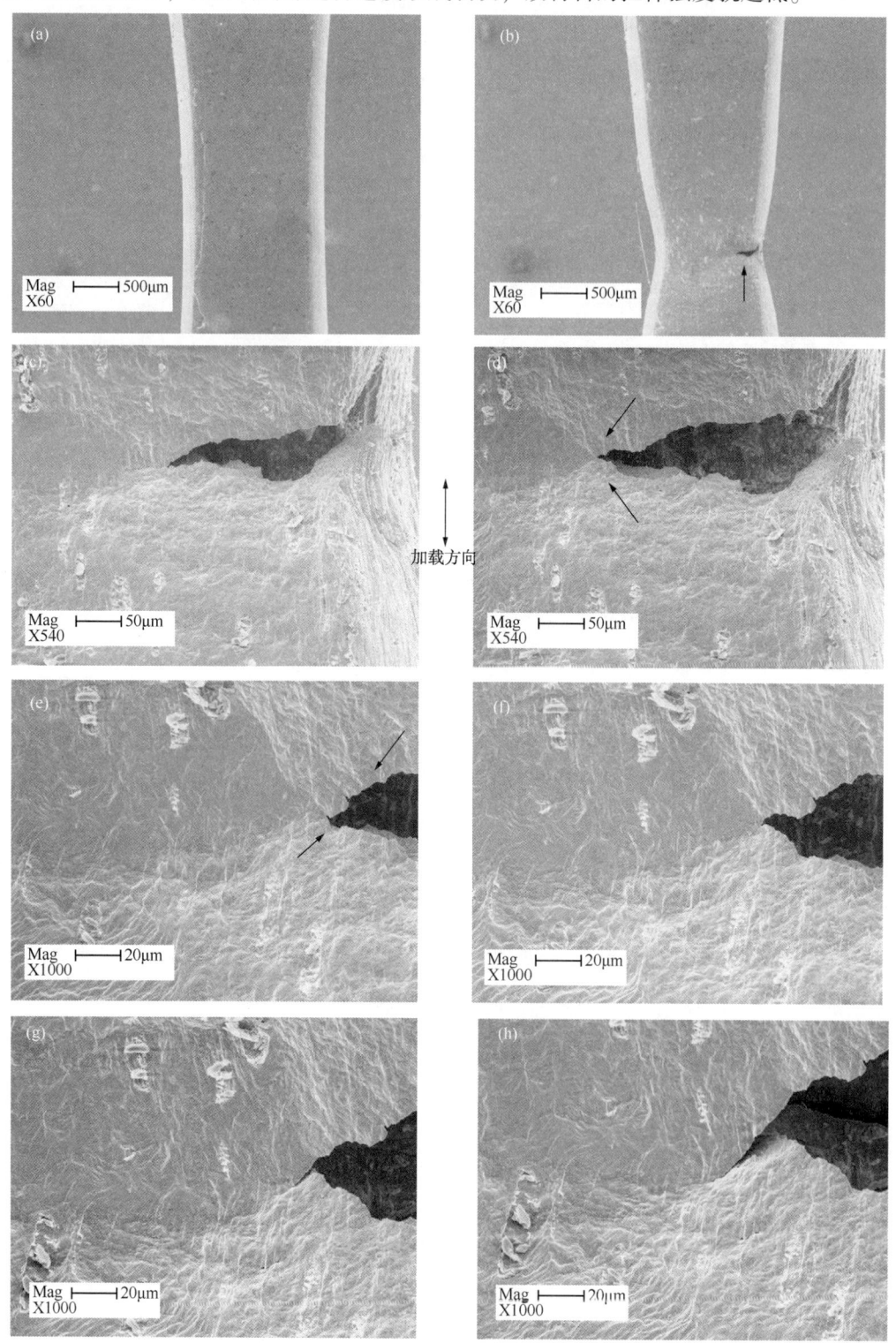

图 3-12 拉伸载荷作用下 X80 管线钢表面无夹杂物试样中裂纹萌生及扩展的微观行为及该过程的载荷—位移曲线

图 3-12 拉伸载荷作用下 X80 管线钢表面无夹杂物试样中裂纹萌生及扩展
的微观行为及该过程的载荷—位移曲线(续)

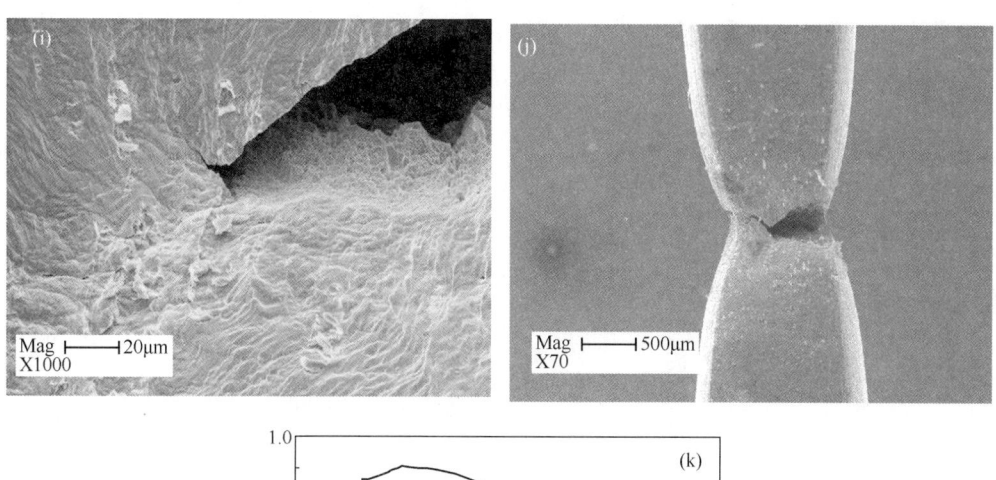

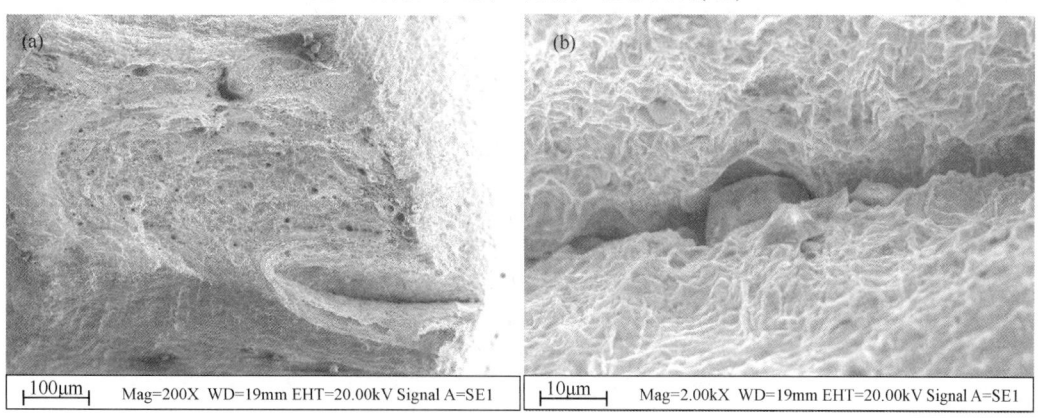

图 3-13 图 3-12 所示试样的断口形貌

表 3-5 含不同大小夹杂物试样的屈服强度和抗拉强度

试 样	试样横截面面积 (mm^2)	断口上夹杂尺寸 (μm^2)	σ_s (MPa)	σ_b (MPa)
图 3-9 所示试样	1.27×1.13	365×15	634	713.6
图 3-12 所示试样	1.09×1.12	300×10	688	744.4

3.3.2 拉伸载荷作用下 X100 管线钢中夹杂物导致裂纹萌生与扩展的微观行为

图 3-14 显示了尺寸为 85μm×50μm 的夹杂物在拉伸载荷作用下导致 X100 管线钢裂纹萌

生、扩展乃至试样断裂的全过程。图中同时给出了上述过程的载荷—位移曲线，如图 3-14(g)所示。图 3-14(a)~(f)对应于图 3-14(g)中的 a~f 点。

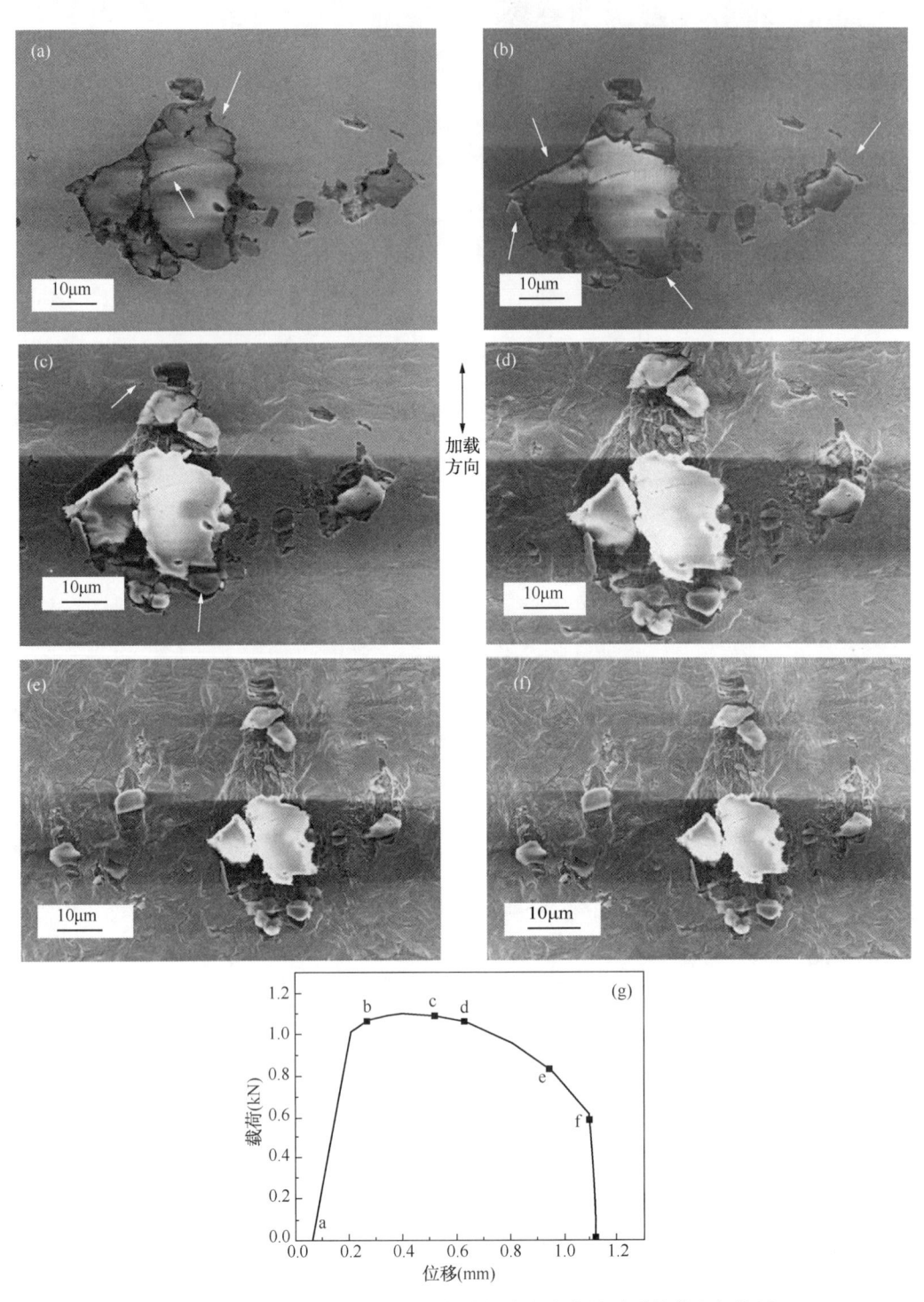

图 3-14　拉伸载荷作用下 X100 管线钢中夹杂物导致裂纹萌生与扩展的微观行为及该过程的载荷—位移曲线

图 3-14(a)为加载前夹杂物的形貌,可以看出,夹杂物内部已存在两条裂纹,如图中箭头所示。随着外加载荷的增加,在外加载荷达到材料屈服点之前,夹杂物与基体均无明显改变。当外加载荷超过材料屈服点,达到图 3-14(g)中的 b 点(即 $\sigma/\sigma_s=1.06$)时,夹杂物中原有的一条裂纹明显变宽,并沿夹杂/基体界面扩展,夹杂/基体界面又出现了两条新的裂纹,且在靠近夹杂左侧的基体中萌生了一条长约 5μm 的裂纹,如图 3-14(b)中箭头所示,此时基体仍无明显变化。继续加载,当外加载荷达到图 3-14(g)中的 c 点时,在夹杂下部又萌生了一条与加载方向垂直的裂纹,且在靠近夹杂上部的基体中萌生了一条长约 3.5μm 的裂纹,如图 3-14(c)中箭头所示,此时夹杂已破碎成许多小块,基体塑性变形明显。继续加载,基体变形越来越严重,当外加载荷达到图 3-14(g)中的 f 点时,试样突然断裂。断裂面与加载方向垂直,断裂的位置并不在所跟踪观察的夹杂物处。

从试验结果可以看出,拉伸载荷作用下,X100 管线钢中裂纹也首先萌生于夹杂物处。裂纹萌生的位置主要为夹杂内部、夹杂/基体界面和靠近夹杂的基体中。在材料达到屈服点之前,基体与夹杂均无明显变化,但当外加载荷达到材料屈服强度的 1.06 倍时,裂纹在夹杂处瞬间形成。由此可见,在拉伸载荷作用下,夹杂物导致 X100 管线钢裂纹萌生与扩展的微观行为与 X80 管线钢基本相同。

3.3.3 小结

通过对拉伸载荷作用下 X80 和 X100 管线钢中夹杂物导致裂纹萌生与扩展的微观行为进行研究,可以得到以下结论:

(1)拉伸载荷作用下,X80 管线钢中裂纹首先在夹杂物处萌生,裂纹萌生的位置与夹杂物的形状与尺寸有关,主要有以下三种萌生方式:一是在夹杂物内部萌生,二是在夹杂/基体界面萌生,三是在靠近夹杂的基体中萌生。夹杂物导致裂纹萌生均发生在材料屈服之后,所萌生的裂纹有的会向基体扩展,并与基体中的滑移带相连。

(2)夹杂物尺寸对第一条裂纹萌生所需应力影响不大,第一条裂纹萌生所需应力主要与管线钢的屈服强度有关。

(3)拉伸载荷作用下,X80 管线钢中裂纹一旦产生将沿与拉伸轴成 45°的最大剪切应力方向呈"之"字形扩展,在裂纹扩展过程中,裂纹经历了无数次扩展、止裂、钝化、重新起裂的过程。

(4)拉伸载荷作用下,存在带状夹杂物的 X80 管线钢中,夹杂物尺寸越大、数量越多,其屈服强度和抗拉强度就越低。

(5)拉伸载荷作用下,X100 管线钢中夹杂物导致裂纹萌生与扩展的微观行为与 X80 管线钢基本相同。

3.4 疲劳载荷下 X80 管线钢中夹杂物导致裂纹萌生与扩展的微观行为

管道输送是将石油天然气从遥远的开采地向最终用户端长距离输送的重要方式。近年来,随着管线的服役环境越来越恶劣,疲劳断裂发生的概率逐渐增高,因此对管线钢疲劳性能的要求也越来越高[14]。作为钢中不可避免的缺陷,非金属夹杂物势必会显著影响管线用钢的疲劳性能[15],因此研究管线用钢疲劳性能对于保障管道运输安全极为重要[13,16]。目前，有关材料疲劳性能方面的研究很多[17-25]，并且人们也开始关注非金属夹杂物对材料疲劳性能的影响[26,27]，但国内外关于非金属夹杂物对 X80 管线钢微观力学行为影响的研究报道相对较少[9,11]。故本书以 X80 管线钢为试验材料，采用扫描电镜原位观测的方法，跟踪观察了疲劳载荷作用下不同形状和尺寸的夹杂物导致裂纹萌生、扩展乃至试样断裂的全过程，并计算了影响 X80 管线钢疲劳性能的临界夹杂物尺寸，以期得到 X80 管线钢中夹杂物导致裂纹萌生与扩展的规律，为其疲劳性能的预测奠定基础。

3.4.1 疲劳载荷过程中夹杂物的原位观察

图 3-15 显示了尺寸为 122μm×30μm 的带状夹杂物在疲劳载荷作用下导致裂纹萌生与扩展的微观行为。

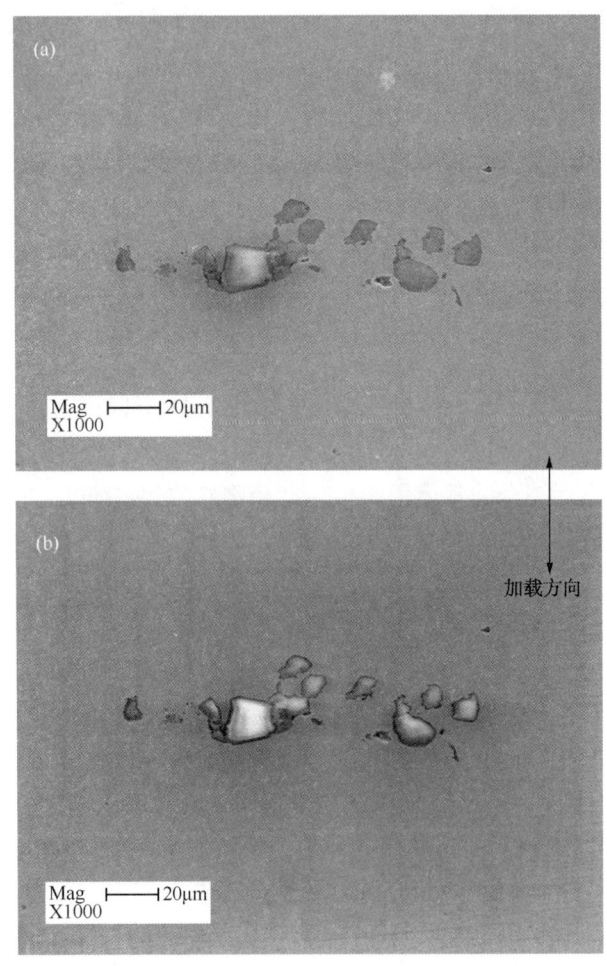

图 3-15 疲劳载荷作用下带状夹杂物导致 X80 管线钢裂纹萌生与扩展的微观行为
$\sigma_{max}=605\mathrm{MPa}$，$\sigma_{max}/R_{t0.5}=0.9$，$R=0.1$，$f=10\mathrm{Hz}$
(a) 循环周次 $N=0$；(b) $N=3500012$

图 3-15(a) 为加载前夹杂物的形貌，可以看出，该夹杂是由多个单颗夹杂串联而成的，其长度方向垂直于加载方向，总面积约为 1040μm²。在外加应力高达 605MPa（$\sigma_{max}/R_{t0.5}=0.9$）下，随着循环周次的增加，在循环周次高达 3500012 时，夹杂物及试样表面也未发现有裂纹萌生，如图 3-15(b) 所示，这说明 X80 管线钢具有非常好的韧性，疲劳裂纹很难萌生。

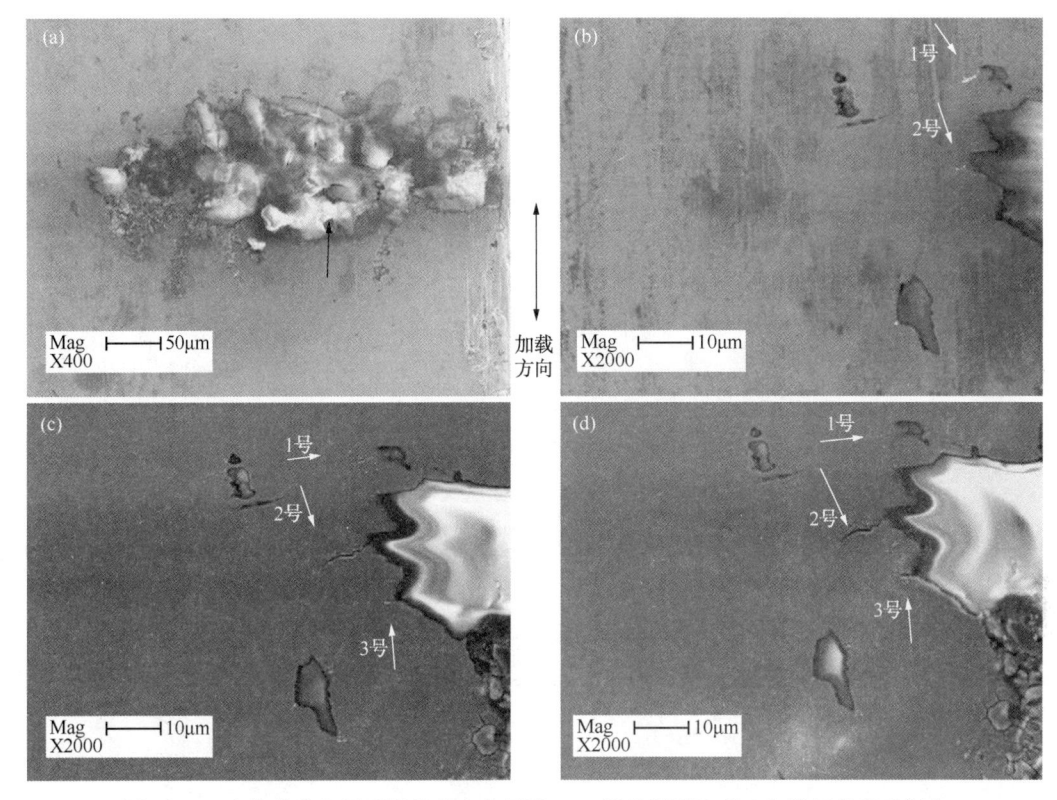

图 3-16　疲劳载荷作用下带状夹杂物导致 X80 管线钢裂纹萌生与扩展的微观行为

$\sigma_{max} = 625\text{MPa}$，$\sigma_{max}/R_{t0.5} = 0.93$，$R = 0.1$，$f = 10\text{Hz}$

(a) 循环周次 $N=0$；(b) $N=5006$；(c) $N=855008$；(d) $N=3390648$

图 3-16 显示了尺寸为 420μm×170μm 的带状夹杂物在疲劳载荷作用下导致裂纹萌生与扩展的微观行为。图 3-16(a) 为加载前夹杂物的形貌，可以看出，该夹杂是由多个夹杂堆砌而成的，其长度方向与加载方向垂直，总面积约为 38920μm²。加载前夹杂物内部已存在细小裂纹，如图中箭头所示。随着循环周次的增加，当循环周次 $N=5006$ 时，在靠近夹杂左侧的基体中萌生了两条微裂纹，如图 3-16(b) 中箭头所示，上面一条裂纹的长度约为 4.5μm，称为 1 号裂纹；下面一条裂纹的长度约为 6.5μm，称为 2 号裂纹。当循环周次 $N=855008$ 时，1 号裂纹的长度变化不大，2 号裂纹的长度增加至 11.6μm，并且在靠近夹杂左侧的基体中又萌生了一条裂纹，如图 3-16(c) 中箭头所示，其长度约为 3.5μm，称为 3 号裂纹。继续加载，当循环周次 $N=3390648$ 时，1、2 号裂纹长度变化不大，3 号裂纹长度增加至 6.9μm，如图 3-16(d) 所示。

图 3-17 显示了尺寸为 500μm×120μm 的带状夹杂物在疲劳载荷作用下导致裂纹萌生与扩展的微观行为。图 3-17(a) 为加载前夹杂物的形貌，可以看出，该夹杂是由多个单颗夹杂呈串状排列而成的，其长度方向与加载方向垂直，总面积约为 20916μm²，加载前夹杂物内部无裂纹存在。随着循环周次的增加，当 $N=2002$ 时，夹杂右侧相邻三颗夹杂之间的基体中萌生出了裂纹，如图 3-17(b) 中箭头所示，宏观上看，该裂纹与外加载荷方向垂直，总长大约为 150μm。当 $N=55032$ 时，夹杂中部相邻两颗夹杂之间的基体中又萌生了一条裂纹，如图 3-17(c) 中箭头所示，夹杂右侧原有裂纹已沿基体扩展，裂纹总长度达 227μm。此后，随循环周次的增加，上述裂纹的长度变化不大，如图 3-17(d) 所示。当 $N=170688$ 时，试样

突然断裂，断裂面并不在所跟踪观察的夹杂物处。

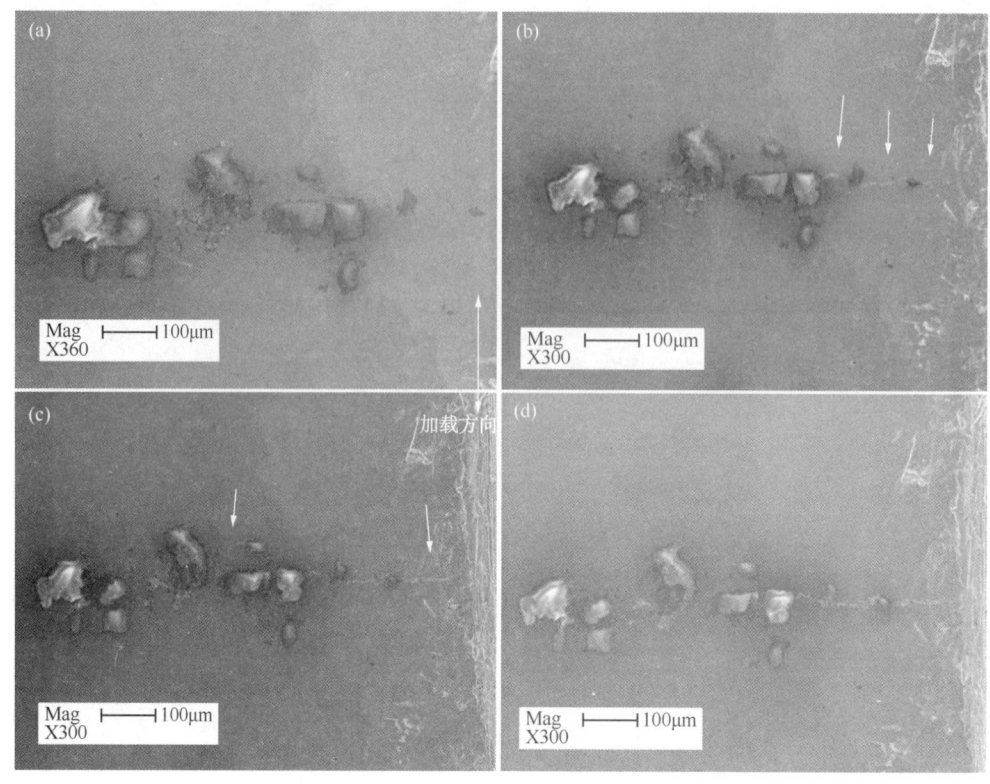

图 3-17　疲劳载荷作用下带状夹杂物导致 X80 管线钢裂纹萌生与扩展的微观行为

$\sigma_{max}=663.9MPa$，$\sigma_{max}/R_{t0.5}=0.98$，$R=0.1$，$f=10Hz$

(a)循环周次 $N=0$；(b)$N=4012$；(c)$N=55032$；(d)$N=170674$

在 SEM 下观察上述试样的断口，其结果如图 3-18 所示。从图 3-18 可以看出，在此试样的断口上存在多个由单颗夹杂成串排列而成的带状夹杂，正是他们导致了试样的疲劳断裂。由此可见，上述试样的断裂虽不是由所跟踪的夹杂物引起的，但裂纹源仍为夹杂物。

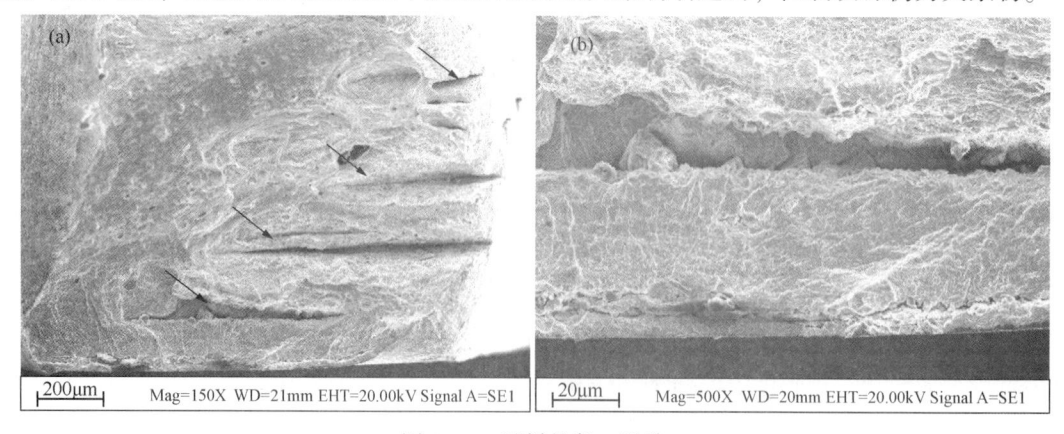

图 3-18　试样的断口形貌

图 3-19 显示了尺寸为 $200\mu m\times 70\mu m$ 的带状夹杂物在疲劳载荷作用下导致裂纹萌生与扩展的微观行为。

图 3-19(a)为加载前夹杂物的形貌，可以看出，加载前夹杂物内已存在裂纹，如图中箭

头所示。随着循环周次的增加，当 $N=170$ 时，裂纹在夹杂内和夹杂/基体界面萌生，如图 3-19(b)中箭头所示。当 $N=20168$ 时，夹杂上部萌生的裂纹连成一条长裂纹，并扩展进入夹杂左侧的基体中，称为一号裂纹；靠近左侧小夹杂处的基体中也萌生了一条裂纹，长度约为 12.4μm，如图 3-19(c)中箭头所示。与此同时，试样左边界处也萌生了一条长约 9μm 的裂纹，如图 3-19(d)中箭头所示，称为 2 号裂纹。循环周次继续增加，1、2 号裂纹在基体中不断相向扩展，宏观上看，扩展的主方向与外加载荷方向垂直。当 $N=210764$ 时，1 号裂纹扩展进入夹杂物右侧的基体中，在右侧基体中的长度约为 6.5μm，如图 3-19(e)中箭头所示，此时该裂纹在夹杂物左侧基体中的长度已达 53μm，整个试样中裂纹总长度约为 178μm。继续加载，裂纹扩展加快，当 $N=410006$ 时，裂纹总长度约为 550μm，如图 3-19(f)所示。当 $N=428278$ 时，裂纹总长度变化不大，但裂纹明显变宽，如图 3-19(g)。当 $N=432640$ 时，裂纹进一步变宽，其宽度达 15μm，且在两条裂纹之间、与加载方向约成 45°的区域出现了滑移线，如图 3-19(h)中箭头所示。当 $N=433826$ 时，在两条裂纹之间萌生了一条与加载方向约成 45°角的裂纹，将这两条裂纹连接成一条，如图 3-19(i)所示，此时，裂纹总长度约为 985μm，占整个试样宽度的 77.5%。继续加载，试样断裂，断裂面正是在所跟踪观察的位置。

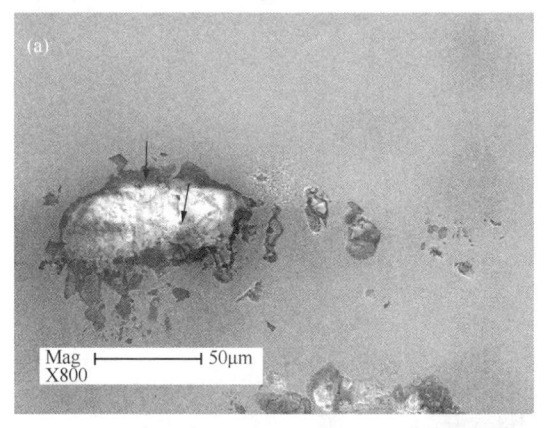

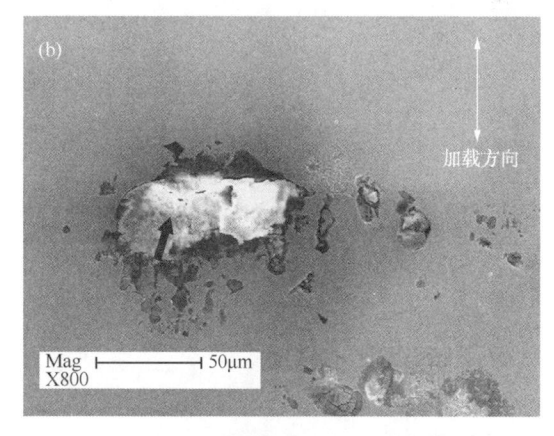

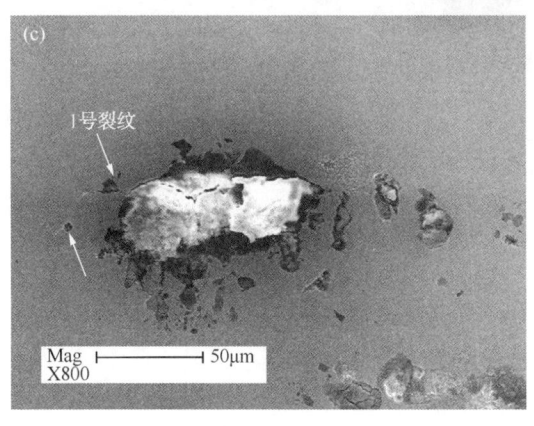

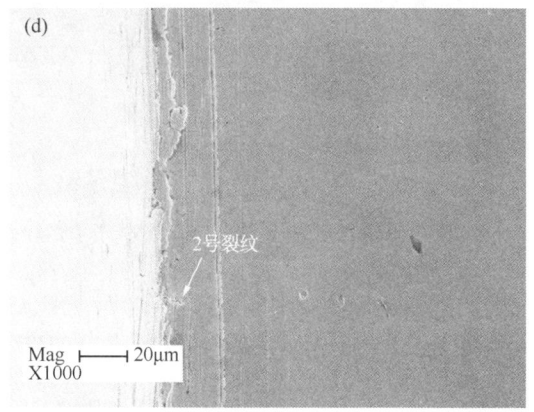

图 3-19 疲劳载荷作用下带状夹杂物导致 X80 管线钢裂纹萌生与扩展的微观行为
$\sigma_{max}=663.9\text{MPa}$，$\sigma_{max}/R_{t0.5}=0.98$，$R=0.1$，$f=10\text{Hz}$
(a)循环周次 $N=0$；(b)$N=170$；(c)$N=20168$；(d)$N=20168$；(e)$N=210764$；
(f)$N=410006$；(g)$N=428278$；(h)$N=432640$；(i)$N=433826$

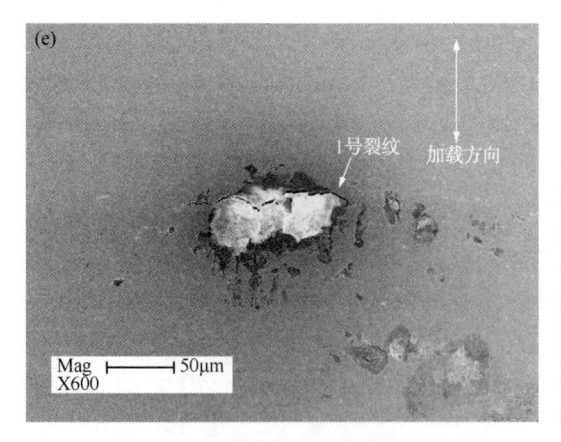

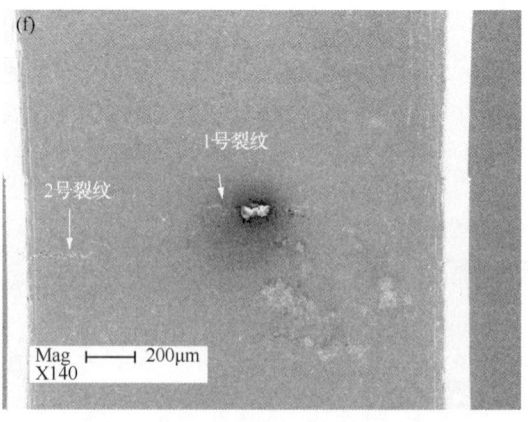

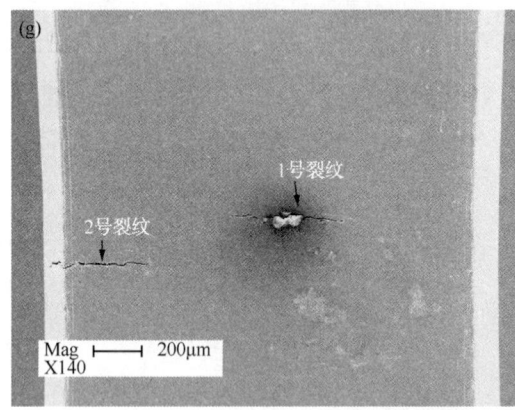

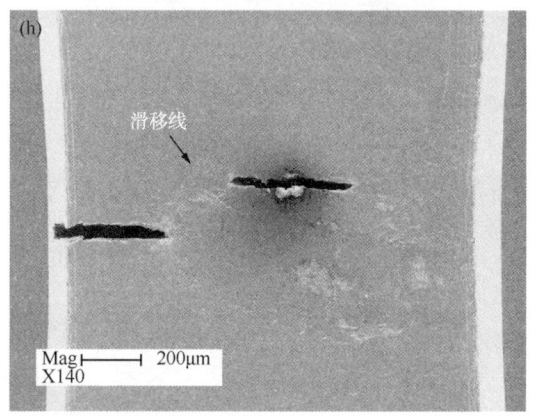

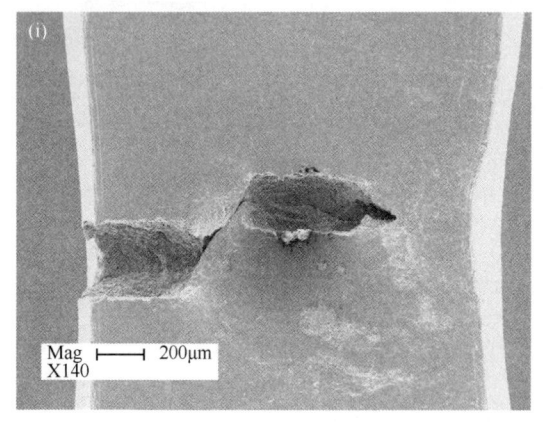

图 3-19　疲劳载荷作用下带状夹杂物导致 X80 管线钢裂纹萌生与扩展的微观行为(续)

σ_{max} = 663.9MPa，$\sigma_{max}/R_{t0.5}$ = 0.98，R = 0.1，f = 10Hz

(a)循环周次 N = 0；(b)N = 170；(c)N = 20168；(d)N = 20168；(e)N = 210764；
(f)N = 410006；(g)N = 428278；(h)N = 432640；(i)N = 433826

在 SEM 下观察上述试样的断口，其结果如图 3-20 所示。从图 3-20(a)可以看出，引起试样断裂的裂纹源有两处，一处在试样宽度中心位置[图 3-20(b)为该处的放大图]，为我们所跟踪观察的夹杂物；另一处在试样边缘位置[图 3-20(c)为该处的放大图]，为次表面夹杂，其成分也主要为氧化钙和氧化铝。

图 3-21 显示了尺寸为 500μm×175μm 的带状夹杂物在疲劳载荷作用下导致裂纹萌生与扩展的微观力学行为。

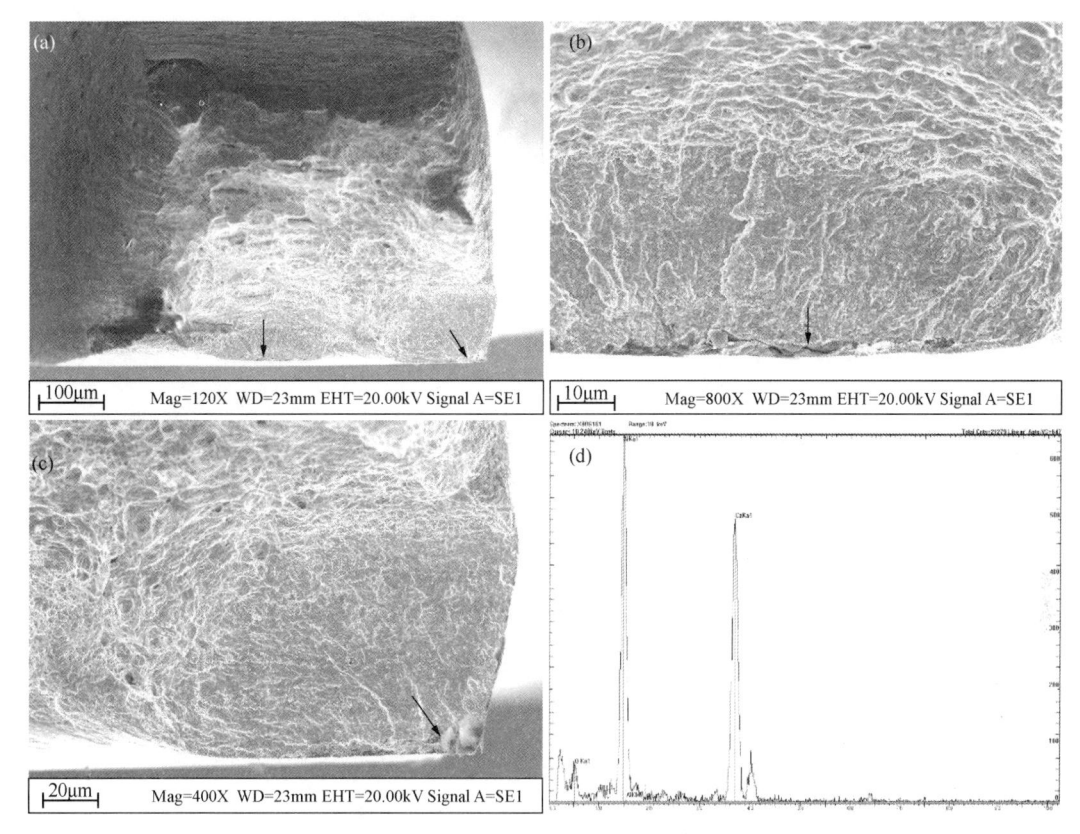

图 3-20　图 3-19 所示试样的断口形貌及试样边缘裂纹源夹杂的能谱图
(a)~(c)断口形貌；(d)裂纹源夹杂能谱图

图 3-21(a)为加载前夹杂物的形貌，可以看出，该夹杂是由多颗夹杂堆砌而成，其长度方向与加载方向平行，总面积约为 26500μm²。加载前夹杂物内部无裂纹存在。随着循环周次的增加，当循环周次 N=40008 时，在靠近夹杂的基体中萌生了四条裂纹，如图 3-21(b)中箭头所示，分别称之为 1 号、2 号、3 号和 4 号裂纹，其长度分别为 7μm、11μm、6μm 和 6μm。循环周次继续增加，1 号和 2 号裂纹在基体中缓慢扩展，3 号和 4 号裂纹扩展不明显。当循环周次 N=228424 时，1 号裂纹的长度增加到 7.5μm，2 号裂纹的长度增加到 16.5μm，如图 3-21(c)所示。当循环周次 N=740002 时，1 号裂纹长度增加到 8μm，2 号裂纹的长度增加到 37.9μm，如图 3-21(d)所示。当循环周次 N=772840 时，试样突然断裂，断裂面横穿此带状夹杂下部。

在 SEM 下观察上述试样的断口，其结果如图 3-22 所示。从图可以看出，引起试样断裂的裂纹源仍为夹杂物，其成分主要是氧化钙。此夹杂位于亚表面，尺寸约为 70μm×30μm。

图 3-23 显示了尺寸为 100μm×55μm 的颗粒状夹杂物在疲劳载荷作用下导致裂纹萌生与扩展的微观行为。

图 3-23(a)为加载前夹杂物的形貌，可以看出，夹杂物内已存在一些小裂纹，如图中箭头所示。随着循环周次的增加，夹杂物内的裂纹逐渐增多、变宽，但并不向基体扩展。当循环周次 N=1710815 时，在靠近夹杂左侧突出部分的基体中萌生了一条裂纹，如图 3-23(b)中箭头所示；当循环周次 N=2048705 时，在夹杂物右侧基体中萌生了一条裂纹，如图 3-23(c)中箭头所示，此时夹杂物左侧基体中的裂纹长度已达 20μm。随着循环周次的继续增加，

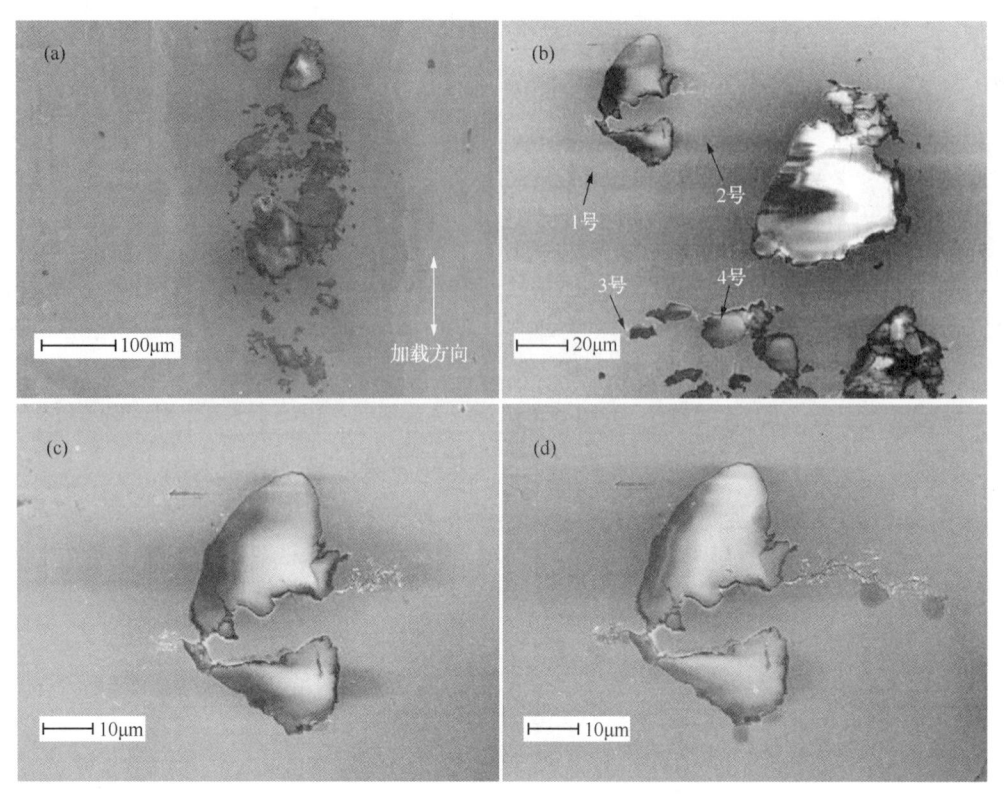

图 3-21　疲劳载荷作用下带状夹杂物导致 X80 管线钢裂纹萌生与扩展的微观行为
$\sigma_{max}=564$MPa，$\sigma_{max}/R_{t0.5}=0.9$，$R=0.1$，$f=10$Hz
(a) 循环周次 $N=0$；(b) $N=40008$；(c) $N=228424$；(d) $N=740002$

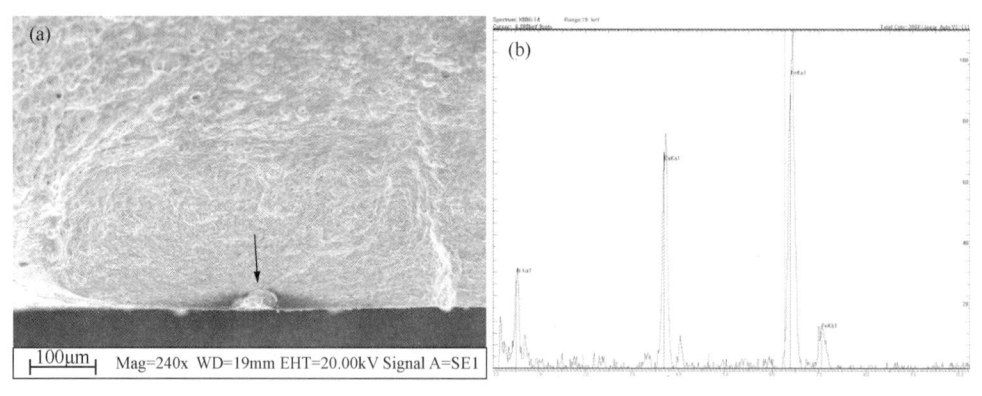

图 3-22　图 3-21 所示试样的断口形貌及裂纹源夹杂的能谱图
(a) 断口形貌；(b) 裂纹源夹杂的能谱图

裂纹在夹杂物两侧的基体中不断扩展，当循环周次 $N=2181519$ 时，裂纹长度为 $65\mu m$，如图 3-23(d) 所示；当 $N=2345697$ 时，裂纹长度为 $108\mu m$，如图 3-23(e) 所示；当 $N=2712757$ 时，裂纹长度为 $224\mu m$，如图 3-23(f) 所示；当 $N=2875923$ 时，裂纹总长度为 $300\mu m$，如图 3-23(g) 所示；当 $N=2887767$ 时，裂纹明显变宽，夹杂物下端与基体脱黏，夹杂物左侧基体中的裂纹扩展到试样边缘，如图 3-23(h) 所示，此时，裂纹总长度已达 $580\mu m$，约占整个试样宽度的 40%；当 $N=2898713$ 时，试样断裂。由裂痕可以看出，试样正是在所跟踪观察的裂纹处断裂的。

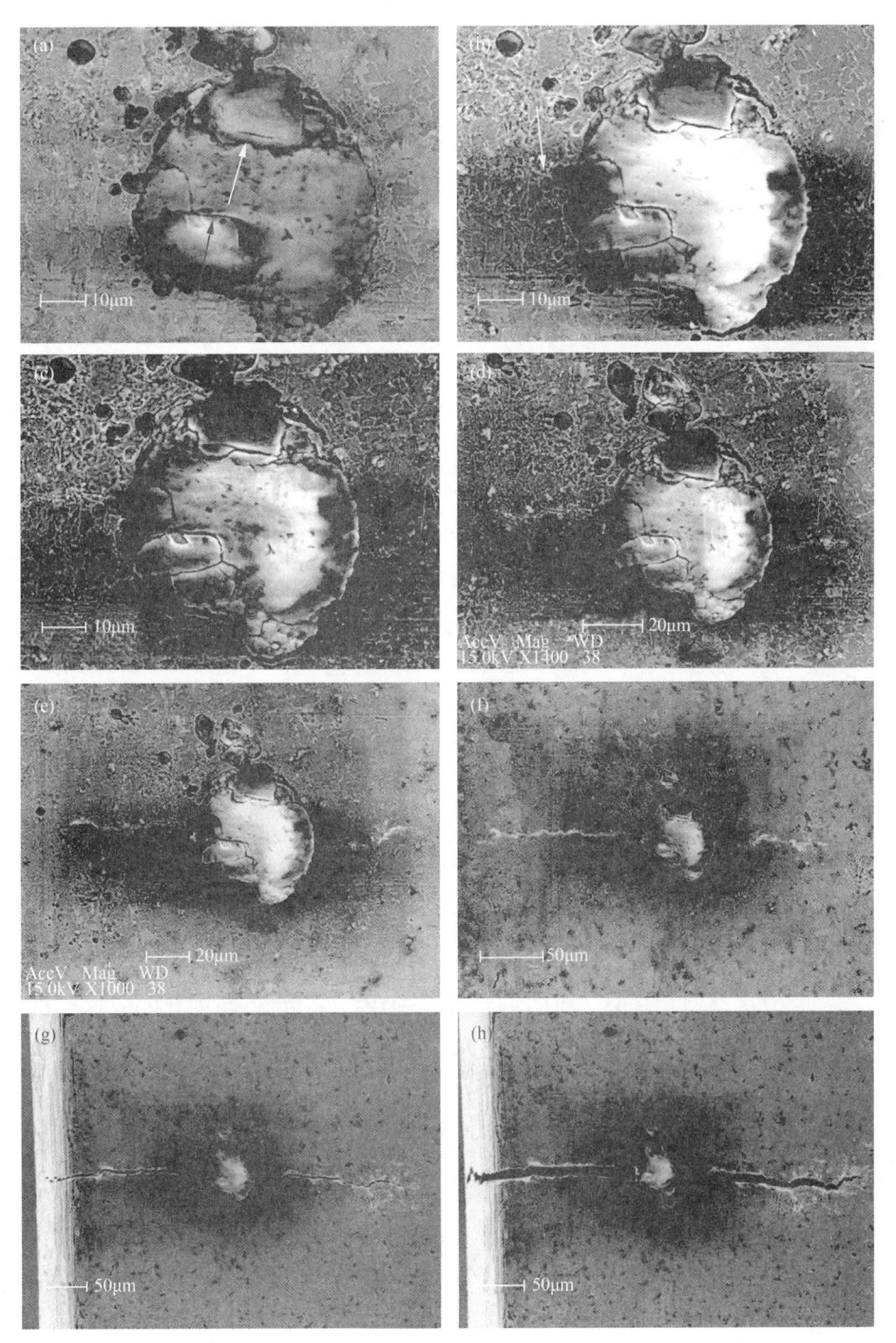

图 3-23 疲劳载荷作用下颗粒状夹杂物导致 X80 管线钢裂纹萌生与扩展的微观行为

σ_{max} = 560MPa，$\sigma_{max}/R_{t0.5}$ = 0.9，R = 0.1，f = 10Hz

(a)循环周次 N=0；(b) N=1710815；(c) N=2048705，(d) N=2181519；
(e) N=2345697；(f) N=2712757；(g) N=2875923；(h) N=2887767

在 SEM 下观察上述试样的断口，其结果如图 3-24 所示。从图可以看出，断口上存在疲劳断裂的最重要特征—贝壳花样或海滩花样(即以疲劳源区为中心，与裂纹扩展方向相垂直的半圆形或扇形的弧形线，又称疲劳弧线)，如图 3-24(b)中箭头所指。这说明该断口为典型的疲劳断口，裂纹源即为所跟踪的夹杂。此夹杂在断口上呈较规则的半圆形，其深度大约为20μm。断口可分为三个区域，即裂纹萌生区、稳态扩展区和高速扩展区，如图3-24(a)所示。

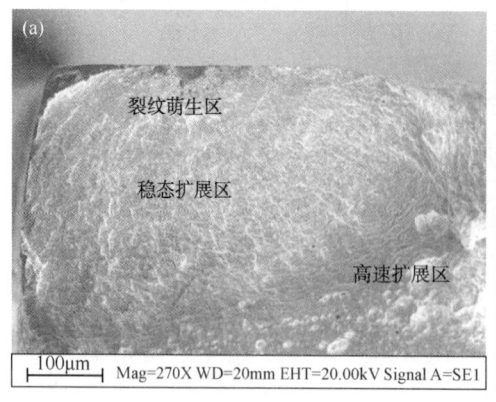

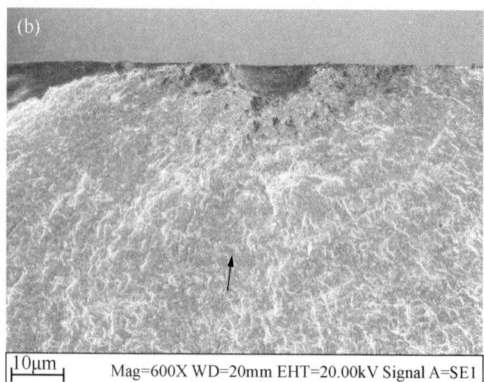

图 3-24　图 3-23 所示试样的断口形貌

综上所述，非金属夹杂物能够导致 X80 管线钢疲劳裂纹的萌生与扩展，夹杂物导致疲劳裂纹萌生的方式主要有三种，即在夹杂物内部萌生；在夹杂/基体界面萌生；在靠近夹杂的基体中萌生。这是由于在拉—拉疲劳载荷作用下，与夹杂物相邻的基体中会产生较大的应力集中，在循环升载过程中，较大的应力驱使基体在方向有利的滑移面上滑移，而在循环降载过程中，由于该面上的滑移被阻止，滑移只能发生在与之平行的滑移面上，且方向相反。这样，就在金属表面产生了一个挤出或一个挤入。随着循环周次的增加，塑性流变越来越严重，挤入时形成很尖锐的缺口，造成很大的应力集中，最后导致疲劳裂纹萌生。

X80 管线钢中的夹杂物均可导致疲劳裂纹的萌生与扩展，但只有最易导致裂纹萌生和扩展的夹杂物诱发的裂纹才能发展成为导致试样断裂的主裂纹，其他夹杂诱发的裂纹扩展到一定长度后便停止扩展。试样中可能存在多条裂纹同时扩展的现象，同时在扩展过程中裂纹会发生合并，进而加速裂纹的扩展。

3.4.2　疲劳载荷作用下 X80 管线钢中裂纹萌生寿命与所加应力之间的关系

表 3-6 总结了长度方向与加载方向垂直的带状夹杂物导致 X80 管线钢疲劳裂纹萌生的循环周次与所加应力之间的关系，由表中的数据可作出疲劳裂纹萌生寿命与所加应力的关系曲线，如图 3-25 所示。从表 3-6 和图 3-25 可以看出，在外加应力 $\sigma_{max}/R_{t0.5}$ 高达 0.9 时，循环 3.5×10^6 周后，X80 管线钢中仍无疲劳裂纹萌生，这说明该钢具有非常好的韧性，疲劳裂纹很难萌生。但是，随着外加载荷进一步升高，X80 管线钢疲劳裂纹的萌生寿命显著变短，由此可以得到，X80 管线钢疲劳裂纹的条件萌生应力约为 600MPa。

表 3-6　疲劳载荷作用下 X80 管线钢裂纹萌生寿命(周次)与所加应力之间的关系

裂纹萌生周次	所加应力(MPa)	裂纹萌生周次	所加应力(MPa)
3500012	605	2002	663.9
5006	625	170	663.9

3.4.3　X80 管线钢中疲劳裂纹的稳态扩展速率

表 3-7 给出了图 3-23 所示试验中疲劳裂纹的长度与对应的循环周次，由表中的数据可

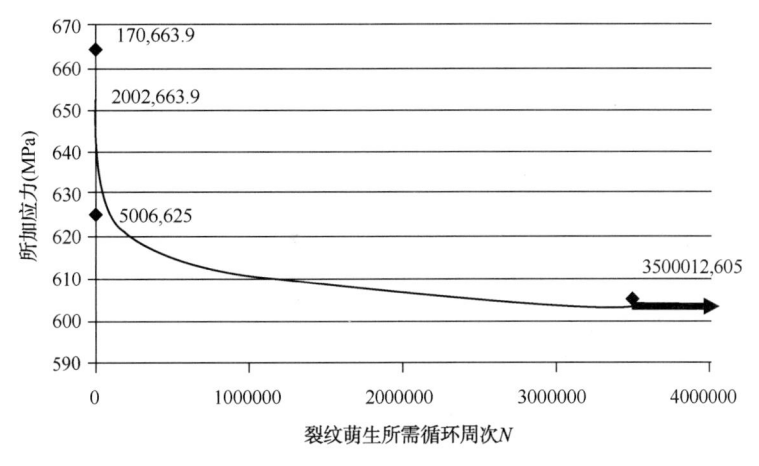

图 3-25 疲劳载荷作用下 X80 管线钢裂纹萌生寿命与所加应力之间的关系

作出疲劳裂纹长度与循环周次之间的关系曲线，如图 3-26 所示。从图中可以看出，疲劳裂纹的萌生与扩展分为三个阶段：A 阶段，裂纹长度小于门槛值，裂纹或者完全不扩展，或者以无法检测到的速度扩展，称为裂纹萌生；B 阶段，裂纹呈线性方式扩展，且扩展速率较小，称为裂纹稳态扩展区；C 阶段，裂纹扩展速率显著增大，裂纹长度呈指数形式增长，称为裂纹高速扩展区，当裂纹扩展进入这个阶段时，试样很快就会发生断裂。如前所述，在图 3-23 所示试验中，当 $N = 1710815$ 时，裂纹在靠近夹杂的基体中萌生，当 $N = 2542271$ 时，裂纹开始快速扩展，而试样的疲劳寿命为 2898713 周次，由此可算出 X80 管线钢中疲劳裂纹的萌生寿命占其疲劳总寿命的 59%，稳态扩展寿命占其疲劳总寿命的 29%。由此可见，在外加载荷 $\sigma_{max}/\sigma_s = 0.90$ 的情况下，X80 管线钢中疲劳裂纹萌生不易发生，疲劳总寿命主要由疲劳裂纹萌生寿命决定。

表 3-7 图 3-23 所示试验中疲劳裂纹的长度与对应的循环周次

循环周次	疲劳裂纹长度(μm)	循环周次	疲劳裂纹长度(μm)
1760819	8.5	2712757	212
1925957	18	2817867	293
2126507	49	2878933	455
2345697	97	2897875	570
2542271	117		

由表 3-7 所示数据和图 3-26 可得到 X80 管线钢中疲劳裂纹的稳态扩展速率为：

$$\frac{\Delta L}{\Delta N} = \frac{100}{759335.6} = 1.48 \times 10^{-4} (\mu m/cycle)$$

表 3-8 给出了图 3-19 所示试验中疲劳裂纹的长度与对应的循环周次，由表中的数据也可做出疲劳裂纹长度与循环周次之间的关系曲线，如图 3-27 所示。从图 3-27 可以看出，疲劳裂纹的萌生与扩展也分为三个阶段，即裂纹萌生区、裂纹稳态扩展区和裂纹高速扩展区。如前所述，在图 3-19 所示试验中，由于外加载荷较大，当循环周次 $N = 170$ 时，裂纹即在夹杂物内萌生，当循环周次 $N = 340006$ 时，裂纹开始快速扩展，而试样的疲劳寿命为 433826 周次，由此可算出 X80 管线钢中疲劳裂纹的稳态扩展寿命占其疲劳总寿命的 78%。由此可见，在外加载荷 $\sigma_{max}/R_{t0.5} = 0.98$ 的情况下，X80 管线钢中疲劳裂纹扩展仍很缓慢，

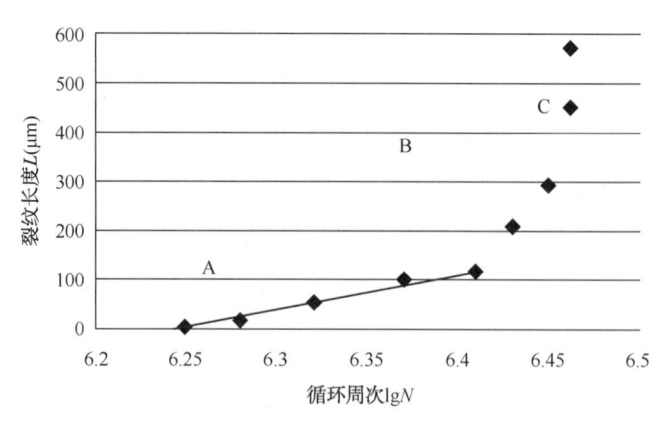

图 3-26　图 3-23 所示试验中裂纹长度与循环周次之间的关系

疲劳总寿命主要由疲劳裂纹稳态扩展寿命决定。

表 3-8　图 3-19 所示试验中疲劳裂纹的长度与对应的循环周次

循环周次	疲劳裂纹长度(μm)	循环周次	疲劳裂纹长度(μm)
170	73	410006	550
20168	130	428278	550
210764	178	432640	550
240776	247	433826	985
340006	381		

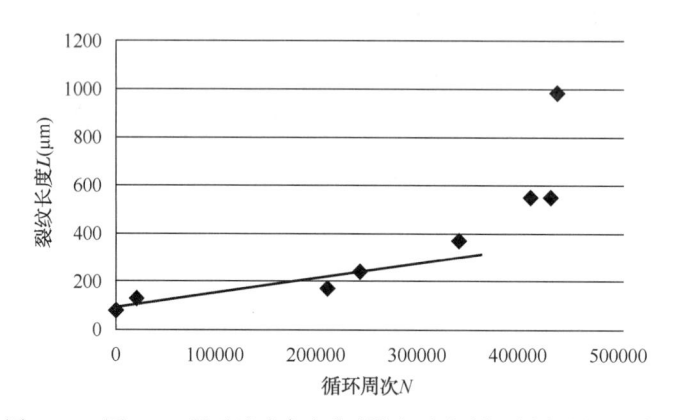

图 3-27　图 3-19 所示试验中疲劳裂纹长度与循环周次之间的关系

从表 3-8 所示数据和图 3-27 可以得到图 3-19 所示试验中疲劳裂纹的稳态扩展速率为：

$$\frac{\Delta L}{\Delta N} = \frac{270-89}{240776-170} = 7.52 \times 10^{-4} (\mu m/cycle)$$

从以上结果可以看出，X80 管线钢中疲劳裂纹的萌生与扩展分为三个阶段，其中裂纹萌生和裂纹稳态扩展寿命占据了疲劳总寿命的 78%~87.7%。裂纹在稳态扩展区的扩展速率在 10^{-4} 数量级，裂纹扩展速率很小，说明管线钢具有很好的韧性和止裂性能。

3.4.4　小结

通过对疲劳载荷作用下 X80 管线钢中夹杂物导致裂纹萌生与扩展的微观行为进行研究，

可以得到以下结论：

（1）在疲劳载荷作用下，非金属夹杂物能够导致 X80 管线钢疲劳裂纹的萌生与扩展，夹杂物导致疲劳裂纹萌生的方式主要有三种：一是在夹杂物内部萌生裂纹，二是在夹杂/基体界面萌生裂纹，三是在靠近夹杂的基体中萌生裂纹。X80 管线钢中的夹杂物均可导致疲劳裂纹的萌生与扩展，但只有最易导致裂纹萌生和扩展的夹杂物诱发的裂纹才能发展成为导致试样断裂的主裂纹，其他夹杂诱发的裂纹扩展到一定长度后便停止扩展。试样中可能存在多条裂纹同时扩展的现象，在扩展过程中这些裂纹会发生合并，进而加速裂纹的扩展。

（2）在外加载荷 $\sigma_{max}/\sigma_s \geq 0.90$ 的情况下，随着外加载荷的增加，X80 管线钢中疲劳裂纹的萌生寿命显著变短；在裂纹萌生寿命大于 1×10^6 的条件下，X80 管线钢中疲劳裂纹的条件萌生应力约为 600MPa。

（3）X80 管线钢中疲劳裂纹的稳态扩展速率在 $10^{-4} \mu m/cycle$ 数量级。

3.5 大型夹杂物在管线钢冶炼过程中的运动规律及夹杂物临界尺寸

3.5.1 大型夹杂物在管线钢冶炼过程中的运动规律

钢液中大型夹杂物去除的主要方式是上浮到钢液表面或黏附到固体表面，而尺寸较小的夹杂物则主要通过自身的碰撞长大来去除。夹杂物间碰撞的主要方式包括布朗碰撞、斯托克斯碰撞和湍流碰撞。

尽管钢包精炼去除夹杂物的效果最显著，但是由于钢包精炼之后的冶炼工序及冶炼时间还比较长，夹杂物有可能会继续碰撞、长大，所以对铸坯中大型夹杂物的临界尺寸起不到决定性作用，而中间包精炼之后，钢液在结晶器中的停留时间较短，并且从钢液中夹杂物的尺寸分布及碰撞、长大规律来看，大型夹杂物碰撞、长大的概率相对较小，因此，本研究认为，中间包精炼对铸坯中大型夹杂物的临界尺寸起着决定性作用。

在中间包精炼过程中，钢液中大型夹杂物上浮的相对速度符合斯托克斯定律：

$$u = \frac{(\rho_l - \rho_p) g d_p^2}{18\mu}$$

式中 u——夹杂物上浮的相对速度；
ρ_l——钢液密度；
ρ_p——夹杂物密度；
d_p——夹杂物的当量直径；
μ——钢液动力黏度。

而在搅拌的钢液中，夹杂物颗粒的上浮去除速度通常会加快 2~5 倍[6]，本研究中取中间值 2.5。因此在弱吹气搅拌的条件下，在钢液温度为 1873K 时，钢液密度为 $7.0 \times 10^3 kg/m^3$，钢液黏度为 $0.005 Pa \cdot s$，钢液中非金属夹杂物(夹杂物密度为 $4.0 \times 10^3 kg/m^3$)的上浮速度可用下式估算：

$$u = 8.2 \times 10^5 d_p^2$$

夹杂物上浮速度与粒径之间的关系如图 3-28 所示。

大型夹杂物在中间包内的停留时间：

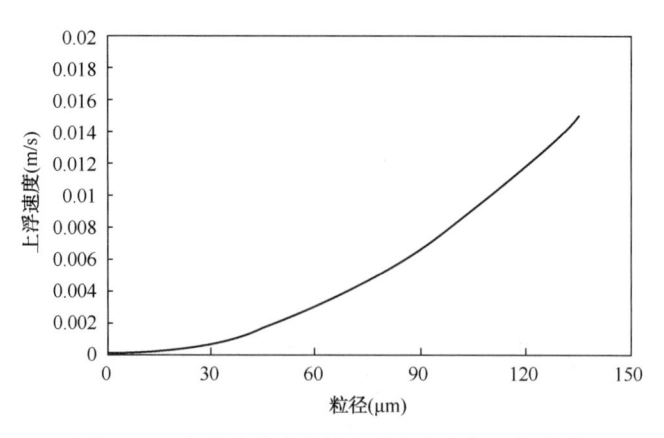

图 3-28 钢液内夹杂物的上浮速度与粒径的关系

$$平均停留时间 = \frac{中间包总钢水容量}{单位时间内钢水流量} = \frac{中间包总钢水容量}{连铸拉速 \times 钢水密度 \times 铸坯横截面积}$$

某调研钢厂，管线钢钢坯的宽度为 2080mm，厚度为 250mm，拉速为 0.8m/min，典型中间包容量为 30t，则钢液在中间包内的停留时间约为 $t = 30/(0.8 \times 0.25 \times 2 \times 7.0) = 11\text{min}$。可以看出，采用较大容量中间包，可以增加钢液停留时间，从而增加大型夹杂物从钢液中上浮、去除的可能性。

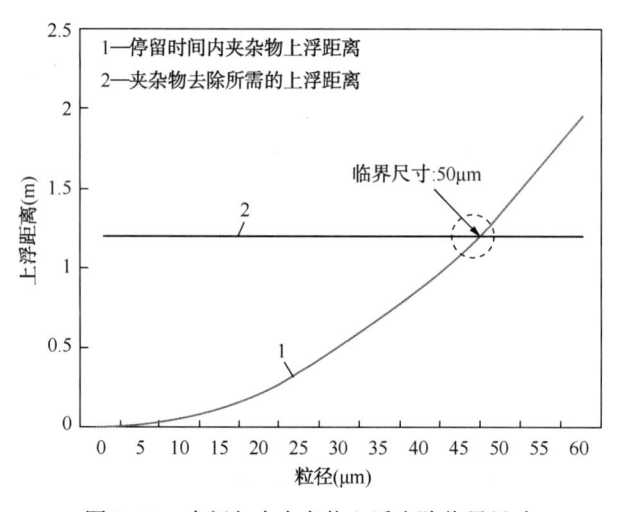

图 3-29 中间包内夹杂物上浮去除临界尺寸

从图 3-29 中可以看出，在弱吹气搅拌条件下，大容量的中间包具有良好的去除夹杂物能力，大型夹杂物的临界尺寸可控制在 50μm 以下，相比于文献[27-28]中指出大容量中间包可以将夹杂物临界尺寸控制在 70~80μm。然而，中间包下水口处夹杂物挂壁结瘤可能会导致尺寸较大的夹杂物进入结晶器，并且结晶器界面的较大扰动也易导致卷渣的发生，而结晶器内钢水停留时间短，上浮距离长，不利于大型夹杂物去除，因此在高钢级管线钢冶炼过程中，需要控制结晶器液面较大扰动以及夹杂物在中间包下水口处挂壁结瘤，预防超尺寸大型夹杂物的出现。

目前高钢级管线钢的冶炼过程大多采用了大容量中间包，因此管线钢铸坯中的夹杂物临界尺寸应该控制在 50μm 左右，并且由于在随后的铸坯轧制过程中，夹杂物形态还会发生一定的变形，因此应该将高钢级管线钢钢板或钢管产品中不同形态夹杂物的当量直径限制在50μm以下。对于D类夹杂物，其形态通常呈单颗粒球状，因此该类夹杂物的厚度通常应当控制在50μm以下。

3.5.2 夹杂物临界尺寸的提出

在高强钢中，夹杂物对疲劳性能的影响很大，特别是随着钢的强度级别的提高，夹杂物的影响就更加明显。一般说来，当钢中含有夹杂物时，随着夹杂物尺寸的增大，钢的疲劳性能降低；对一定尺寸的夹杂物，当它位于试样内部时，其危害程度要比位于表面小。

大量试验结果表明，夹杂物的尺寸小于一定值后，对材料的疲劳性能将影响不大，因此可以推测，在给定条件下，含夹杂物的高强度钢构件的疲劳寿命 N 与夹杂物等效尺寸 D 的函数曲线上必然存在一疲劳寿命突然下降的拐点，此拐点对应的 N 值即为构件的临界寿命或设计寿命 N_c，而此拐点对应的 D 值则是夹杂物的临界尺寸 D_c（图3-30）。小于 D_c 的夹杂物在该条件下不会对构件的疲劳寿命产生危害。

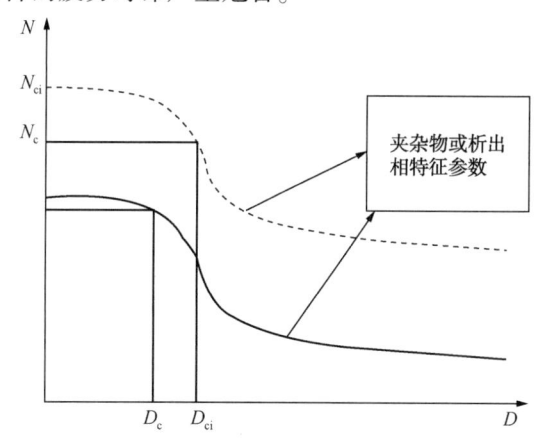

图 3-30 夹杂物临界尺寸的确定原理示意图

在理论和实际应用中，人们又将夹杂物临界尺寸分为绝对夹杂物临界尺寸和相对夹杂物临界尺寸。所谓绝对夹杂物临界尺寸，是指不降低材料疲劳寿命（极限）的最大夹杂物尺寸。而相对夹杂物临界尺寸，是指不降低材料使用技术标准要求的疲劳寿命的最大夹杂物尺寸。

不论是绝对夹杂物临界尺寸还是相对夹杂物临界尺寸，都应在材料疲劳寿命与夹杂物等效尺寸的关系曲线上。

3.5.3 夹杂物临界尺寸的计算

Y. Murakami[29,30]等人对大量含有夹杂物的材料的疲劳极限数据进行了统计，发现夹杂物的临界尺寸与材料维氏硬度之间存在一定的关系，并得到了不同疲劳试验条件下与维氏硬度、夹杂物几何形状和尺寸有关的疲劳极限的经验公式：

$$\sigma = \frac{C(HV+120)}{(\sqrt{A})^{1/6}} \times \left(\frac{1-R}{2}\right)^\alpha \quad (HV = 100 \sim 740)$$

式中 σ——含夹杂物试样的疲劳极限应力幅，单位为 MPa；

C——与缺陷位置有关的常数，对于表面夹杂 $C=1.43$，亚表面夹杂 $C=1.41$，内部夹

杂 $C=1.56$；

HV——维氏硬度；

$\sqrt{A}$——钢中最大夹杂物的尺寸，单位为 μm；

R——应力比，即 $R=\dfrac{\sigma_{\min}}{\sigma_{\max}}$；

α——由 HV 决定的参数，$\alpha=0.226+HV\times10^{-4}$。

若测得光滑试样的疲劳极限为 σ_0，则利用上述公式，可得到夹杂的最大临界尺寸为：

$$\sqrt{A}=\left[\dfrac{C(HV+120)}{\sigma_0}\times\left(\dfrac{1-R}{2}\right)^{\alpha}\right]^{6}。$$

X80 管线钢的屈服强度为 555~705MPa，$E=210$GPa，将此代入上式可得 $\sigma_{0\min}=373.5$MPa，$\sigma_{0\max}=421$MPa。另外，X80 管线钢的 $HV\approx275$，本文中 $R=0.1$，将 σ_0、HV 和 R 的值代入式中，可以得到 X80 管线钢中夹杂物的临界尺寸 $\sqrt{A}$。

假定夹杂物为球形（表面夹杂物为半球形），则表面夹杂的临界尺寸 $D_c=\sqrt{\dfrac{8}{\pi}}\sqrt{Area}=\sqrt{\dfrac{8}{\pi}}\sqrt{A}$；亚表面和内部夹杂的临界尺寸 $D_c=\sqrt{\dfrac{4}{\pi}}\sqrt{Area}=\sqrt{\dfrac{4}{\pi}}\sqrt{A}$。通过计算可以得到如下结果：

表面夹杂：$D_{c\min}=8.13$μm，$D_{c\max}=11.69$μm。

亚表面夹杂：$D_{c\min}=7.47$μm，$D_{c\max}=10.75$μm。

内部夹杂：$D_{c\min}=13.7$μm，$D_{c\max}=19.71$μm。

若夹杂物尺寸 $D>D_c$，则夹杂物会严重危害材料的疲劳寿命；若 $D\leq D_c$，则夹杂不会严重危害材料的疲劳寿命。从计算结果可以看出，亚表面夹杂对疲劳性能危害最大，内部夹杂危害最小。为了减小甚至避免夹杂对管线钢疲劳性能的危害，管线钢中夹杂的尺寸应尽量控制在临界尺寸之内。

3.6 结论

通过对高钢级管线钢中夹杂物基本特性的分析以及对其在拉伸和疲劳载荷作用下导致高钢级管线钢裂纹萌生与扩展的微观行为的研究，可获得如下结论：

（1）高钢级管线钢中的夹杂物主要为氧化钙和氧化铝的复合夹杂物，此外还有少量硫化物。光学显微镜下，管线钢中的夹杂物一般呈浅灰色，且大小不一，形态各异，分布不均匀。夹杂物的形态主要有单独存在的颗粒状夹杂和成堆分布的带状夹杂两种。颗粒状夹杂的形状比较圆滑，没有尖锐的棱角，整体上近似圆形、椭圆形等形状；其尺寸小的大约为 4μm×5μm，大的可达 100μm×55μm。带状夹杂是多个颗粒状夹杂堆积而成的，形状不规则，其尺寸大约为 100μm×20μm，大的可达 500μm×175μm。

（2）原位拉伸试验结果表明：①在拉伸载荷作用下，X80 管线钢中裂纹首先在夹杂物处萌生，裂纹萌生的位置与夹杂物的形状与尺寸有关。夹杂物导致裂纹萌生的方式主要有三种：一是在夹杂物内部萌生，二是在夹杂/基体界面萌生，三是在靠近夹杂的基体中萌生。夹杂物导致裂纹萌生均发生在材料屈服之后，所萌生的裂纹有的会向基体中扩展，并与基体中的滑移带相连。②夹杂物尺寸对第一条裂纹萌生所需应力影响不大，第一条裂纹萌生所需应力主要与管线钢的屈服强度有关。③X80管线钢中裂纹的扩展在微观方向上与加载方向成45°，且沿着扩展所需驱动力最小的方向呈"之"字形扩展；在宏观方向上与加载方向相垂直。④拉伸载荷作用下，具有带状夹杂物的X80管线钢中，夹杂尺寸越大、数量越多，其屈服强度和抗拉强度就越低。⑤拉伸载荷作用下，X100管线钢中夹杂物导致裂纹萌生与扩展的微观行为与X80管线钢基本相同。

（3）原位疲劳试验结果表明：①在疲劳载荷作用下，非金属夹杂物能够导致X80管线钢疲劳裂纹的萌生与扩展，夹杂物导致疲劳裂纹萌生的方式主要有三种：一是在夹杂物内部萌生裂纹，二是在夹杂/基体界面萌生裂纹，三是在靠近夹杂的基体中萌生裂纹。X80管线钢中的夹杂物均可导致疲劳裂纹的萌生与扩展，但只有最易导致裂纹萌生和扩展的夹杂物诱发的裂纹才能发展成为导致试样断裂的主裂纹，其他夹杂诱发的裂纹扩展到一定长度后便停止扩展。试样中可能存在多条裂纹同时扩展的现象，在扩展过程中这些裂纹会发生合并，进而加速裂纹的扩展。②在外加载荷$\sigma_{max}/R_{t0.5} \geq 0.90$的情况下，随着外加载荷的增加，X80管线钢中疲劳裂纹的萌生寿命显著变短；在裂纹萌生寿命大于1×10^6的条件下，X80管线钢中疲劳裂纹的条件萌生应力约为600MPa。③X80管线钢中疲劳裂纹的稳态扩展速率在$10^{-4} \mu m/cycle$数量级。④夹杂物临界尺寸计算结果表明，为了减小甚至避免夹杂物对管线钢疲劳性能产生危害，X80管线钢中夹杂物的尺寸应尽量控制在临界尺寸之内。

参 考 文 献

[1] 高惠林，辛希贤. 论管线钢韧性的控制因素[J]. 焊管，1995，18(5)：7-11.

[2] F. Huang, J. Liu, Z. J. Cheng, et al. Effect of microstructure and inclusions on hydrogen induced cracking susceptibility and hydrogen trapping efficiency of X120 pipeline steel[J]. Materials Science and Engineering A, 2010, (A527): 6997-7001.

[3] Carneiro R A, Ratnapuli R C, Lins V C. The influence of chemical composition and microstructure of API linepipe steels on hydrogen induced cracking and sulfide stress corrosion cracking [J]. Materials Science and Engineering A, 2003, (A357): 104-110.

[4] Lopez H F, Raghunath R, Albarran J L, et al. Microstructural aspects of sulfide stress cracking in an API X80 pipeline steel[J]. Metallurgical and Materials Transactions A, 1996, (27A): 3601-3611.

[5] 黄一新，尹雨群，李晶，等. X70管线钢中夹杂物控制试验研究[J]. 南钢科技与管理，2007，3：8-10.

[6] 熊庆人，冯耀荣，霍春勇，等. X70管线钢断口分离现象分析研究[J]. 焊管，1995，18(5)：7-11.

[7] Specification for Line Pipe: API SPEC 5L—2012[S]. Washington: American Petroleum Institute, 2012.

[8] Zen Yanping, Fan Hongmei, Wang Xishu, et al. Study on micro-mechanism of crack initiation and propagation induced by inclusion in ultra-high strength steel[J]. Key Engineering Materials, 2007, 353-358 (November): 1185-1190.

[9] 王习术，梁锋，曾燕屏，等. 夹杂物对超高强度钢低周疲劳裂纹萌生及扩展影响的原位观测[J]. 金属学报，2005，41(12)：1272-1276.

[10] 曾燕屏，张麦仓，董建新，等. 镍基粉末合金中夹杂物导致裂纹萌生及扩展行为[J]. 材料工程，2005，(3)：10-13.

[11] 仝珂，庄传晶，朱丽霞，等. 高钢级管线钢微观组织特征与强韧性能关系的研究及展望[J]. 材料导报，2010，24(2)：98-101.

[12] 钟勇，肖福仁，单以银，等. 管线钢疲劳裂纹扩展速率与疲劳寿命关系的研究[J]. 金属学报，2005，

41(5): 523-528.

[13] 武威, 李洋, 吉玲康, 等. 管线钢疲劳行为研究进展[J]. 焊管, 2009, 32(8): 31-34.

[14] 郑磊, 傅俊岩. 高等级管线钢的发展现状[J]. 钢铁, 2006, 41(10): 1-10.

[15] 付常林, 余德河. 非金属夹杂物对钢材疲劳性能的影响[J]. 莱钢科技, 2002, 4: 30-32.

[16] 钟勇, 单以银, 霍春勇, 等. 管线钢疲劳特性研究进展[J]. 材料导报, 2003, 17(8): 11-15.

[17] Ebara R. Fatigue crack initiation and propagation behavior of forging die steels[J]. International Journal of Fatigue, 2010, 32(5): 830-840.

[18] D Y Wei, J L Gu, H S Fang, et al. Fatigue behavior of 1500 MPa bainite/martensite duplex-phase high strength steel[J]. International Journal of Fatigue, 2004, 26(4): 437-442.

[19] Z G Yang, G Yao, G Y Li, et al. The effect of inclusions on the fatigue behavior of fine-grained high strength 42CrMoVNb steel[J]. International Journal of Fatigue, 2004, 26(26): 959-966.

[20] 贾坤宁, 王海东, 姜秋月. 高强度桥梁钢焊缝疲劳裂纹萌生机理的研究[J]. 热加工工艺, 2009, 38(19): 25-27.

[21] L Reis, B Li, M D Freitas. Crack initiation and growth path under multiaxial fatigue loading in structural steels[J]. International Journal of Fatigue, 2009, 31(11-12): 1660-1668.

[22] H Yu, Y Li, X Huang, et al. Low cycle fatigue behavior and life evaluation of a P/M nickel base superalloy under different dwell conditions[J]. Procedia Engineering, 2010, 2(1): 2103-2110.

[23] A Casagrande, GP Cammarota, L Micele. Relationship between fatigue limit and Vickers hardness in steels[J]. Materials Science & Engineering A, 2011, 528(9): 3468-3473.

[24] Luo J, Bowen P. Small and long fatigue crack growth behaviour of a PM Ni-based superalloy, Udimet 720[J]. International Journal of Fatigue, 2004, 26(03): 113-124.

[25] 王新虎, 邝献任, 吕拴录, 等. 材料性能对钻杆腐蚀疲劳寿命影响的试验研究[J]. 石油学报, 2009, 30(2): 312-316.

[26] 范红妹, 曾燕屏, 王习术, 等. 航空用超高强度钢中夹杂物导致疲劳裂纹萌生与扩展的微观行为[J]. 钢铁, 2007, 42(7): 72-75.

[27] 王建军, 包燕平, 曲英. 中间包冶金学[M]. 北京: 冶金工业出版社, 2001, 106-308.

[28] 陈国军, 雷洪. 湍流控制器对异型中间包夹杂物去除的影响[J]. 炼钢, 2010, 26(3): 51-70.

[29] Murakami Y, Endo M. Effects of defects inclusions and inhomegeneitise on fatigue strength[J]. International Journal of fatigue, 1994, 16(3): 163-182.

[30] Murakami Y, Usuki H. Quantitative evaluation of effects of nonmetallic inclusions on fatigue strength of high strength steel. II: fatigue limit evaluation based on statistics for extreme values of inclusion size[J]. International Journal of fatigue, 1989, 11(5): 299-307.

4 高钢级厚壁钢管焊缝自动超声检测方法与技术

4.1 钢管焊缝主要缺陷的类型

高钢级厚壁钢管焊接时，由于焊接条件选择不当或焊工操作不正确等因素，常使焊缝及热影响区出现各种缺陷。按照缺陷的分布位置可分为外部缺陷和内部缺陷。按照缺陷性质分析，有的属于几何尺寸和外观等方面的缺陷，有的则属于冶金缺陷。

外部缺陷常见的有焊缝尺寸不符合要求、未焊透、咬边、焊瘤、表面气孔、表面裂纹、烧穿、严重飞溅等。其中咬边是在焊缝边缘母材上被电弧烧熔的凹槽。焊瘤是正常焊缝外多余的焊着金属。

内部缺陷有夹渣、夹杂物、未焊透、未熔合、内部气孔、内部裂纹等。

注意区分缺陷和缺欠两个概念：

缺陷(Defect)：超过规定限值的缺陷，即对于超过相应技术标准的缺陷，应根据合用性准则来判断，如果不能满足具体产品的使用要求。

缺欠(Imperfection)：在焊缝中因焊接产生的金属不连续、不致密或连接不良的现象。

根据影响断裂机理分类，又可分为平面缺陷和非平面缺陷。裂纹、未熔合是平面缺陷，危害性大；焊缝中的气孔、夹渣是体积型缺陷，危害性小[1]。

4.1.1 气孔

由于焊接时熔池内的气体在金属凝固时未能及时逸出而截留下来形成的空穴。气孔对静强度影响不大，手工焊缝中气孔多数是单个分散存在，但亦有密集存在或成链状的，或存在于表面层中。自动焊的气孔多数是单个，大而深，基本上在一条线上。电渣焊和气体保护焊中的气孔大都成密集状，如图4-1和图4-2所示。

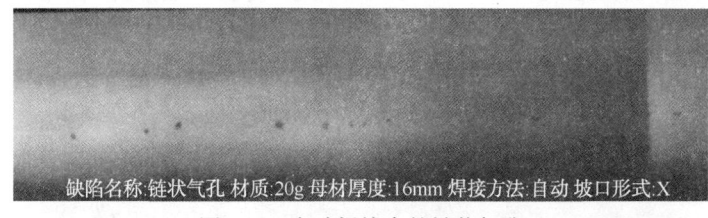

图4-1 自动焊接中的链状气孔

图4-2 自动焊接中的密集气孔

4.1.2 夹渣、夹杂物

焊后残留在焊缝中的熔渣叫夹渣。焊接冶金反应产生的杂物(如氧化物、硫化物)焊后残留在焊缝金属中的叫夹杂物，如图 4-3 和图 4-4 所示。

图 4-3 自动焊接中的夹渣

图 4-4 气体保护焊接中的钨夹渣

4.1.3 未焊透、未熔合

焊接时接头根部未完全熔透而残留部分原坡口的现象叫未焊透。熔焊时焊道与母材间或焊道与焊道间未完全熔化结合的现象叫未熔合，如图 4-5~图 4-7 所示。

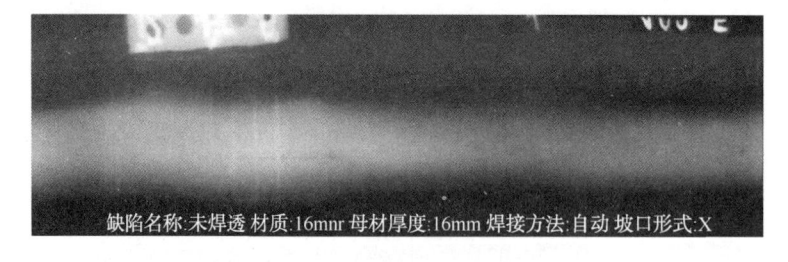

图 4-5 自动焊接中的未焊透

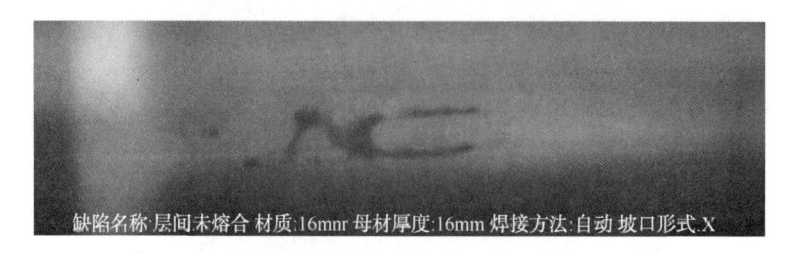

图 4-6 自动焊接中的层间未熔合

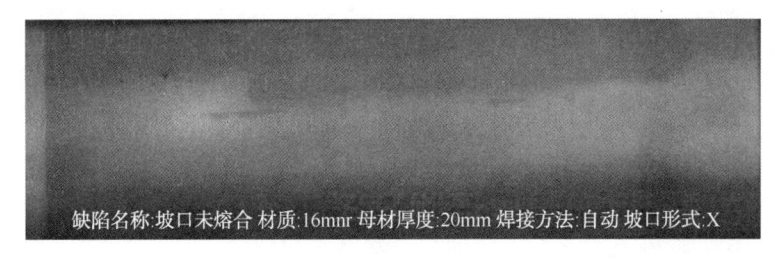

图 4-7 自动焊接中的坡口未熔合

4.1.4 裂纹

裂纹情况复杂，生成部位不一，造成开裂的因素也很多。裂纹常产生于低合金高强度钢(如高钢级管线钢 X70、X80 等)中，有时在焊后才发生的称为延迟裂纹。裂纹按部位可分为焊道裂纹、熔合区裂纹及热影响区裂纹。按方向可分为横向裂纹和纵向裂纹。裂纹的危害性大，因此对裂纹的判断一直是检测人员最注意的问题，如图 4-8 和图 4-9 所示。

图 4-8 自动焊接中的纵向裂纹

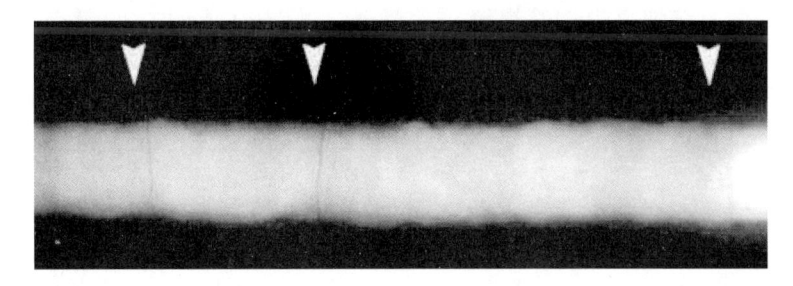

图 4-9 自动焊接中的横向裂纹

4.2 钢管焊缝自动超声检测标准

4.2.1 概述

与高钢级厚壁钢管焊缝自动超声检测相关的标准有 4 类：

第 1 类国际标准：国际标准化组织 ISO 10893-11：2011《钢管的无损检测—第 11 部分：焊接钢管焊缝纵向和/或横向缺欠的自动超声波检测方法》[2]、美国试验与材料协会 ASTM E273《焊管焊接区域超声检验标准作法》[3]、ISO 3183：2012《石油天然气工业 管线输送系统用钢管》[4]、美国石油学会 API Specification 5L《管线钢管规范》[5]和挪威船级社 DNV—OS—F101：2013《海底管线系统》[6]。

第2类国家标准：中华人民共和国国家标准 GB/T 9711—2011《石油天然气工业 管线输送系统用钢管》[7]。

第3类行业标准：中华人民共和国石油天然气行业标准 SY/T 6423.2—2013《石油天然气工业 钢管无损检测方法 第2部分：焊接钢管焊缝纵向和/或横向缺欠的自动超声检测》[8]（ISO 10893—11：2011，IDT）和 SY/T 7317—2016《海底管线用厚壁直缝埋弧焊钢管焊缝自动超声检测》。

第4类企业标准：中国石油集团石油管工程技术研究院企业标准 Q/SY—TGRC 67—2014《承压用埋弧焊厚壁钢管焊缝缺欠自动超声波检测方法》[9]和 Q/SY—TGRC 68—2014《承压用埋弧焊厚壁钢管焊缝缺欠自动超声波检测方法用试块》[10]。

4.2.2 钢管焊缝自动超声检测石油天然气行业标准介绍

钢管焊缝自动超声检测的行业标准为《石油天然气工业 钢管无损检测方法 第2部分：焊接钢管焊缝纵向和/或横向缺欠的自动超声检测》（编号：SY/T 6423.2—2013）（SY/T 6423.2—2013，ISO 10893—11：2011，IDT）。由于 SY/T 6423.2—2013 标准适用了翻译法等同采用 ISO 10893—11：2011《钢管无损检测第11部分：焊接钢管焊缝纵向和/或横向缺欠的自动超声检测》，对于 ISO10893—11：2011 标准仅进行了一些编辑性修改，与其主要内容基本一致，由于这两个标准的内容实际均为国际标准，仅为钢管焊缝自动超声检测最基本、最低要求。因此我们组织编写了切合石油天然气行业的另外一个行业标准《海底管线用厚壁直缝埋弧焊钢管焊缝自动超声检测》（编号：SY/T 7317—2016）。

《海底管线用厚壁直缝埋弧焊钢管焊缝自动超声检测》技术标准一般包括下列方面的内容：

（1）范围；
（2）规范性引用文件；
（3）一般要求；
（4）自动超声检测系统、探头及试块；
（5）检测系统的调试；
（6）检测条件和方法；
（7）检测结果显示的评定；
（8）验收；
（9）检测报告和存档；
附录 A（资料性附录）典型探头的排列布置；
附录 B（资料性附录）典型对比试块的设计；
附录 C（规范性附录）自动超声检测系统测试与方法。

此标准的制定主要利用分区检测，将钢管壁厚分为6个分区：6mm≤t≤12mm、12mm<t≤18mm、18mm<t≤24mm、24mm<t≤30mm、30mm<t≤36mm 和 36mm<t≤42mm，给出了典型探头的排列布置和典型对比试块的设计2个资料性附录，便于实际操作，实现了在厚壁

钢管全壁厚范围和距焊缝规定距离范围内全覆盖检测，检测过程可显示并记录每个通道缺陷位置和分布及每个通道探头耦合状态的带状图，满足了自动超声检测结果长久保存和追溯性的需求，可以替代 X 射线检测。

4.3 钢管焊缝自动超声检测存在的问题

4.3.1 标准中存在的问题

在上述的 4 类标准中，涉及钢管焊缝自动超声检测的标准有 4 个，分别为 ISO 3183：2012、API Specification 5L、DNV—OS—F101：2013 和 GB/T 9711—2011，仅对钢管焊缝自动超声检测方法最基本和最低的要求；主要的钢管焊缝自动超声检测试验标准有 3 个，分别为 ASTM E273、ISO 10893-11：2011 和 SY/T 6423.2—2013，专门针对钢管焊缝自动超声检测方法的标准，主要为国际化标准，适用范围广，针对性差；最适用于高钢级厚壁钢管焊缝自动超声检测的标准有 3 个，分别为 SY/T 7317—2016、Q/SY—TGRC 67—2014 和 Q/SY—TGRC 68—2014，标准中规定了焊缝自动超声检测的超声设备、探头及试块，检测系统的调试，检测条件和方法，显示的评定，验收等级，检测报告等，同时适用于厚壁钢管焊缝自动超声检测与质量评定。

4.3.2 检测中存在的问题

通过对于高钢级厚壁钢管焊缝常用探头（如 2.5P10×12K2）在 100mm 处有效声场宽度的计算可知，其有效声场宽度约为 12~15mm 如图 4-10 所示。

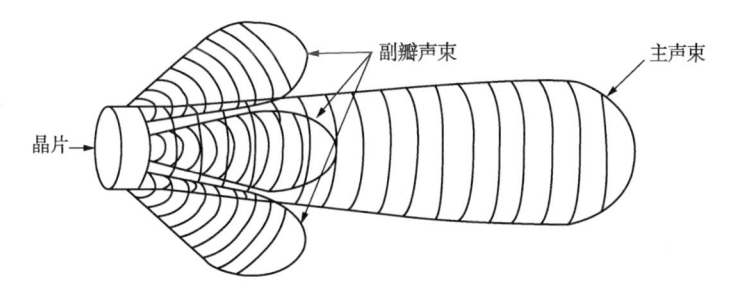

图 4-10 探头声场示意图

APISpecification 5L、ISO 3183：2012 和 GB/T 9711—2011 附录 E 及附录 K 标准和中国石油长输管线项目技术规格书中的检测试块要求如图 4-11 所示。API Specification 5L 附录 K.5.1.1 规定：不允许使用位于焊缝中心的内部和外部纵向刻槽校准设备。检测中存在的问题有：没有考虑闸门宽度设置；没有考虑对于厚壁（大于 12mm）焊缝在厚壁方向全覆盖检测；没有考虑垂直于检测面的中间未焊透缺欠检测（针对"X"形坡口的情况）；对检测结果的显示和记录没有要求；没有考虑试块的设计、制作、测试和检验等问题。

对应的探头的排列与布置如图 4-12 所示。检测中存在的问题有：对于所有壁厚的钢管焊缝采用探头排列与布置均相同，厚壁钢管焊缝声束全覆盖可能达不到要求。

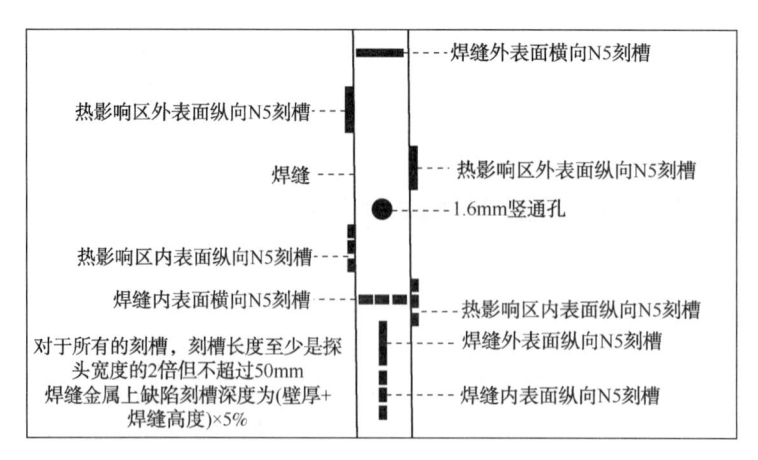

图 4-11 埋弧焊钢管焊缝自动超声检测对比试块示意图

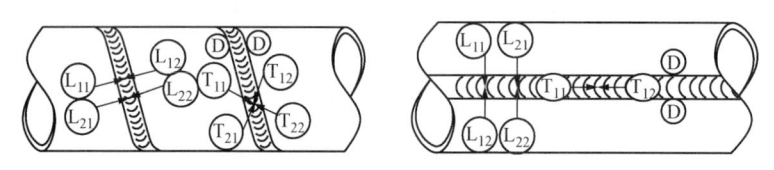

图 4-12 埋弧焊钢管焊缝自动超声检测探头排列与布置示意图

4.4 钢管焊缝的自动超声检测方法

随着油气输送钢管口径、壁厚和高钢级的不断提高和埋弧焊钢管在国家重大管道工程中的广泛应用，为了确保焊接钢管焊缝的质量，主要应用自动超声波检测(AUT)技术检测钢管焊缝内部缺陷，目前 AUT 检测不论从方法或规范均存在一定弊端，所有标准中校准试块仅在内外表面规定了一定尺寸的刻槽(纵向和横向)和在焊缝中心竖通孔，检测结果也不能实现自动记录等，这对于壁厚超过一定厚度时(如 12mm)就达不到全覆盖检测和永久记录，不能实现检测结果的可靠性和追溯性。在实际工作中每根钢管(直缝或螺旋缝)AUT 检测长度约占钢管长度 95%~97%，所以，AUT 检测的重要性显得尤为重要。

由于工业电视检测或 X 射线检测随着壁厚的增加其灵敏度不断降低(穿透能力的影响：工业电视检测或 X 射线检测主要对体积型缺陷的检测灵敏度较高，对面积型缺陷的检测灵敏度较低)，AUT 对于厚壁钢管焊缝中危害性缺陷(面积型缺陷)的检出率较高，大多数钢管生产企业对 AUT 检测工艺中关键参数(探头形式的选择，探头的排列与布置，闸门的设置，人工缺陷构造与设计，对比试块设计与制作，检测结果的记录与保存)的选择不够准确，这不仅可能造成钢管焊缝中缺陷的漏检(特别是对厚壁钢管焊缝内部缺欠的检测)，还给整条管线的安全运行带来隐患，同时由于目前在用输送钢管标准如 API Spec 5L、ISO3183、DNV-OS-F101 及 GB/T 9711 等标准中对 AUT 检测工艺参数或方法的规定是最低最基本的要求，特别是对 AUT 检测具体方法提及又很少(主要是对 UT 检测方法)，如果仅仅满足这些基础标准的要求(特别是厚壁钢管，目前重大管线项目应用埋弧焊螺旋钢管最大壁厚为 22.0mm 钢级 X80，埋弧焊直缝钢管最大壁厚为 38.0mm 钢级 X80)是不够的。

鉴于以上情况，对于高钢级厚壁钢管焊缝 AUT 检测方法进行研究，解决 AUT(特别对于厚壁钢管焊缝)全覆盖检测(包括焊缝宽度范围和壁厚范围两个方面)钢管焊缝中缺欠，并使每个通道均能显示缺欠状况、探头耦合状况和在焊缝中相对应的位置，达到每一条焊缝有一个永久性记录，和 X 射线检测一样具有永久性记录，以便对检测结果进行有效追溯，使高钢级厚壁钢管焊缝 AUT 检测在国家重大管道工程工作中真正起到作用，降低长输管线运行风险。

4.4.1 检测探头有效声束宽度的计算

利用声场理论，以圆盘源为例计算 2.5MHz、φ10mm K2 在 100mm 处声束宽度，得出在 100mm 声程处的有效声束宽度约为 12~15mm。

由于埋弧焊钢管焊缝主要采用横波检测，对于常用横波探头的声束宽度的计算是非常重要的，目前常用的横波探头是通过波型转换来实现横波探伤的，超声波通过介质Ⅰ向介质Ⅱ入射时，通过入射角 α 的调整，可在介质Ⅱ中形成单一的横波声场，横波声场在介质中的声束宽度与半扩散角有关，图 4-13 为横波声场及半扩散角示意图。

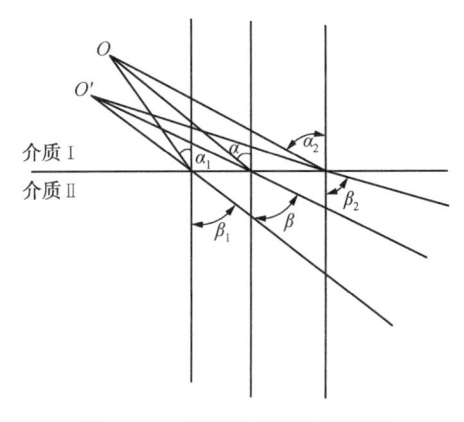

图 4-13 横波声场及半扩散角

以圆盘源为例，球坐标系中横波声场声压公式为：

$$P(r,\theta,\psi)=\frac{KR_s^2\cos\beta}{\lambda_{t_2}\cos\alpha}\cdot\frac{2J\left(\frac{\omega}{C_{l_1}}R_s\sqrt{\eta_1^2+U_1^2}\right)}{\frac{\omega}{C_{l_1}}R_s\sqrt{\eta_1^2+U_1^2}} \tag{4-1}$$

式中 K——系数，当 θ 变化不大时，为常数。

$$\eta_1=\frac{C_{l_1}}{C_{t_2}}\sin\theta\sin\varphi$$

$$U_1=\frac{C_{l_1}}{C_{t_2}}\sin\theta\cos\varphi\cos\alpha-\sin\alpha\sqrt{1-\left(\frac{C_{l_1}}{C_{t_2}}\right)^2}$$

理论声束宽度为声压趋于零的等压线时的声束宽度。从实际应用考虑，声压接近零时探伤没有任何意义，应计算有效声束宽度。在有效声束宽度内集中了声场的大部分能量，从而保证有足够的检测灵敏度。为了明确地表示声能比较集中的声束宽度，通常将声束边界定义为相对声源轴线处声强下降一半(声压衰减 6dB)时的等声强线的声束宽度，叫做有效声束宽度。声束在轴线处声压设为 $P(\beta)$，下降 n dB 后声压可设为 $P(\theta)$。由分贝数定义公式知：

$$20\lg\frac{P(\theta)}{P(\beta)}=-n，\text{故}\frac{P(\theta)}{P(\beta)}=10^{-\frac{n}{20}}$$

令 $C=10^{-\frac{n}{20}}$，有 $\frac{P(\theta)}{P(\beta)}=C$

由(4-1)式知：

$$\frac{P(\theta)}{P(\beta)} = \frac{\dfrac{KR_s^2\cos\beta}{\lambda_{t_2}\cos\alpha} \cdot \dfrac{2\mathrm{J}_1\left[\dfrac{\omega}{C_{l_1}}R_s U_1(\theta)\right]}{\dfrac{\omega}{C_{l_1}}R_s U_1(\theta)}}{\dfrac{KR_s^2\cos\beta}{\lambda_{t_2}\cos\alpha} \cdot \dfrac{2\mathrm{J}_1\left[\dfrac{\omega}{C_{l_1}}R_s U_1(\beta)\right]}{\dfrac{\omega}{C_{l_1}}R_s U_1(\beta)}} \tag{4-2}$$

将贝塞尔函数作级数展开：

$$\mathrm{J}_n(X) = \left(\frac{X}{2}\right)^n \sum_{K=0} \frac{(-1)^K}{K!(n+K)!}\left(\frac{X}{2}\right)^{2K}$$

第一类一阶贝塞尔函数展开成级数形式：

$$\mathrm{J}_1(X) = \frac{X}{2} - \frac{1}{2!}\left(\frac{X}{2}\right)^3 - \frac{1}{2!\,3!}\left(\frac{X}{2}\right)^5$$

$$\frac{\mathrm{J}_1(X)}{X} = \frac{1}{2} - \frac{X^2}{16} + \frac{X^4}{384}$$

通过以上数学处理对(4-2)式求解，求得 θ 的两个解为 β_1 和 β_2，即为入射平面内横波有效声束的折射角。入射平面内有效声束宽度 L 为：

$L = L_0[\tan(\beta_2-\beta) + \tan(\beta-\beta_1)]$，其中 L_0 为超声波总声程[11]。

以常见的 2.5MHz、ϕ10~12mmK2 斜探头为例，按上述过程计算，得出在 100mm 声程处的有效声束宽度约为 12~15mm。

4.4.2 检测原理

4.4.2.1 纵向缺陷检测

在高钢级厚壁钢管焊缝中，裂纹、未熔合和未焊透是危害性最大的缺陷，对于钢管焊缝壁厚小于 12mm 时，需要 2 对(或组)探头检测内外焊区域的缺陷，随着壁厚每增加 6mm，需要增加 1 对(或组)探头，图 4-14 为间隙耦合法螺旋埋弧焊纵向外焊区缺陷检测示意图，图 4-15 为射流耦合法直缝埋弧焊纵向内焊区缺陷检测示意图。

当埋弧焊钢管壁厚大于 12mm 一般采用 X 形坡口，在焊缝坡口面或钝边处容易产生缺陷，应用脉冲反射法或串列式探头进行检测，图 4-16 为间隙耦合法螺旋埋弧焊纵向缺陷串列式探头检测示意图，图 4-17 为射流耦合法直缝埋弧焊纵向缺陷串列式探头检测示意图。

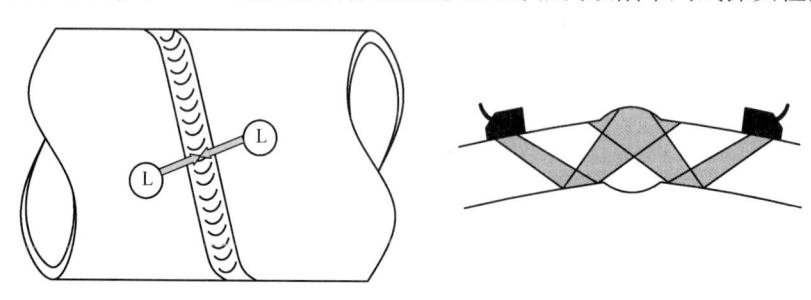

图 4-14 间隙耦合法螺旋埋弧焊纵向外焊区缺陷检测示意图

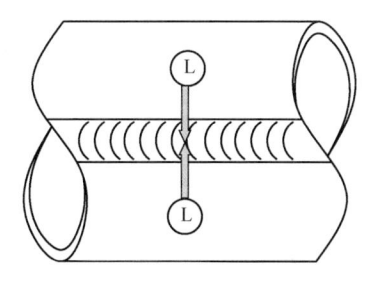

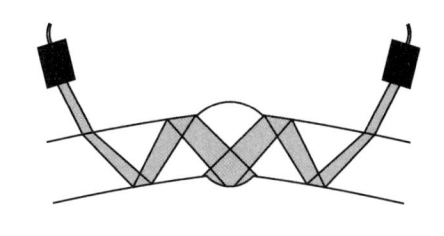

图 4-15 射流耦合法直缝埋弧焊纵向内焊区缺陷检测示意图

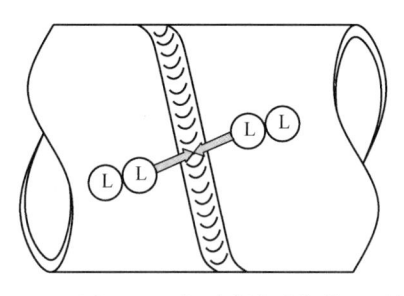

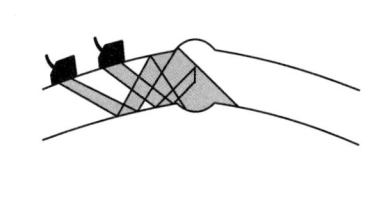

图 4-16 间隙耦合法螺旋埋弧焊纵向缺陷串列式探头检测示意图

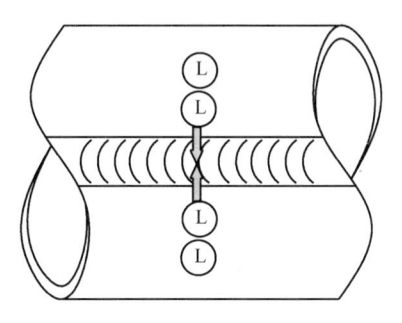

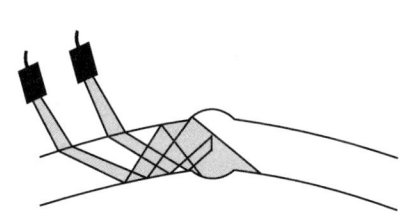

图 4-17 射流耦合法直缝埋弧焊纵向缺陷串列式探头检测示意图

4.4.2.2 横向缺陷检测

一般高钢级厚壁钢管焊接过程中出现横向缺陷的概率较小，对于检测横向缺陷时，螺旋焊钢管焊缝应用"K"形或"X"形布置进行检测，此种布置需要两个探头非常好的定位和一个相对于钢管几何形状相当复杂机械调节机构（如壁厚、管径和曲率等），图 4-18 为螺旋埋弧焊"K"形布置横向缺陷检测和"X"形布置耦合监视检测示意图。直缝埋弧焊钢管焊缝应用在焊缝上方布置 OB 探头（探头以一定角度入射到焊缝表面上进行检测）检测，其优点是仅需要 2 个探头（或 1 组探头）可以全覆盖焊缝壁厚（图 4-19），此方法探头声束能量损失较大，检测灵敏度较低。

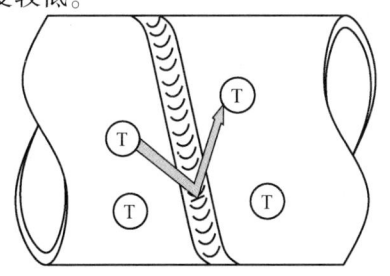

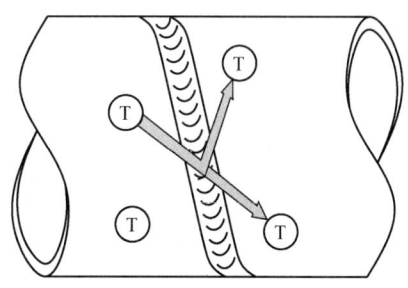

图 4-18 螺旋埋弧焊"K"形布置横向缺陷检测和"X"形布置耦合监视检测示意图

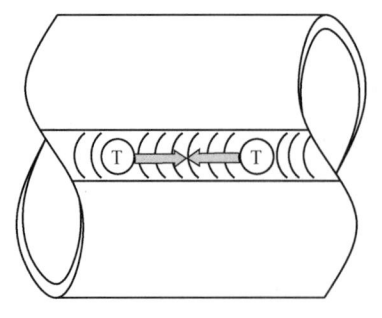

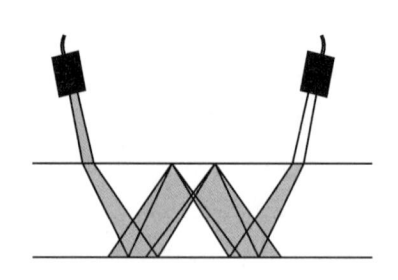

图 4-19　射流耦合法直缝埋弧焊 OB 探头横向缺陷检测示意图

4.4.2.3　分层缺陷检测

除了焊缝处质量外，热影响区的质量与焊缝同等重要，相关标准规定：检测区的宽度应为焊缝本身，再加上焊缝两侧各相当于母材厚度 30% 的一段区域，这个区域最小为 5mm，最大为 10mm[12]。对于壁厚较薄时（一般小于 10mm，主要是探头盲区的影响），采用双晶探头，对于壁厚较厚时，图 4-20 为间隙耦合法检测螺旋埋弧焊母材及热影响区分层缺陷示意图，图 4-21 为射流耦合法检测直缝埋弧焊母材及热影响区分层缺陷示意图。

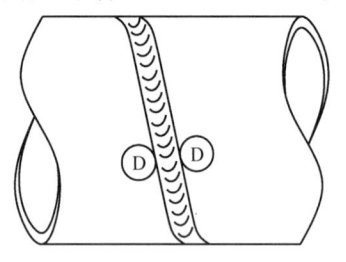

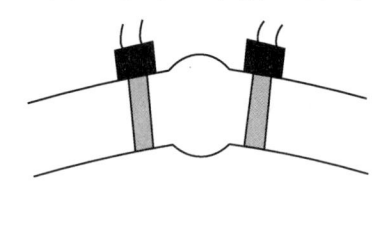

图 4-20　间隙耦合法检测螺旋埋弧焊母材及热影响区分层缺陷示意图

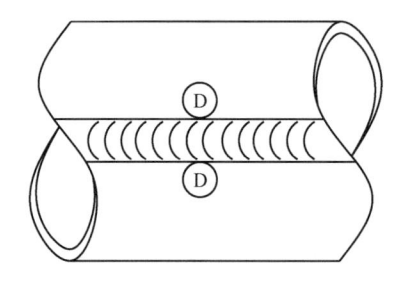

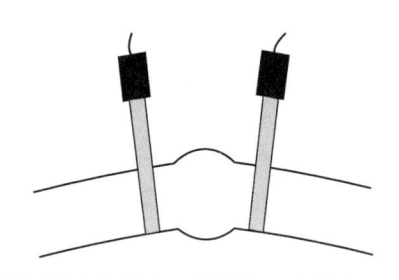

图 4-21　射流耦合法检测直缝埋弧焊母材及热影响区分层缺陷示意图

图 4-22　间隙耦合法的底波耦合监视

4.4.2.4　探头的耦合监视

对探头耦合监视分间隙耦合法和射流耦合法两种方法，对于间隙耦合法采取底波反射法和一发一收反射监视，对于射流耦合法采取反射波监视。

（1）间隙耦合法的底波反射耦合监视。

间隙耦合法的底波反射耦合监视是增加一个监视耦合状况的探头进行底波耦合监视，如图 4-22 所示。

（2）间隙耦合法的一发一收反射耦合监视。

对于间隙耦合法的一发一收反射监视不必专门增加一个监视耦合状况的探头进行耦合监视，特别是"X"形布置检测的探头形式,可以利用发射探头发射信号,使另一个接收探头(不是用于检测的探头)接收而监视耦合状况。直缝埋弧焊钢管(SAWL)焊缝和螺旋埋弧焊钢管(SAWH)焊缝间隙耦合法的一发一收反射耦合监视如图4-23到图4-24所示。

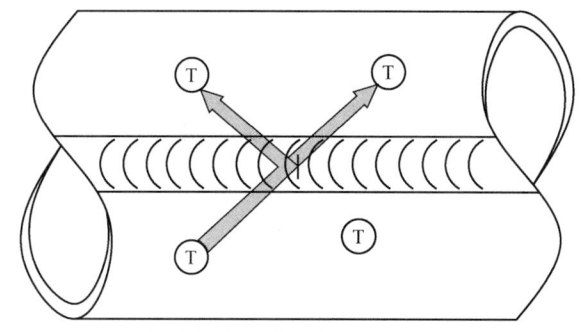

图4-23 SAWL钢管焊缝间隙耦合法的一发一收反射耦合监视
T—横波检测探头

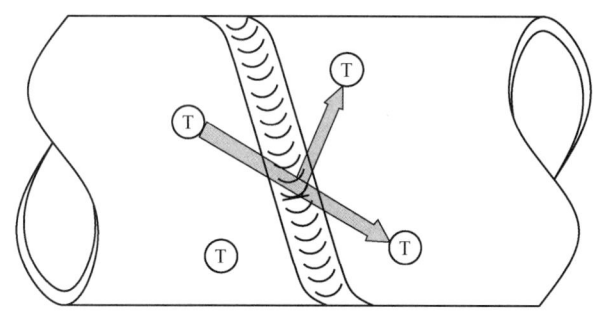

图4-24 SAWH钢管焊缝间隙耦合法一发一收反射耦合监视
T—横波检测探头

(3)射流耦合法的反射波耦合监视。

对于射流耦合法检测可以增加一个接收监视检测探头反射波的探头进行耦合监视,如图4-25所示。

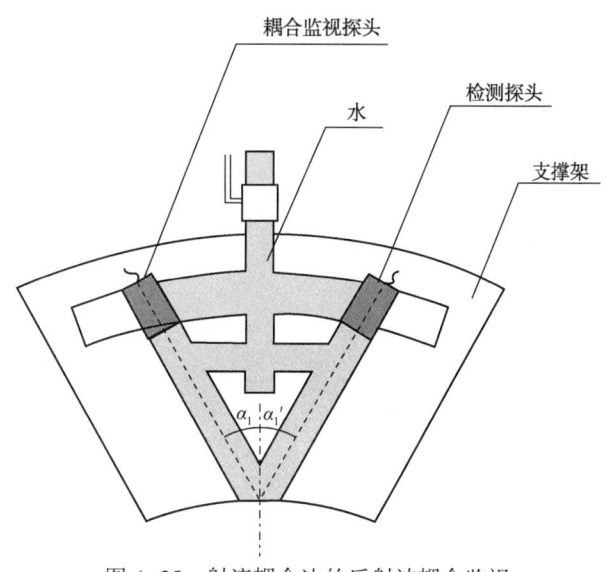

图4-25 射流耦合法的反射波耦合监视

4.4.3 检测可行性分析

在高钢级厚壁钢管焊缝自动超声检测中,自动超声检测的钢管焊约占焊缝长度95%~97%,自动超声检测对于面积型缺陷(如裂纹、未熔合、未焊透等)的检测灵敏度高。因此,自动超声检测在钢管焊缝检测中占主导地位。

钢管焊缝自动超声检测的覆盖率主要由探头的排列与布置决定,探头排列与布置的位置主要由对比试块中人工缺陷的位置决定。高钢级厚壁钢管焊缝采用"X"形坡口,结合钢管焊缝壁厚将检测区域分为上表面、上坡口、钝边、下坡口和下表面检测区域,自动超声检测中探头主声束声场的传输如图4-26所示,保证整个壁厚范围的所有缺陷全覆盖检测[13]。

(a)用刻槽模拟外咬边和向外表面延伸的未熔合等缺陷

(b)用垂直于坡口面的平底孔模拟坡口未熔合等缺欠

(c)用垂直于钝边的平底孔模拟中间未焊透等缺欠

(d)用垂直于坡口面的平底孔模拟坡口未熔合等缺欠

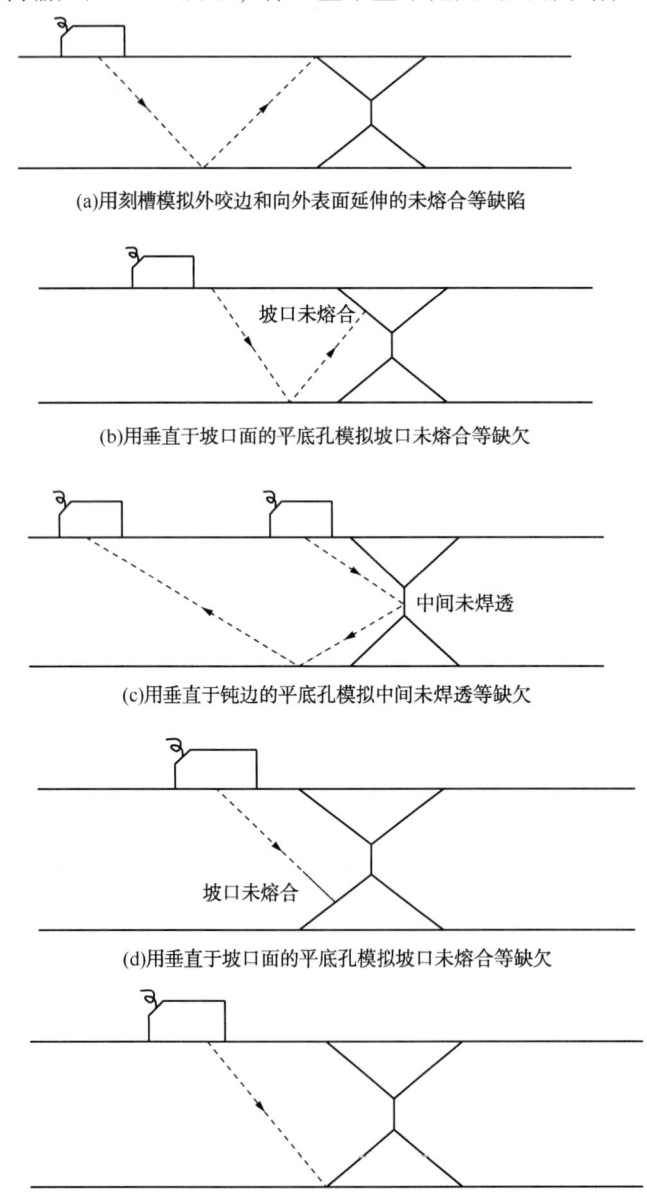

(e)用刻槽模拟内咬边和向外表面延伸的未熔合等缺陷

图4-26 自动超声检测中探头主声束声场的传输示意图

4.4.4 检测探头的排列与布置

手动超声波可以通过探头前后、左右、转角和环绕等多种扫查方式来实现在被检测范围内(长度、宽度和深度)全覆盖检测。与手动超声波检测相比，自动超声波检测要实现全覆盖检测，探头的排列和布置非常重要。探头排列与布置主要从保证超声波束覆盖整个焊缝区域来考虑。一般使用探头的有效声束宽度为 12~15mm，再结合焊接过程中使用的坡口形式，高钢级厚壁钢管焊接过程中最容易出现的缺陷类型可分纵向缺陷和横向缺陷，主要缺陷有裂纹、未熔合、未焊透、咬边和错边等。鉴于超声检测的所用探头声束具有一定宽度，为了保证超声波束覆盖整个焊缝区域，按照不同壁厚范围对自动超声检测探头进行排列与布置，将常用高钢级厚壁钢管焊缝分为 6 个壁厚区间(本文以下对比试样中纵向人工缺陷设计和对比试样中人工缺陷设计均相同)，分别为：6mm≤t≤12mm、12mm<t≤18mm、18mm<t≤24mm、24mm<t≤30mm、30mm<t≤36mm 和 36mm<t≤42mm。

(1) 对于螺旋缝埋弧焊钢管，以壁厚范围在 6mm≤t≤12mm、12mm<t≤18mm 和 18mm<t≤24mm 区间对自动超声检测探头的排列与布置进行说明，如图 4-27~图 4-29 所示。

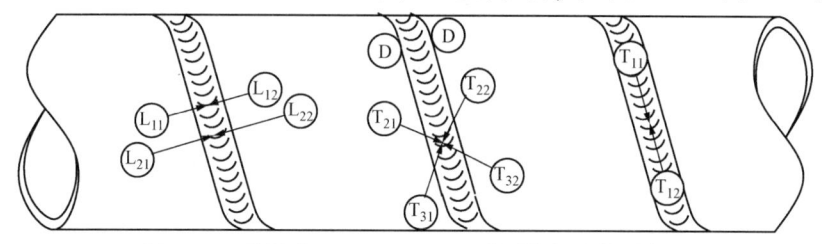

图 4-27 壁厚在 6mm≤t≤12mm 范围的探头排列布置

探头 L_{11}-L_{12} 和 L_{21}-L_{22} 为单斜探头；探头 T_{21}-T_{22}/T_{31}-T_{32} 为单斜探头，检测横向缺陷或 OB 探头 T_{11}-T_{12} 为单斜探头，检测横向缺陷；探头 D-D 为双晶或单晶纵波直探头，检测焊缝热影响区分层缺陷。

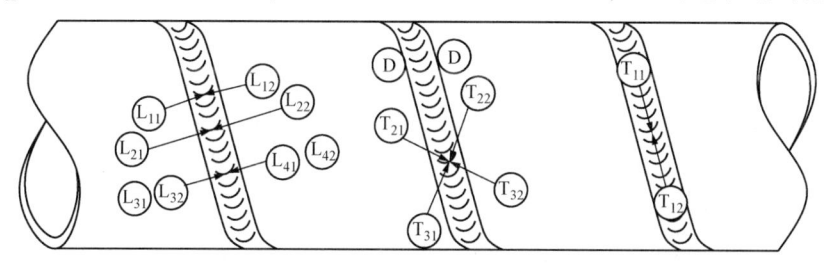

图 4-28 壁厚在 12mm<t≤18mm 范围的探头排列布置

探头 L_{11}-L_{12} 和 L_{21}-L_{22} 为单斜探头，探头 L_{31}-L_{32}/L_{41}-L_{42} 串列式探头，检测中间未焊透等；探头 T_{21}-T_{22}/T_{31}-T_{32} 为单斜探头，检测横向缺陷或 OB 探头 T_{11}-T_{12} 为单斜探头，检测横向缺陷；探头 D-D 为双晶或单晶纵波直探头，检测焊缝热影响区分层缺陷。

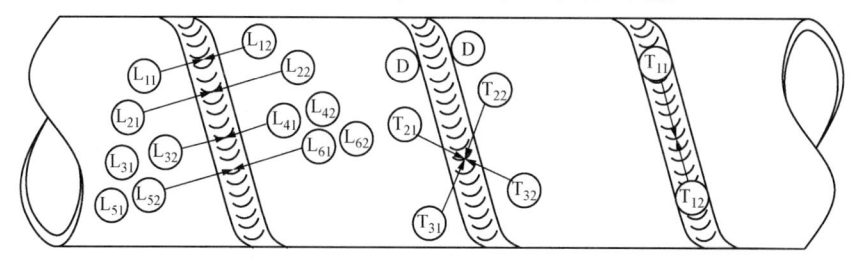

图 4-29 壁厚在 18mm<t≤24mm 范围的探头排列布置

探头 L_{11}-L_{12} 和 L_{21}-L_{22} 为单斜探头，探头 L_{31}-L_{32}/L_{41}-L_{42} 和 L_{51}-L_{52}/L_{61}-L_{62} 串列式探头，检测中间未焊透等；探头 T_{21}-T_{22}/T_{31}-T_{32} 为单斜探头，检测横向缺陷或 OB 探头 T_{11}-T_{12} 为单斜探头，检测横向缺陷；探头 D-D 为双晶或单晶纵波直探头，检测焊缝热影响区分层缺陷。

（2）对于直缝埋弧焊钢管，以壁厚范围在 6mm≤t≤12mm、12mm<t≤18mm、18mm<t≤24mm、24mm<t≤30mm、30mm<t≤36mm 和 36mm<t≤42mm 区间对自动超声检测探头的排列与布置进行说明，如图 4-30~图 4-35 所示。

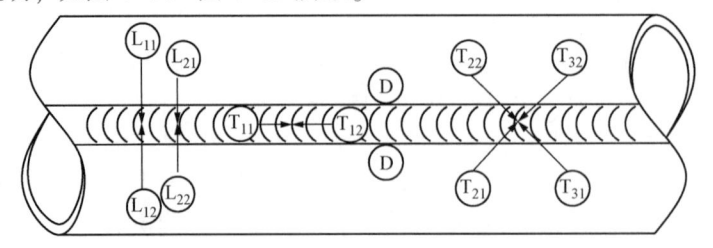

图 4-30　壁厚在 6mm≤t≤12mm 范围的探头排列布置

探头 L_{11}-L_{12} 和 L_{21}-L_{22} 为单斜探头；OB 探头 T_{11}-T_{12} 为单斜探头，检测横向缺陷或探头 T_{21}-T_{22}/T_{31}-T_{32} 为单斜探头，检测横向缺陷；探头 D-D 为双晶或单晶纵波直探头，检测焊缝热影响区分层缺陷。

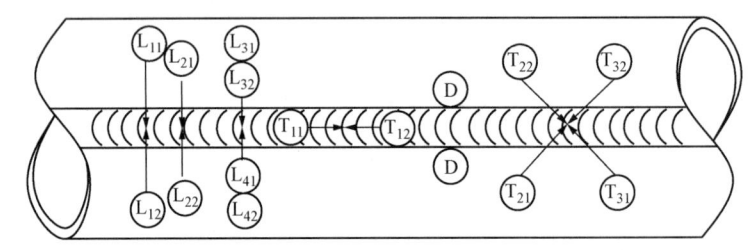

图 4-31　壁厚在 12mm<t≤18mm 范围的探头排列布置

探头 L_{11}-L_{12} 和 L_{21}-L_{22} 为单斜探头，探头 L_{31}-L_{32}/L_{41}-L_{42} 串列式探头，检测中间未焊透等；OB 探头 T_{11}-T_{12} 为单斜探头，检测横向缺陷或探头 T_{21}-T_{22}/T_{31}-T_{32} 为单斜探头，检测横向缺陷；探头 D-D 为双晶或单晶纵波直探头，检测焊缝热影响区分层缺陷。

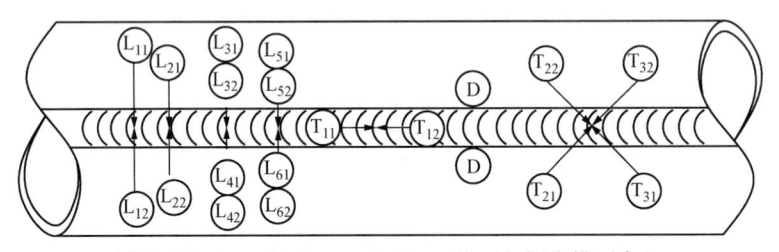

图 4-32　壁厚在 18mm<t≤24mm 范围的探头排列布置

探头 L_{11}-L_{12} 和 L_{21}-L_{22} 为单斜探头，探头 L_{31}-L_{32}/L_{41}-L_{42} 和 L_{51}-L_{52}/L_{61}-L_{62} 串列式探头，检测中间未焊透等；OB 探头 T_{11}-T_{12} 为单斜探头，检测横向缺陷或探头 T_{21}-T_{22}/T_{31}-T_{32} 为单斜探头，检测横向缺陷；探头 D-D 为双晶或单晶纵波直探头，检测焊缝热影响区分层缺陷。

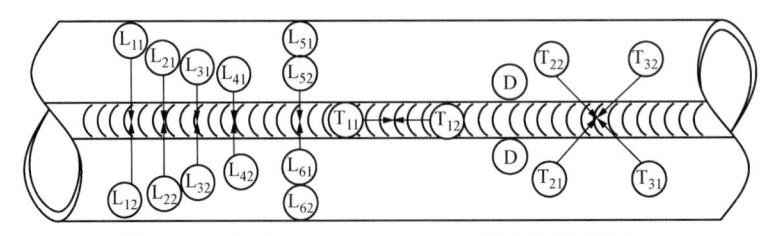

图 4-33　壁厚在 24mm<t≤30mm 范围的探头排列布置

探头 L_{11}-L_{12}、L_{21}-L_{22}、L_{31}-L_{32} 和 L_{41}-L_{42} 为单斜探头，探头 L_{51}-L_{52}/L_{61}-L_{62} 串列式探头，检测中间未焊透等；OB 探头 T_{11}-T_{12} 为单斜探头，检测横向缺陷或探头 T_{21}-T_{22}/T_{31}-T_{32} 为单斜探头，检测横向缺陷；探头 D-D 为双晶或单晶纵波直探头，检测焊缝热影响区分层缺陷。

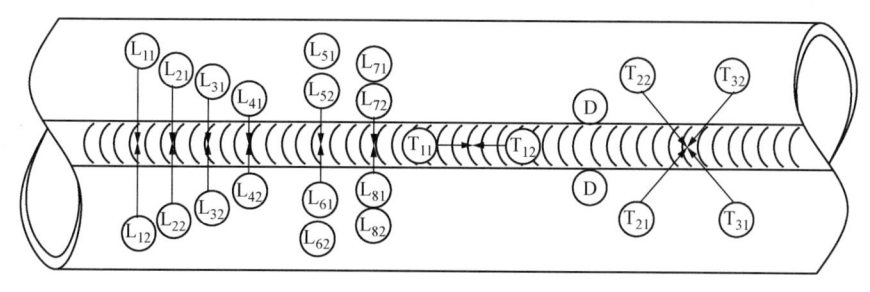

图 4-34 壁厚在 30mm<t≤36mm 范围的探头排列布置

探头 L_{11}-L_{12}、L_{21}-L_{22}、L_{31}-L_{32} 和 L_{41}-L_{42} 为单斜探头，探头 L_{51}-L_{52}/L_{61}-L_{62} 和 L_{71}-L_{72}/L_{81}-L_{82} 串列式探头，检测中间未焊透等；OB 探头 T_{11}-T_{12} 为单斜探头，检测横向缺陷或探头 T_{21}-T_{22}/T_{31}-T_{32} 为单斜探头，检测横向缺陷；探头 D-D 为双晶或单晶纵波直探头，检测焊缝热影响区分层缺陷。

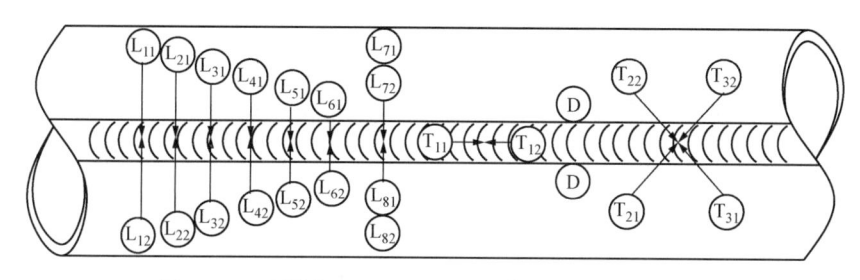

图 4-35 壁厚在 36mm<t≤42mm 范围的探头排列布置

4.4.5 检测闸门设置

高钢级厚壁钢管焊缝自动超声检测中使用的每组（或对）探头都一一对应一个人工缺陷进行校准，检测探头在壁厚范围和宽度范围全覆盖检测主要靠对比试样上人工缺陷的位置决定，在壁厚范围的全覆盖检测主要由探头的排列与布置决定，在焊缝及热影响区一定宽度范围的全覆盖检测主要由检测闸门宽度设置决定。检测探头在壁厚范围的全覆盖检测问题在前文已经讨论过，下面针对检测探头在焊缝及热影响区一定宽度范围的全覆盖检测问题即检测闸门设置进行论述。

4.4.5.1 纵向缺陷检测闸门设置

对于纵向缺陷检测时，探头 L_{11} 检测闸门的设置起点在图 4-36 中虚线竖通孔（距离焊趾为壁厚30%，最小5mm，最大10mm）反射波前端至少 1~2mm 处，闸门的终点设置在焊缝中心竖通孔反射波后端至少 1~2mm 处；探头 L_{12} 检测闸门的设置与探头 L_{11} 叙述相似。其余纵向缺陷的检测闸门的设置与探头 L_{11}-L_{12} 检测闸门的设置相似。

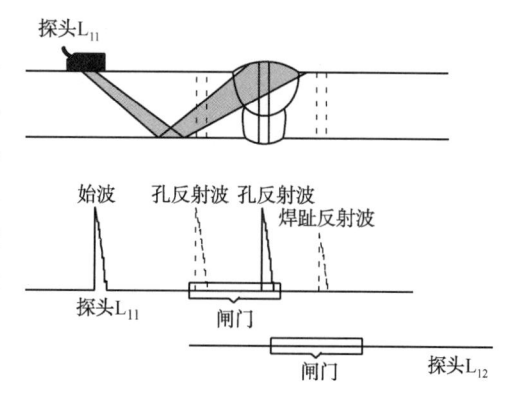

图 4-36 纵向缺陷检测闸门的设置

4.4.5.2 横向缺陷检测闸门设置

对于横向缺陷检测时，使用"K"形或"X"形探头检测时，探头 T_{21} 检测闸门的设置起点在图 4-37 中虚线竖通孔（距离焊趾为壁厚30%，最小5mm，最大10mm）反射波前端至少 1~2mm 处，闸门的终点设置在实线竖通孔

(距离焊趾为壁厚30%，最小5mm，最大10mm)反射波后端至少1~2mm处；探头T_{12}检测闸门的设置与探头T_{22}叙述相似。其余横向缺陷的检测闸门的设置与探头T_{21}-T_{22}检测闸门的设置相似。

使用OB探头检测时，探头T_{11}-T_{12}为横向缺陷的检测闸门设置与调节示意图(图4-38)，由于超声波是在焊缝内成"Z"字形反射，只要在界面波和底波之间有反射信号即为缺陷波。探头T_{11}检测闸门的设置起点在图4-38中界面波后端至少1~2mm处，闸门的终点设置在横向刻槽反射波前端至少1~2mm处；探头T_{12}检测闸门的设置与前面叙述相似。

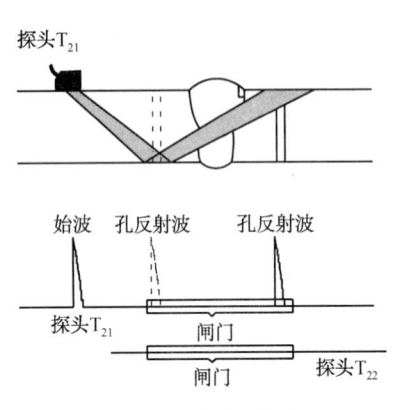

图4-37 横向缺陷检测闸门的设置("K"形或"X"形探头)

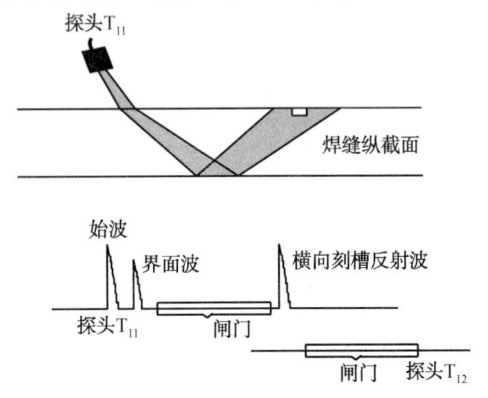

图4-38 横向缺陷射流法检测闸门的设置(OB探头)

4.4.5.3 分层缺陷检测闸门设置

对于高钢级厚壁钢管焊缝两侧要进行分层缺陷检测，检测的宽度要根据具体标准或规范的要求而有所不同，一般为25mm以内，探头D-D(双晶探头或单晶探头)闸门设置如图4-39所示(图中T为始波，S为界面波，F为缺陷波，B_1为一次底波，B_2为二次底波)，闸门的起点在界面波后1~2mm处，闸门的终点在一次底波前1~2mm处，图中a(闸门宽度)的长度为闸门宽度，其长度与b相同。

(a)双晶探头检测缺陷示意图　　(b)双晶探头检测缺陷波形图

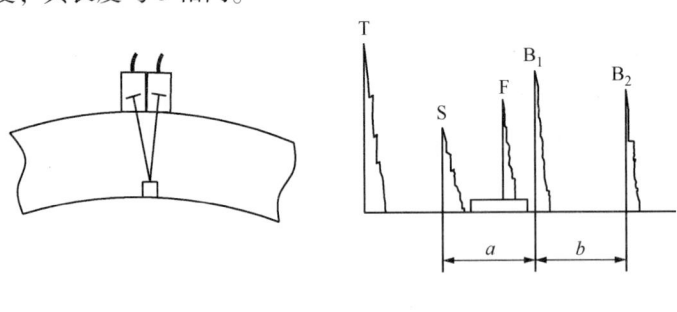

图4-39 分层缺陷检测闸门的设置

4.4.6 人工缺陷选择与对比试样设计

用于钢管焊缝自动超声检测的对比试样是一种非常重要的部件。它是整套系统校准和评判焊接质量的基础。一块设计不合格的对比试样或某个人工缺陷加工精度不高都会导致缺陷的漏检或误判。对比试样设计的目的是保证超声波束覆盖整个焊缝区域。

4.4.6.1 人工缺陷选择与设计

设计对比试样前必须从制造商处获得焊接坡口类型的设计,从而可以准确地选择人工缺陷。一旦焊接坡口类型确定以后,就可以确定人工缺陷的类型。钢管焊缝壁厚不大于12mm一般采用"I"形坡口,壁厚不小于12mm一般采用"X"形坡口,根据坡口类型可以确定外焊区/内部/内焊区人工缺陷的取向,内部人工缺陷角度或取向一般应垂直于坡口面。对于不同壁厚范围进行分区的原则:壁厚范围在12mm<t≤18mm将壁厚2等分、壁厚范围在18mm<t≤24mm将壁厚3等分、壁厚范围在24mm<t≤30mm将壁厚4等分、壁厚范围在30mm<t≤36mm将壁厚5等分、壁厚范围在36mm<t≤42mm将壁厚6等分,下面以壁厚范围在12mm<t≤18mm、18mm<t≤24mm、24mm<t≤30mm、30mm<t≤36mm、36mm<t≤42mm区间的内部纵向缺陷设计为例说明(如图4-40~图4-44所示)。

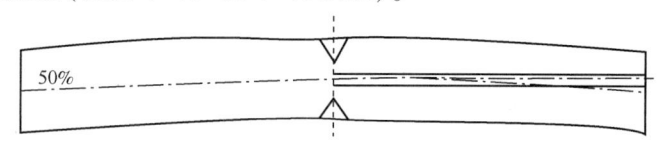

图4-40 壁厚区间为12mm<t≤18mm内部纵向缺陷的设计
将壁厚2等分,在壁厚50%处钝边上加工1个垂直于钝边的平底孔。

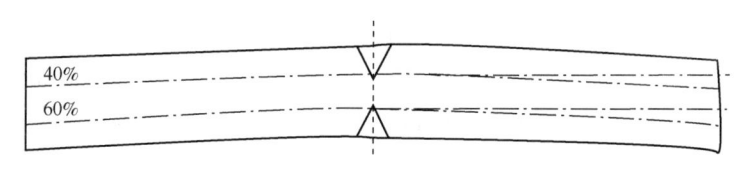

图4-41 壁厚区间为18mm<t≤24mm内部纵向缺陷的设计
将壁厚3等分,由于钢管曲面的影响,等分向壁厚中心靠拢,因此在壁厚40%处坡口面上加工1个垂直于坡口面的平底孔,在壁厚60%处坡口面上加工1个垂直于坡口面的平底孔。

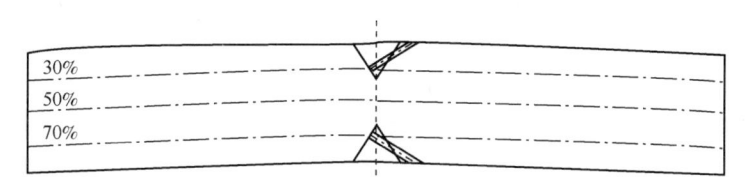

图4-42 壁厚区间为24mm<t≤30mm内部纵向缺陷的设计
将壁厚4等分,由于钢管曲面的影响,等分向壁厚中心靠拢,因此在壁厚30%处坡口面上加工1个垂直于坡口面的平底孔,在壁厚50%处钝边上加工1个垂直于钝边的平底孔,在壁厚70%处坡口面上加工1个垂直于坡口面的平底孔。

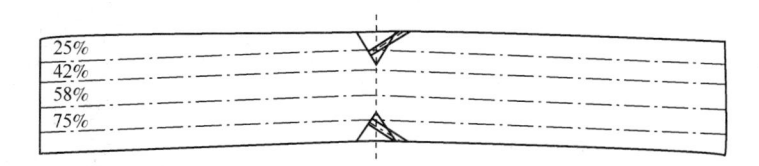

图4-43 壁厚区间为30mm<t≤36mm内部纵向缺陷的设计
将壁厚5等分,由于钢管曲面的影响,等分向壁厚中心靠拢,因此在壁厚25%处坡口面上加工1个垂直于坡口面的平底孔,在壁厚42%处钝边上加工1个垂直于钝边的平底孔,在壁58%处钝边上加工1个垂直于钝边的平底孔,在壁厚75%处坡口面上加工1个垂直于坡口面的平底孔。

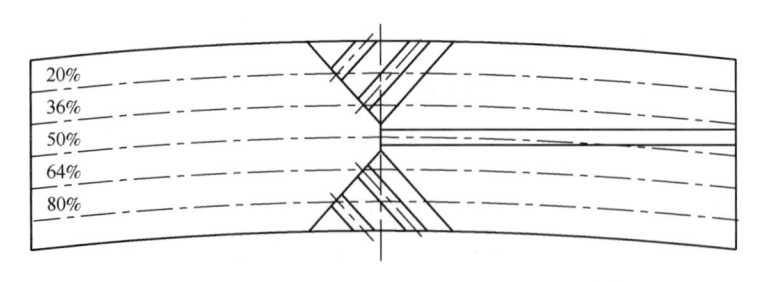

图 4-44 壁厚区间为 36mm<t≤42mm 内部纵向缺陷的设计

将壁厚 6 等分，由于钢管曲面的影响，等分向壁厚中心靠拢，因此在壁厚 20%处坡口面上加工 1 个垂直于坡口面的平底孔，在壁厚 36%处坡口面上加工 1 个垂直于坡口面的平底孔，在壁厚 50%处钝边上加工 1 个垂直于钝边的平底孔，在壁厚 64%处坡口面上加工 1 个垂直于坡口面的平底孔，在壁厚 80%处坡口面上加工 1 个垂直于坡口面的平底孔。

4.4.6.2 对比试块设计原则

（1）试块的材料应采用规格相同声学性能相似的管段（或钢管）制成。为保证动态校验试块应有足够长度。试块的材料在 $\phi2mm$ 平底孔灵敏度检测时，不得出现大于 $\phi2mm$ 平底孔回波幅度的当量缺陷。

（2）试块制作根据检测项目的焊接工艺等要求进行，并应符合试块技术条件。

（3）根据焊缝坡口形式及壁厚来区分，每个区高度一般为 6mm 左右，设置一对两个人工反射体用来调节灵敏度和缺欠定位，这两个反射体对该区探头来讲，称为主反射体（邻近区反射体对该区反射体来讲，不能称为主反射体）。焊缝两侧各一个或一对探头来完成一个区的检测。

（4）人工反射体在水平方向的布置应使显示信号达到独立的程度，但邻近区反射体不得互相干扰。

（5）人工反射体的设计应符合下列要求：

① 外表面沿焊缝长度方向，位于外焊趾处表面纵向 N 或 V 形刻槽。主要用于模拟外咬边、向表面延伸的未熔合、外焊趾裂纹，见图 4-45（a）。

② 在外焊区设置人工反射体，主要用于模拟坡口未熔合。其直径应为 3mm 的平底孔。平底孔的中心线应垂直于坡口面，平底孔的位置应保证与相邻人工反射体声束覆盖与重叠，见图 4-45（b）。

③ 在钝边区设置平底孔，主要用于模拟中间未焊透。其直径应为 3mm 的平底孔。平底孔的中心线应垂直于钝边，平底孔的位置应保证与相邻人工反射体声束覆盖与重叠，见图 4-45（c）。

④ 在内焊区设置人工反射体，主要用于模拟坡口未熔合。其直径应为 3mm 的平底孔。平底孔的中心线应垂直于坡口面，平底孔的位置应保证与相邻人工反射体声束覆盖与重叠，见图 4-45（b）。

⑤ 内表面沿焊缝长度方向，位于内焊趾处表面纵向 N5 或 V5 形刻槽。主要用于模拟内咬边、向表面延伸的未熔合、内焊趾裂纹，见图 4-45（a）。

⑥ 在焊缝中心钻一个直径为 1.6mm（3.2mm）的竖通孔见图 4-45（d）。直径为 1.6mm 的竖通孔主要用于调节扫查灵敏度及确定闸门的终点和焊缝中心线的位置，该孔中心线应与焊缝截面中心线相重合且垂直于管壁。直径为 3.2mm 的竖通孔用于确定管端未检测区域长度。

⑦ 距离焊趾为壁厚 30%（最大为 10mm，最小为 5mm）的母材位置钻直径为 3.2mm 的竖

通孔。主要用于设置闸门宽度起点的位置，见图 4-45(e)。

⑧ 外表面垂直于焊缝，位于外焊缝表面横向 N5 或 V5 形刻槽。主要用于调节横向缺欠检测灵敏度，长度和焊缝宽度相同，见图 4-45(f)。

⑨ 内表面垂直于焊缝，位于内焊缝表面横向 N5 或 V5 形刻槽。主要用于调节横向缺欠检测灵敏度，长度和焊缝宽度相同，见图 4-45(f)。

⑩ 内表面焊缝两侧距离焊趾 12.5mm 平底孔。主要用于调节焊缝两侧距焊趾 25mm 范围内分层的检测灵敏度，平底孔直径通常为 6.0mm，埋藏深度为壁厚的 1/2~3/4，见图 4-45(g)。如板边已经过超声分层检测，可不设置此类型人工反射体。

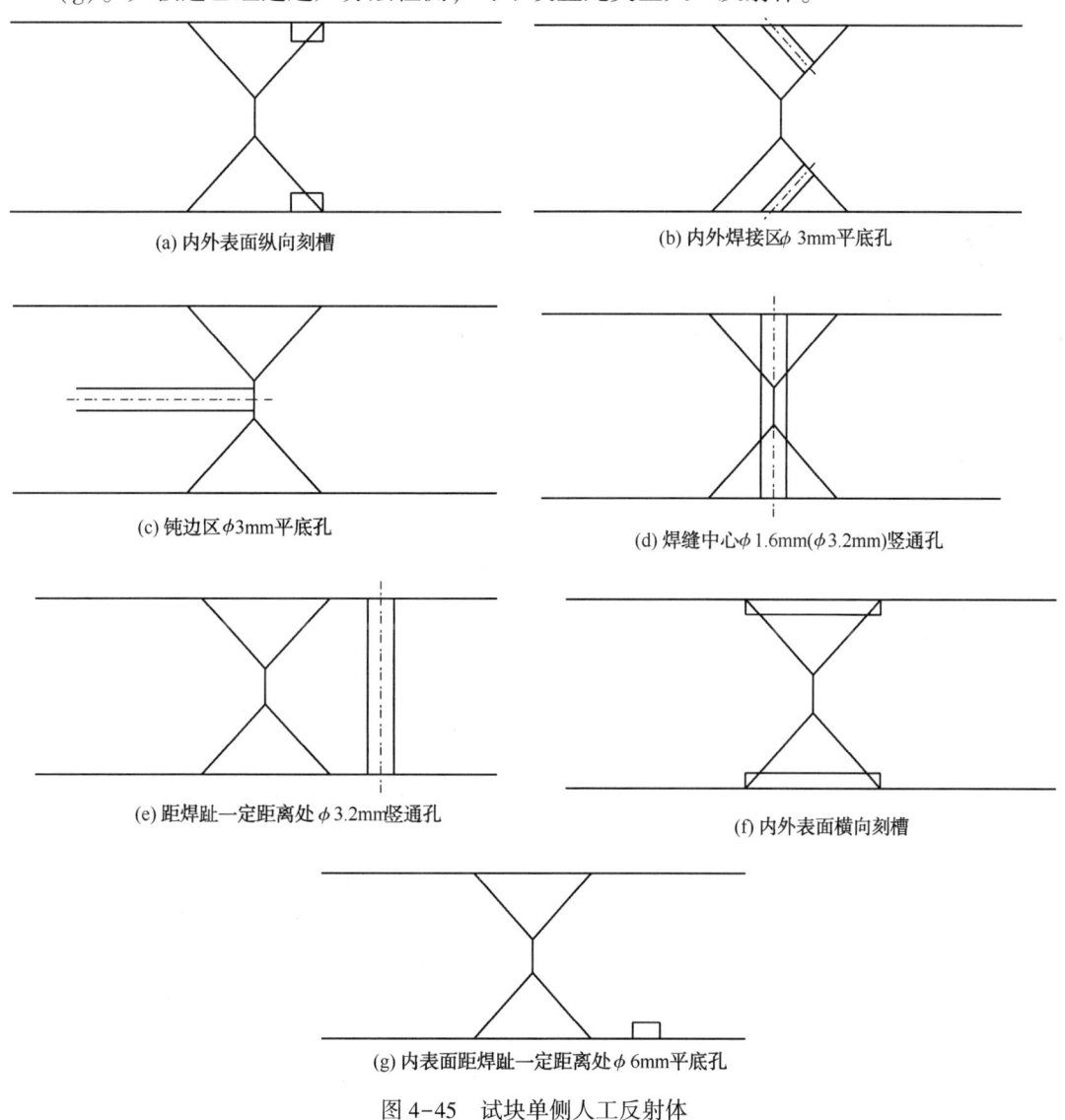

(a) 内外表面纵向刻槽

(b) 内外焊接区 ϕ3mm 平底孔

(c) 钝边区 ϕ3mm 平底孔

(d) 焊缝中心 ϕ1.6mm(ϕ3.2mm)竖通孔

(e) 距焊趾一定距离处 ϕ3.2mm 竖通孔

(f) 内外表面横向刻槽

(g) 内表面距焊趾一定距离处 ϕ6mm 平底孔

图 4-45　试块单侧人工反射体

4.4.6.3　对比试块设计

对比试样上人工缺陷的分布，主要按照检测纵向缺陷、横向缺陷和分层缺陷分布。人工缺陷之间保持一定间距，使不同的人工缺陷不会受到相邻反射体超声波的干扰。钢管焊缝自动超声检测对比试样的设计分为 6 个壁厚区间，分别为：6mm≤t≤12mm、12mm<t≤18mm、

18mm<t≤24mm、24mm<t≤30mm、30mm<t≤36mm 和 36mm<t≤42mm，以壁厚范围在：6mm≤t≤12mm、12mm<t≤18mm、18mm<t≤24mm、24mm<t≤30mm、30mm<t≤36mm 和 36mm<t≤42mm 区间的对比试样设计进行说明，如图 4-46~图 4-51 所示。

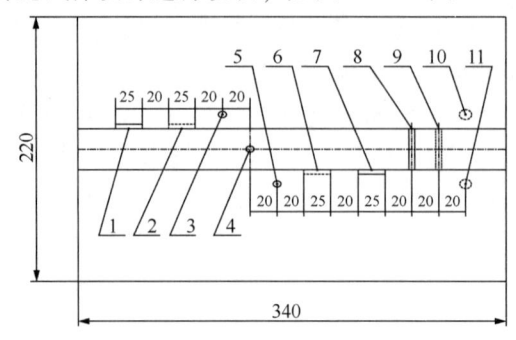

图 4-46 壁厚区间为 6mm≤t≤12mm 对比试样的设计
1、7 为外侧焊趾处纵向刻槽，2、6 为内侧焊趾处纵向刻槽，3、5 为距焊趾一定距离竖通孔，4 为焊缝中心竖通孔，8 为外侧横向刻槽，9 为内侧横向刻槽，10、11 为内侧母材处平底孔。

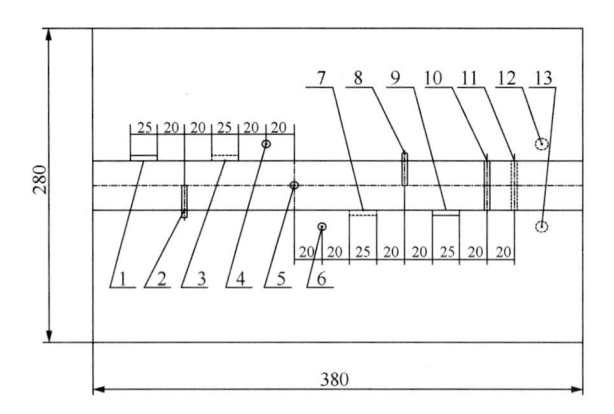

图 4-47 壁厚区间为 12mm<t≤18mm 对比试样的设计
1、9 为外侧焊趾处纵向刻槽，2、8 为钝边处壁厚 50%(1/2)位置平底孔，3、7 为内侧焊趾处纵向刻槽，4、6 为距焊趾一定距离竖通孔，5 为焊缝中心竖通孔，10 为外侧横向刻槽，11 为内侧横向刻槽，12、13 为内侧母材处平底孔。

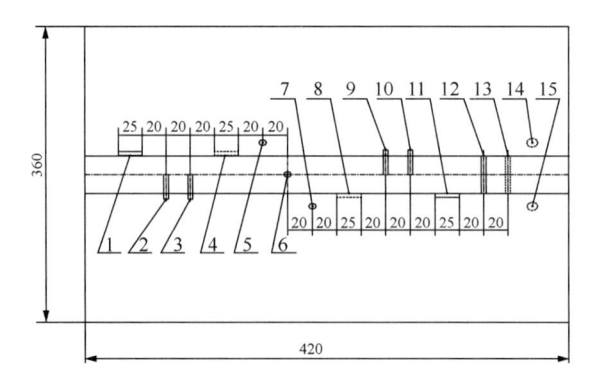

图 4-48 壁厚区间为 18mm<t≤24mm 对比试样的设计
1、11 为外侧焊趾处纵向刻槽，2、10 和 3、9 为钝边处壁厚 40%(约 1/3)和 60%(约 2/3)位置平底孔，4、8 为内侧焊趾处纵向刻槽，5、7 为距焊趾一定距离竖通孔，6 为焊缝中心竖通孔，12 为外侧横向刻槽，13 为内侧横向刻槽，14、15 为内侧母材处平底孔。

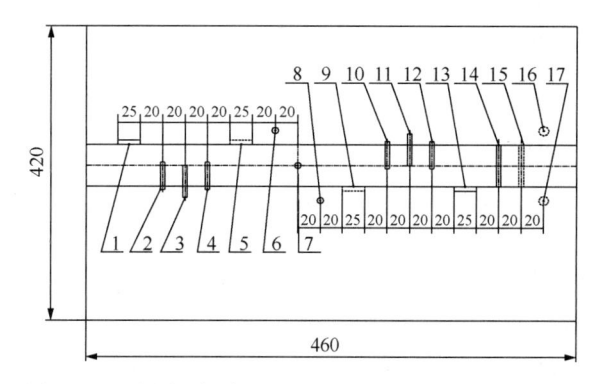

图 4-49　壁厚区间为 24mm<t≤30mm 对比试样的设计

1、13 为外侧焊趾处纵向刻槽，2、12 为上坡口处壁厚 30%（约 1/4）位置平底孔，3、11 为钝边处壁厚 2/4（50%）位置平底孔，4、10 为下坡口处壁厚 70%（约 3/4）位置平底孔，5、9 为内侧焊趾处纵向刻槽，6、8 为距焊趾一定距离竖通孔，7 为焊缝中心竖通孔，14 为外侧横向刻槽，15 为内侧横向刻槽，16、17 为内侧母材处平底孔。

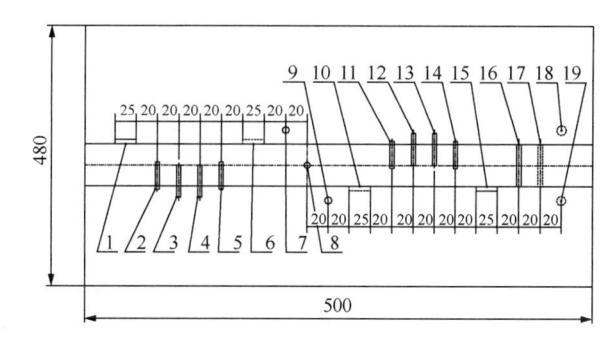

图 4-50　壁厚区间为 30mm<t≤36mm 对比试样的设计

1、15 为外侧焊趾处纵向刻槽，2、14 为上坡口处壁厚 25%（约 1/5）位置平底孔，3、13 和 4、12 为钝边处壁厚 42%（约 2/5）和 58%（约 3/5）位置平底孔，5、11 为下坡口处壁厚 75%（约 4/5）位置平底孔，6、10 为内侧焊趾处纵向刻槽，7、9 为距焊趾一定距离竖通孔，8 为焊缝中心竖通孔，16 为外侧横向刻槽，17 为内侧横向刻槽，18、19 为内侧母材处平底孔。

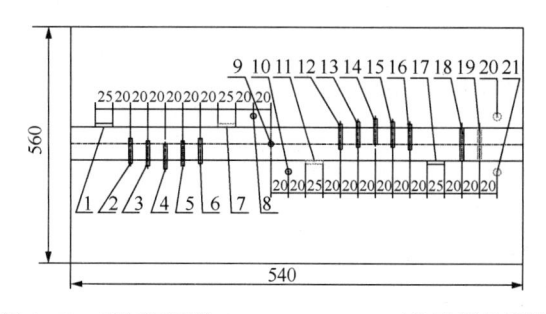

图 4-51　壁厚区间为 36mm<t≤42mm 对比试样的设计

1、17 为外侧焊趾处纵向刻槽，2、16 和 3、15 为上坡口处壁厚 20%（约 1/6）和 36%（约 2/6）位置平底孔，4、14 为钝边处壁厚 50%（3/6）位置平底孔，5、13 和 6、12 为下坡口处壁厚 64%（约 4/6）和 80%（约 5/6）位置平底孔，7、11 为内侧焊趾处纵向刻槽，8、10 为距焊趾一定距离竖通孔，9 为焊缝中心竖通孔，18 为外侧横向刻槽，19 为内侧横向刻槽，20、21 为内侧母材处平底孔。

对比试样材料与被检测钢管材料保持一致（最好同规格），并且在加工试块之前需要对材料进行无损检测，保证其内部没有任何影响检测的缺陷，如果没有发现一定当量缺陷（一

般为 φ2.0mm 平底孔)就可以进行人工缺陷的加工了。对于加工的人工缺陷必须进行校准合格后方可使用。

4.4.7 检测记录与显示

通过对钢管焊缝自动超声检测方法的研究,保证钢管焊缝自动超声检测结果准确性和可靠性,对钢管焊缝自动超声检测结果的显示与记录除了通常业主单位、工程名称、设备型号、钢管规格、钢级、选用坡口类型、检测人员、检测时间、检测结果等信息外,主要还应显示与记录每个通道探头耦合监视、缺陷位置、每个通道缺陷状况等信息。只有能准确地显示这些信息,才能确保钢管焊缝自动超声检测结果的准确性和可靠性,才能确保被检测焊缝的内部质量。

以壁厚在 $24\text{mm}<t\leqslant 30\text{mm}$ 区间的直缝埋弧焊钢管焊缝为例进行试验,试验用壁厚为 28.6mm,试验结果的带状显示图如图 4-52 所示。

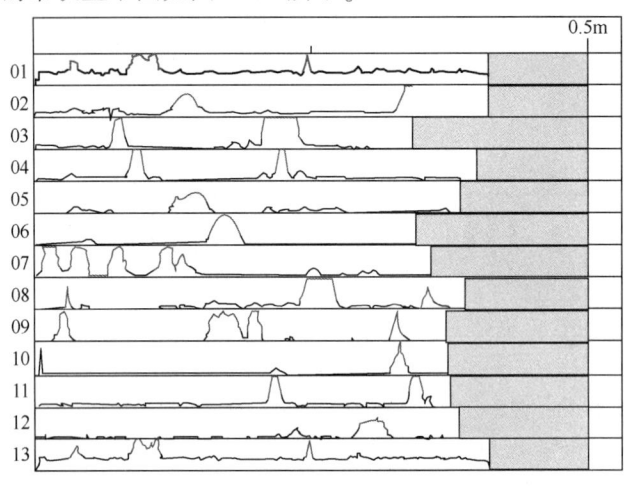

图 4-52 钢管焊缝自动超声检测的带状图

从图可以看出:钢管焊缝自动超声检测带状图显示了每个通道的耦合监视状况(图中黑色显示),上面刻度显示了每个通道缺陷位置,对比试块上的人工缺陷 1/13、2/12、3/11、4/10、5/9、7 和 14/15 在每个通道均显示出来,试验结果与对比试样中人工缺陷是相符合的,达到了预期试验结果。

总之,通过以上高钢级厚壁钢管焊缝自动超声检测方法的研究分析,可以得出通过对检测探头排列与布置、检测闸门设置和对比试样设计及人工缺陷选择。利用分区扫查技术,实现被检测焊缝和热影响区缺陷在壁厚范围全覆盖检测;对比试样上人工缺陷设计增加了距焊缝一定距离竖通孔,实现焊缝和热影区一定宽度范围全覆盖检测;检测结果记录显示每个通道缺陷位置和分布及每个通道探头耦合状态;高钢级厚壁钢管焊缝自动检测结果永久性记录可以代替 X 射线检测。因此,高钢级厚壁钢管焊缝自动超声检测方法是一种快速、高效地进行高钢级厚壁钢管焊缝检测的有效手段,也是一种高钢级厚壁钢管焊缝自动超声检测可以替代 X 射线检测的新技术。

参 考 文 献

[1] 中国机械工程学会无损检测分会编. 超声波检测:第 2 版[M]. 北京:机械工业出版社,2005.

[2] Non-destructive testing of steel tubes-Part 11: Automated ultrasonic testing of the weld seam of welded steel tubes for the detection of longitudinal and/or transverse imperfections: ISO 10893-11: 2011[S]. Switzerland, 2011.

[3] Standard Practice for Ultrasonic Testing of the Weld Zone of Welded Pipe and Tubing: ASTM E273-15[S]. American: American Society for Testing Materials, 2015.

[4] Petroleum and natural industries-Steel pipe for pipeline transportation systems: ISO 3183-2012[S]. Switzerland: International Organization for Standardization, 2012.

[5] Specification for Line Pipe: API SPEC 5L—2012[S]. Washington: American Petroleum Institute, 2012.

[6] Submarine Pipeline Systems: DNV-OS-F101—2013[S]. Norway: DET NORSKE VERITAS, 2013.

[7] 石油天然气工业管线输送系统用钢管 GB/T 9711—2011[S]. 北京:中国标准出版社,2012.

[8] 石油天然气工业 钢管无损检测方法 第2部分:焊接钢管焊缝纵向和或横向缺欠的自动超声检测:SY/T 6423.2—2013[S]. 北京:石油工业出版社,2014.

[9] 承压用埋弧焊厚壁钢管焊缝缺欠自动超声波检测方法:Q/SY-TGRC67—2014[S].

[10] 承压用埋弧焊厚壁钢管焊缝缺欠自动超声波检测方法用试块:Q/SY-TGRC68—2014[S].

[11] 杜伟,黄磊,李云龙,等. 西气东输二线超声波检验对比试样的合理性分析[J]. 无损检测(Nondestructive Testing),2011,33(5):49.

[12] 承压设备无损检测 第3部分:超声波检测:JB/T 4730.3—2005[S]. 北京:新华出版社,2005.

[13] 黄磊,赵新伟,李记科,等. 西气东输三线管道工程用埋弧焊钢管焊缝自动超声波检测对比试块的合理性分析[J]. 无损检测(Nondestructive Testing),2014,36(2):40.

5 高钢级厚壁钢管焊缝数字射线检测方法与技术

5.1 钢管焊缝主要缺陷及其影像识别

高钢级厚壁钢管焊接从微观上看是材料通过原子或分子间的结合和扩散形成永久性连接的工艺过程。为了达到焊接的目的,焊接工艺采用对被焊接金属施加压力或对被焊接金属施加热量两种措施,使金属表面紧密接触。焊接有多种方法,下面仅以高钢级厚壁钢管的埋弧焊接为例讨论焊接接头缺陷。

简单说,熔焊过程是被焊接金属在热源作用下被加热,母材金属局部被熔化,熔化的金属、熔渣、气相之间进行一系列化学冶金反应,伴随着热源移开,熔化的金属开始结晶,从液态转变为固态,形成焊缝,实现焊接。由熔化的母材金属(和焊丝金属)在母材金属上形成的具有一定形状的液态金属称为熔池。熔池的形状、体积、存在的时间、温度等不仅影响焊缝的形成,而且也直接与焊接缺陷的产生相关联。

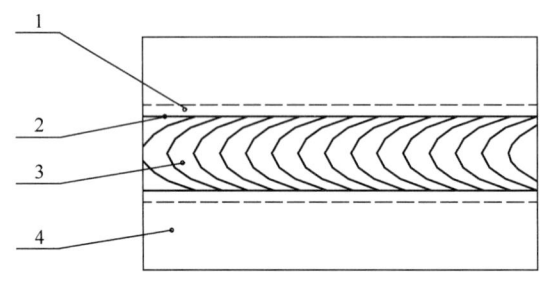

图 5-1 埋弧焊焊接接头的结构
1—热影响区;2—熔合线;3—焊缝;4—母材

图 5-1 为埋弧焊焊接接头的基本结构,粗略地可以把焊接接头分为 3 个部分:焊缝区、熔合线、热影响区。焊缝区是由焊丝金属和母材金属熔化、发生化学反应后形成的焊缝金属;熔合线是焊缝区外侧至母材部分熔化的区域;热影响区是母材部分熔化区和母材发生固相组织变化的区域。检验时,这 3 个区都是被检验的区域[1]。

埋弧焊过程中产生的缺陷主要有 5 类:

(1) 熔合不良类:未焊透、未熔合。
(2) 裂纹类:热裂纹、冷裂纹。
(3) 孔洞类:气孔。
(4) 夹杂物类:夹渣。
(5) 成型不良类:咬边、烧穿、焊瘤等。

在评定识别缺陷影像时,应首先了解焊接接头的坡口类型和具体尺寸,这时正确识别缺陷是重要的基础资料。

5.1.1 裂纹

裂纹是危害严重的焊接缺陷,也是埋弧焊焊接接头中可能出现的缺陷。

焊接过程中产生的裂纹是多种多样的,可分布在焊接接头的各个部位。按照裂纹产生的原因裂纹可以分为 3 类:热裂纹、冷裂纹和层状撕裂。

热裂纹是在高温下由拉应力作用产生的裂纹。由于焊接过程是一个局部不均匀加热和冷却的过程，因此必然产生拉应力，在拉应力的作用下，焊缝的薄弱处发生开裂。热裂纹的主要形态是焊缝纵向裂纹、焊缝横向裂纹和弧坑裂纹。图5-2和图5-3为裂纹焊缝形态示意图和影像。

(a)纵向裂纹　　　　　　　　　　(b)横向裂纹

图5-2　纵向和横向裂纹焊缝形态示意图

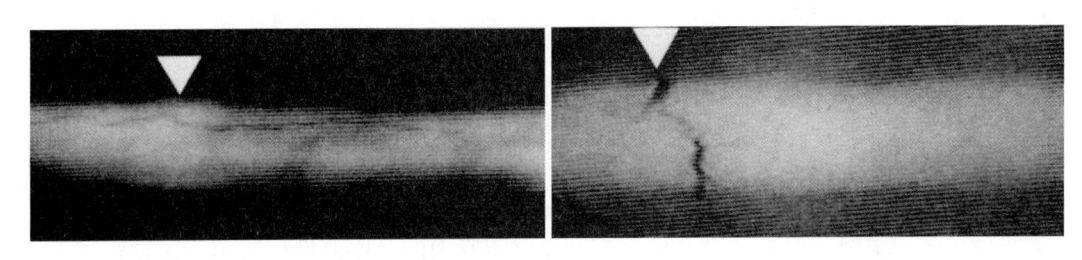

(a)纵向裂纹　　　　　　　　　　(b)横向裂纹

图5-3　焊缝纵向和横向裂纹影像

冷裂纹是在焊后较低的温度下产生的裂纹，它与焊接金属材料的成分和特性、与氢的作用和拘束应力密切相关。冷裂纹经常出现的形态是焊道下裂纹、焊趾裂纹和焊缝根部裂纹。

在底片上裂纹影像的基本形态呈现为黑线，影像的黑度可能较大，也可能较小，容易与其他缺陷的影像区别。常见的裂纹线状影像有线状、星(辐射线)状和簇状。线状影像一般连续延伸，但也可能中间发生中断，中断经常是渐渐过度的；影像可能近似直线状，也可能为波折状。这些特点由裂纹的性质决定，也与射线照相时射线束的方向相关。线状影像裂纹常见的是纵向裂纹(沿焊缝方向)和横向裂纹(垂直焊缝方向)，星状裂纹主要是出现在起弧或收弧处的弧坑，所以也常称为弧坑裂纹。

由于裂纹属于窄缝性缺陷，所以当射线束与它的扩展面成较大角度时，裂纹的影像将变得很模糊，甚至在底片上不能形成具有一定对比度的裂纹影像，这点在识别底片上缺陷的影像时引起注意。

5.1.2　未熔合

未熔合是母材金属与焊缝金属之间局部未熔化成为一体，或焊缝金属与焊缝金属之间未熔化成为一体。按照它出现的位置，常分为3种：根部未熔合、坡口未熔合和层间未熔合，如图5-4和图5-5为未熔合焊缝形态示意图和影像。其中，根部未熔合是指坡口根部处发生的焊缝金属与母材金属未熔化成一体性缺陷，坡口未熔合是指坡口侧壁处发生的焊缝金属与母材金属未熔化成一体的缺陷，层间未熔合是多层焊时各层焊缝金属之间未熔化成一体性的缺陷。

(a)坡口未熔合　　　　　　　　　　　　(b)层间未熔合

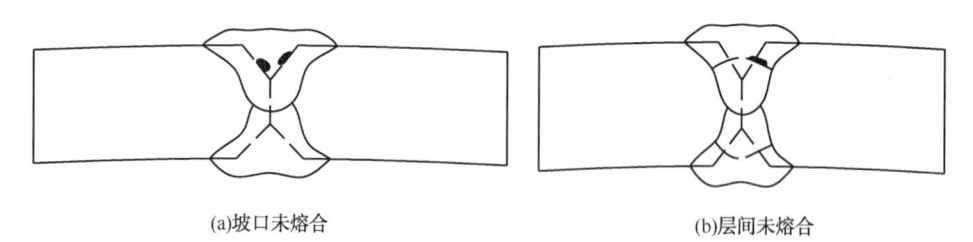

图 5-4　未熔合焊缝形态示意图

(a)坡口未熔合　　　　　　　　　　　　(b)层间未熔合

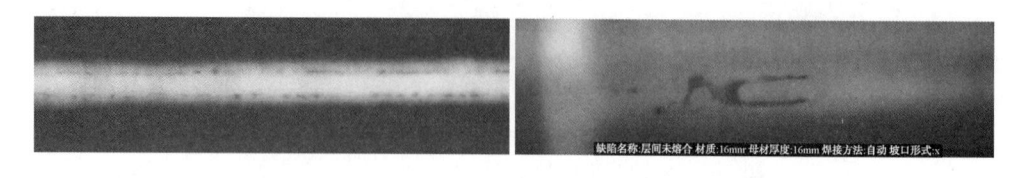

图 5-5　焊缝未熔合影像

在底片上未熔合影像的形态与射线束的方向相关。一般情况下它呈现为模糊的宽线条状影像或断续的线状影像，线条沿焊缝方向延伸，位置与未熔合的位置相关。影像的黑度与背景的黑度差比较小，有时影像的一侧呈现直边。层间未熔合影像出现的位置和影像的形状与条状夹渣或片状夹渣类似，但未熔合影像的黑度比夹渣影像的黑度要低得较多，而且轮廓也模糊。

未熔合是射线照相容易漏检的缺陷，特别是层间未熔合，在评片时应注意识别这种缺陷。

5.1.3　未焊透

未焊透是母材金属与母材金属之间局部未熔化成为一体，它出现在坡口根部，因此常称为根部未焊透。在底片上未焊透是容易识别的缺陷。由于坡口存在直的机械加工边，而且坡口直边又位于焊缝中心，所以未焊透在底片上一般呈现为笔直的黑线影像，并处于焊缝影像的中心。实际看来的未焊透缺陷影像还可能是其他形态，如断续的黑线，或伴随其他形态影像的线状影像，或有一定宽度的条状影像等。由于透照方向的不同，也可能出现在偏离中心位置。图 5-6 和图 5-7 为未焊透焊缝示意图和影像。

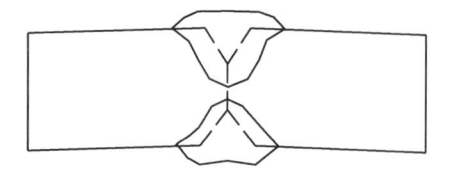

图 5-6　未焊透焊缝形态示意图　　　　　　图 5-7　焊缝未焊透影像

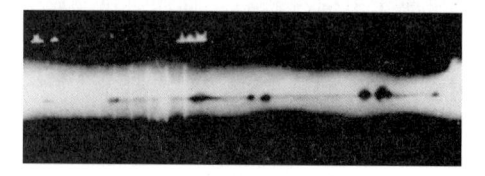

5.1.4　气孔

气孔是焊缝中常见的缺陷，它是在熔池结晶过程中未能逸出而残留在焊缝金属中的气体形成的孔洞。

在焊接过程中焊接区内充满了大量气体，这些气体的来源：焊接材料在加热时分解、燃烧所析出的气体，电弧区内的空气或焊丝、母材表面吸附的水分及污染物受热析出的气体，高温下气体溶解度降低析出的气体等。焊缝中形成气孔的气体主要是氢气和一氧化碳。

气孔的形成都将经历下面的过程：熔池内发生气体析出、析出的气体聚集形成气泡、气泡长大到一定程度后开始上浮、上浮中受到熔池金属的阻碍不能逸出、被留在焊缝金属中形成气孔。

在底片上气孔呈现为黑度大于背景黑度的斑点影像，黑度一般都较大，影像清晰，容易识别。影像的形状可能是圆形、椭圆形、长圆形(梨形)和条形。常见的主要分布形态有 4 种：孤立气孔、密集气孔、链状气孔和虫孔，图 5-8 和图 5-9 为气孔焊缝示意图和影像。虫孔主要是一氧化碳形成的气孔，它是一氧化碳气体从焊缝内部上浮排出过程中，熔池结晶造成气孔拉长，并沿结晶方向分布，形成状如小虫、成人字形规则排列的气孔。细小的密集气孔一般难与小密集的夹渣区别。

(a)分散气孔　　　　　　　　　　　(b)密集气孔

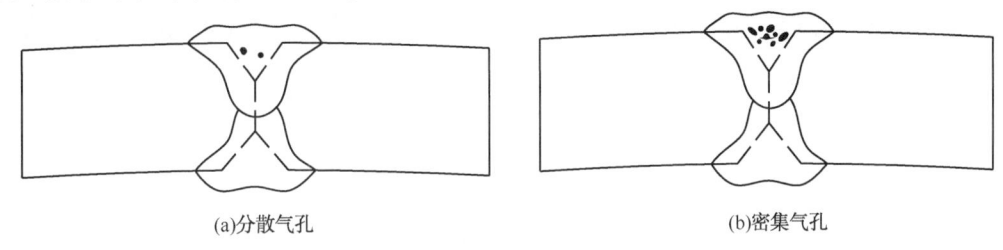

图 5-8　气孔焊缝形态示意图

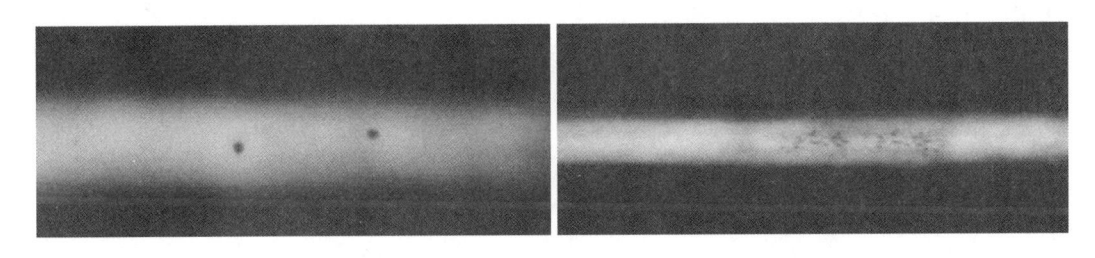

(a)分散气孔　　　　　　　　　　　(b)密集气孔

图 5-9　焊缝气孔影像

5.1.5　夹杂物

焊缝中残留的各种非熔焊金属以外的物质称为夹杂物。

夹杂物一般分为两种：夹渣和夹钨。

夹渣包括焊后残留在焊缝内的熔渣和焊接过程中产生的各种非金属杂质，如氧化物、氮化物、硫化物等。夹钨是钨极惰性气体保护焊时，钨极熔入焊缝中的钨粒，夹钨也称为钨夹杂。

夹渣在底片上常见的影像主要有 3 种形态：点状夹渣、密集夹渣和条状夹渣。其影像的主要特点是形状不规则，边缘不整齐，黑度较大而均匀。点状夹渣呈现小点形态，密集夹渣呈现密集小点形态，条状夹渣呈现长条状、具有一定宽度的暗线形态，线的延伸方向一般与焊缝走向相同。图 5-10~图 5-11 为夹渣焊缝形态示意图和影像。

由于钨的原子序数很高、密度很大，所以在底片上夹钨的影像总是呈现为黑度远低于背景黑度的影像，常常为透明状态。夹钨的影像主要有两种形态：孤立点状和密集点状。图 5-12 为焊缝夹钨影像。

(a)分散夹渣　　　　　　　　　　　　(b)密集夹渣

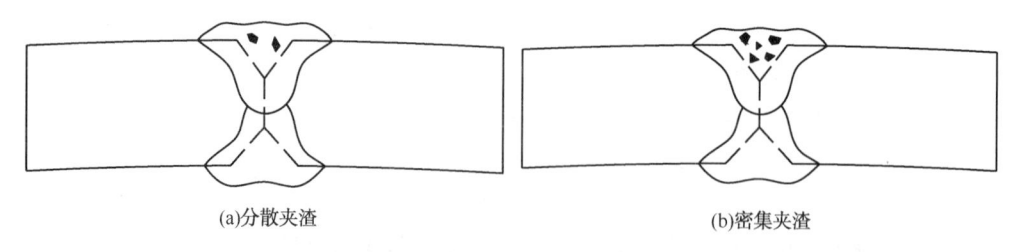

图 5-10　夹渣焊缝形态示意图

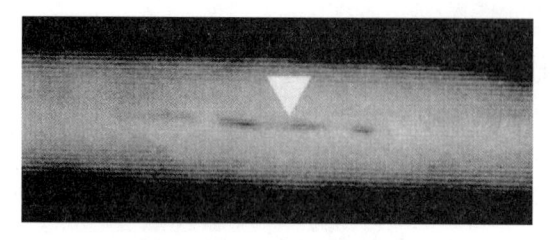

图 5-11　焊缝条状夹渣影像　　　　　　图 5-12　焊缝夹钨影像

5.1.6　咬边

咬边是在母材金属上沿焊趾产生的沟槽，产生咬边的原因主要是焊接电流过大、电弧过长、焊条(丝)较大不正确等。咬边是一种危险的缺陷，它减少了母材金属的有效截面，造成应力集中，容易引起裂纹。

在底片上它的影像类似于夹渣，但它一定出现在焊缝区两侧，因此容易识别，图 5-13 和图 5-14 为咬边焊缝形态示意图和影像。

(a)内咬边　　　　　　　　　　　　(b)外咬边

图 5-13　咬边焊缝形态示意图

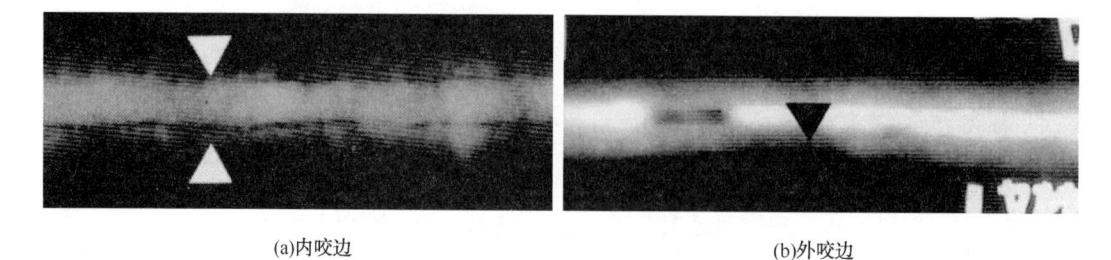

(a)内咬边　　　　　　　　　　　　(b)外咬边

图 5-14　焊缝咬边影像

5.1.7　烧穿

烧穿是由于熔化深度超出母材金属厚度，熔化金属自坡口背面流出，形成穿孔缺陷。产生该缺陷的原因主要是焊接电流过大、焊接速度过慢和坡口间隙过大。

在底片上它的影像呈现为低黑度的圆环或椭圆环及中心黑度的暗斑形貌，中心暗斑是由于滴落金属熔液后形成的孔洞造成的，低黑度的环则是过多的熔化金属造成较大的焊缝背面下沉形成的影像，图5-15和图5-16为烧穿焊缝形态示意图和影像。

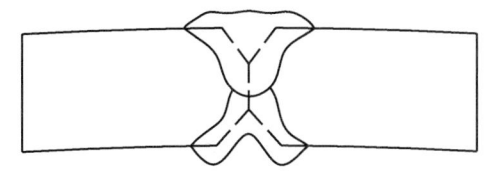

图5-15　烧穿焊缝形态示意图　　　　图5-16　焊缝烧穿影像

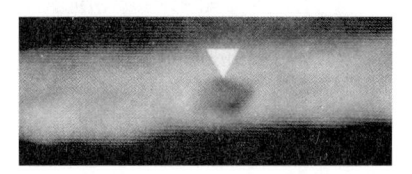

5.1.8　点焊瘤

焊瘤是熔化的金属流到焊缝外或流到未熔化的母材金属上形成的金属瘤，产生焊瘤的主要原因是操作不熟练。

焊瘤在底片上呈现为具有圆滑轮廓的较大的低黑度斑点影像，它经常出现在焊缝两侧区，也可能出现在焊缝区内(焊瘤在焊缝背面)。图5-17为焊瘤焊缝形态示意图。

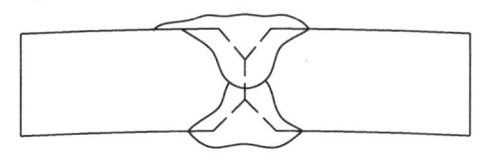

图5-17　焊瘤焊缝形态示意图

5.1.9　错边

需要焊接的金属板未对齐，底片影像特征为焊缝焊接影像在宽度方向上发生黑度突变，如图5-18和图5-19为错边焊缝形态示意图和影像。

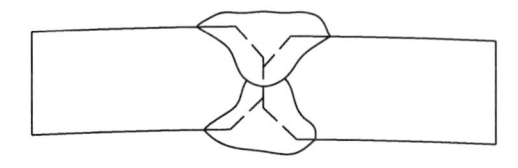

图5-18　错边焊缝形态示意图　　　　图5-19　焊缝错边影像

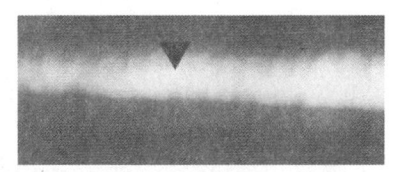

5.1.10　焊接飞溅

焊接飞溅是指焊接焊缝附近有溅出的熔化金属。焊接飞溅在底片上呈现影像特征为焊缝附近有白色斑点，如图5-20和图5-21为飞溅焊缝形态示意图和影像。

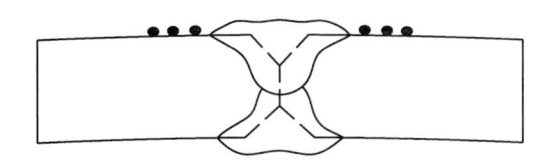

图5-20　飞溅焊缝形态示意图　　　　图5-21　焊缝飞溅影像

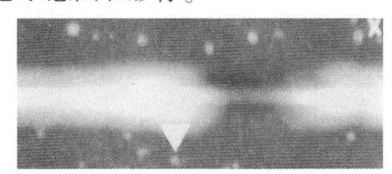

5.2 钢管焊缝数字射线检测标准

5.2.1 钢管焊缝数字射线检测标准概述

与高钢级厚壁钢管焊缝自动超声检测相关的标准有3类：

第1类国际标准：国际标准化组织 ISO 10893—7：2011《钢管的无损检测—第7部分：焊接钢管焊缝缺欠的数字射线检测》[2]、美国试验与材料协会 ASTM E2033《计算机射线检测标准作法（光敏发光法）》[3]、ASTM E2699《用数字检测器阵列进行射线检测的标准作法》[4]、ISO 3183：2012《石油天然气工业 管线输送系统用钢管》[5]、美国石油学会 API Specification 5L《管线钢管规范》[6]和挪威船级社 DNV—OS—F101：2013《海底管线系统》[7]。

第2类国家标准：中华人民共和国国家标准 GB/T 9711—2011《石油天然气工业 管线输送系统用钢管》[8]。

第3类行业标准：中华人民共和国石油天然气行业标准 SY/T 6423.5—2014《石油天然气工业 钢管无损检测方法 第5部分：焊接钢管焊缝缺欠的数字射线检测》[9]（ISO 10893-7：2011，IDT）。

5.2.2 钢管焊缝数字射线检测标准的应用范围

在上述的3类标准中，涉及钢管焊缝缺欠数字射线检测的标准有4个，分别为 ISO 3183：2012、API Specification 5L、DNV—OS—F101：2013 和 GB/T 9711—2011，仅对钢管焊缝缺欠数字检测方法最基本和最低的要求；主要的钢管焊缝缺欠数字检测的标准有4个，分别为 ASTM E2033、ASTM E2699、ISO 10893—7：2011 和 SY/T 6423.5—2014，专门针对钢管焊缝缺欠数字检测方法的标准，主要为国际化标准，适用范围广，针对性差，应制定针对性强的行业或企业标准。

5.2.3 钢管焊缝数字射线检测石油天然气行业标准

钢管焊缝数字射线检测的行业标准为 SY/T 6423.5—2014《石油天然气工业 钢管无损检测方法 第5部分：焊接钢管焊缝缺欠的数字射线检测》（ISO10893—7：2011，IDT）。由于 SY/T 6423.5—2014 标准等同采用 ISO10893—7：2011《钢管的无损检测—第7部分：焊接钢管焊缝缺欠的数字射线检测》，对于 ISO10893—7：2011 标准仅进行了一些编辑性修改，与其主要内容基本一致，由于这两个标准的内容实际均为国际标准，仅为钢管焊缝数字射线检测最基本、最低要求。石油天然气行业标准 SY/T 6423.5—2014《石油天然气工业 钢管无损检测方法 第5部分：焊接钢管焊缝缺欠的数字射线检测》技术标准一般包括下列方面的内容：

(1) 范围；
(2) 规范性引用文件；
(3) 术语和定义；
(4) 总则；
(5) 设备；
(6) 检测方法；
(7) 图像质量；
(8) 图像处理；

（9）显示的分类；

（10）验收极限；

（11）验收；

（12）图像储存与显示；

（13）检测报告；

附录 A（资料性附录）缺陷分布示例。

5.3 钢管焊缝的数字射线检测方法

5.3.1 数字射线检测方法及其原理

数字射线检测（Digital Radiography）大体可以分为以下四类：（1）基于图像增强器的射线实时成像检测（Real-time Radiography Testing Image，缩写 RRTI）；（2）基于成像板（Image plate，缩写 IP 板）的计算机射线照相检测（Computed Radiography，简称 CR）；（3）基于线阵列或面板探测器的直接数字化射线成像检测（DirectDigit Radiography，简称 DR）；（4）基于胶片透射式激光扫描仪的模拟影像数字图像扫描技术（FDR）[10]。下面主要介绍钢管焊缝的数字射线检测方法的基于成像板的计算机射线照相检测（CR）和基于线阵列或面板探测器的直接数字化射线成像检测（DR）的检测原理。

5.3.1.1 基于成像板（IP 板）的计算机射线照相检测（CR）原理

CR 成像检测的机理：穿透材料或工件的射线投射到成像板（IP 板，类似于射线胶片）上使其上涂覆的荧光物质感光，感光后的 IP 板上的荧光物质把射线携带的材料或工件内部信息以潜影方式储存下来，完成影像信息的记录，其后将带有潜影的 IP 板插入专用的激光扫描读出器中，用激光束进行精细扫描读取潜影信息，荧光物质被激光束激励，以荧光形式释放其储存的能量，经过复杂的光电转换和 A/D 模数转换形成数字图像，再经由计算机处理得到数字化图像，并输出到显示器屏幕上。CR 成像检测的工作流程图如图 5-22 所示。

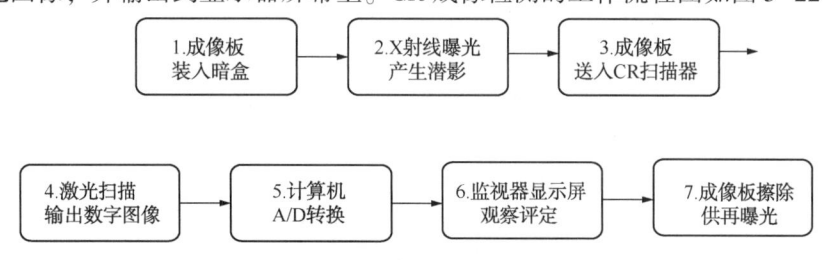

图 5-22 CR 计算机射线照相检测原理方框示意图

CR 成像板（Image plate，IP 板）的结构如图 5-23 所示。

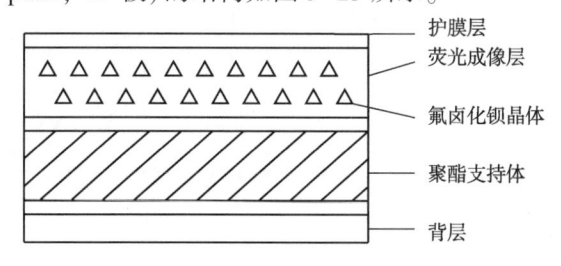

图 5-23 CR 成像板（IP 板）结构示意图

CR 激光扫描器的工作原理如图 5-24 所示。

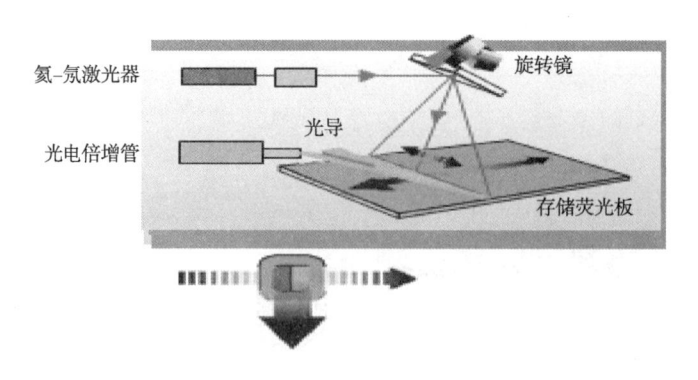

图 5-24　CR 激光扫描器的工作原理示意图

CR 激光扫描器的扫描成像过程：在激光扫描器中，当激光束扫描已含有感光潜像的 IP 板（荧光成像板）读出信息时，荧光影像（模拟信息影像）被逐行聚光导入光电倍增管（PMT），转换为电信号，随后经 A/D 转换器转换为数字信号（数字化信息影像）而被读出。读出后的数字化影像信息可储存于计算机光盘，也可通过 CRT 进行显示，或可通过打印机输出 X 射线照片。

CR 扫描器根据其使用条件和使用要求，大致可分为柜式、台式和筒式等三类。柜式 CR 扫描器适用于各种标准块状规格的配有硬质暗盒的成像板。硬质暗盒一般内附防散射铅屏，主要起提高影像清晰度和保护成像板防摩擦、延长使用寿命的作用。在扫描器中，带有曝光潜影的成像板会自动从暗盒中移出，经扫描读出后，再经白光消除潜影后，会自动进入硬质暗盒备用。

台式 CR 扫描器适用于标准条状规格（普通射线照相焊缝检验常用胶片尺寸）的配有柔性暗盒的成像板。台式 CR 扫描器的使用特点是一次可同时扫描多张成像板，以提高工作效率。

筒式 CR 扫描器是一种小型的便携式扫描器，适用于标准条状规格的配有柔性暗盒的成像板。筒式 CR 扫描器主要用于扫描室内检测承压设备环焊缝用的柔性成像板，也适合于野外现场检验使用。

图 5-25 中所展示 CR 检测系统是美国 VMI 5100 型（IP 板 50μm 像素）CR 成像扫描系统的台式激光扫描仪和专用黑白显示器（300 万像素）。

(a)CR激光扫描仪系统　　　　　　　　　　(b)显示器

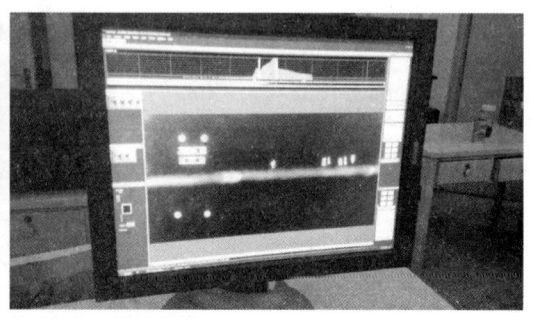

图 5-25　美国 VMI5100 型 CR 激光扫描仪系统及显示器

5.3.1.2 基于线阵列或面板探测器的直接数字化射线成像检测(DR)原理

DR 成像检测的机理：透过材料或工件的射线被线阵列或平面板状探测器捕捉探测到，通过直接转换方式(探测器件被射线曝光后，射线光子直接转换为电信号输出)，或间接转换方式(探测器件先将接收到的射线光子转变为可见光，然后再把可见光转换为电信号输出)，形成数字化图像，在显示器屏幕上输出观察。目前，工业用的平板探测器的像素已经可以达到 127μm×127μm 的水平，平板探测器平面大小可以达到 17in×17in 的面积。每一个像素的几何尺寸仅有几十微米，具有极高的空间分辨率和很宽泛的动态范围。DR 的动态范围最高可以达到 16bit(2^{16} = 65536 阶灰度级)，可以一次性实现透照厚度变化梯度大的工件的成像检测。而线阵列探测器除了普通的直线形外，还有适应于不同形状工件的 L 形、U 形、C 形或拱形等，可以有效地适应周向曝光的 X 射线管辐照，从而可以一次性获得曲面形状工件的全景展开图像。基于平板探测器数字成像系统的空间分辨率已经接近胶片，但是对比度范围则远远超过胶片。平板探测器除不能进行分割和弯曲外，能与胶片和 CR 有同样的应用范围，可以放在机械传送带上，批量检测通过的工件，也可以进行多视域检测，在射线出束数秒钟之后，就可以在显示器屏幕上图像，比胶片和 CR 的检测能力高很多。

目前，平板探测器数字成像系统已被广泛应用于医疗和工业领域 X 射线检测，在医疗方面已完全取代了效率较低尚需要二次扫描成像检测的 CR 技术。DR 检测像质好，可达到胶片的影像质量，且具有检测效率高、检测费用低等优点。DR 检测系统的组成可以简单示意为"射线源—被检工件—线阵或平板探测器—图像数字化系统—图像处理系统"，DR 检测系统的装置包括成像探测器、影像后处理和数字图像记录部分(计算机、打印机和其他存储介质等)。图 5-26~图 5-29 展示了 DR 成像检测的器件、原理以及工作结构流程等[11]。

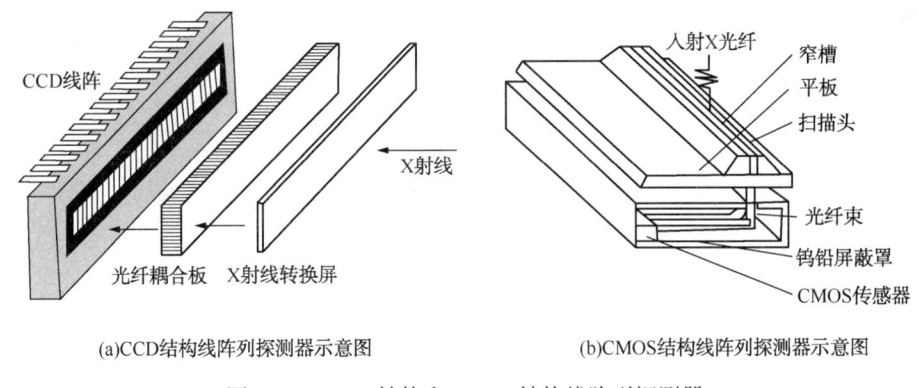

图 5-26 CCD 结构和 CMOS 结构线阵列探测器

5.3.2 数字射线检测的表征参数

表征射线照相底片透照质量的参数包括底片黑度、缺陷影像与周围背景的对比度(衬度)、缺陷影像周边轮廓明锐程度的清晰度、丝型像质计透照灵敏度(IQI)等。

无论是实时成像得到的图像，还是 DR 或 CR 扫描检测得到的图像都是数码图像，有的还是动态图像，其描述参数则要比射线底片模拟影像复杂得多，主要有空间分辨力(率)、像素、密度分辨力(率)、信噪比(SNR)、量子探测效率(DQE)等表征参数，具体描述如下。

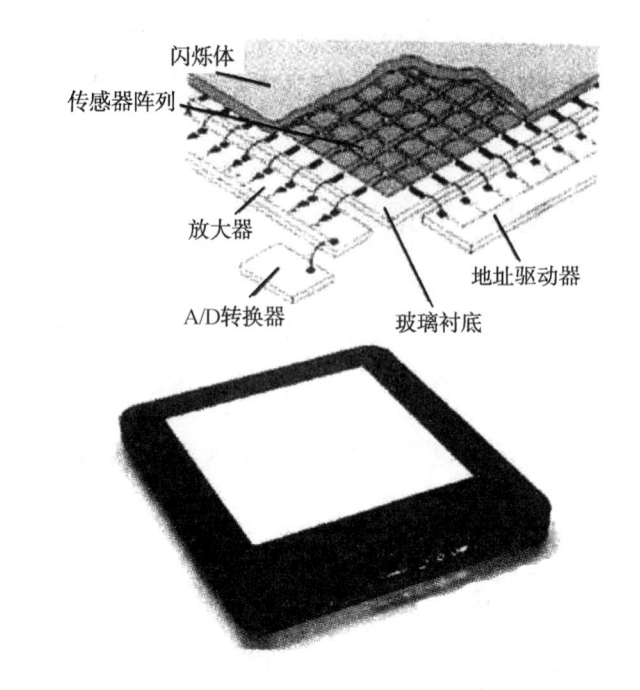

图 5-27 非晶硅平板探测器

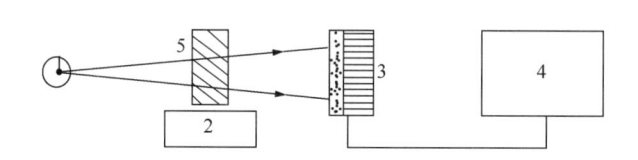

(a)DR系统各子系统相对关系示意图

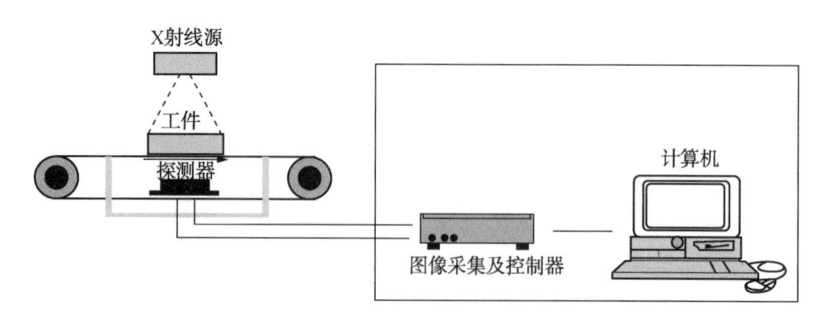

(b)DR系统实际检测原理示意图

图 5-28 基于线阵列探测器的 DR 检测系统示意图
1—射线源；2—机械转台；3—线阵列探测器；4—DR 图像显示及处理单元；5—被检工件

136

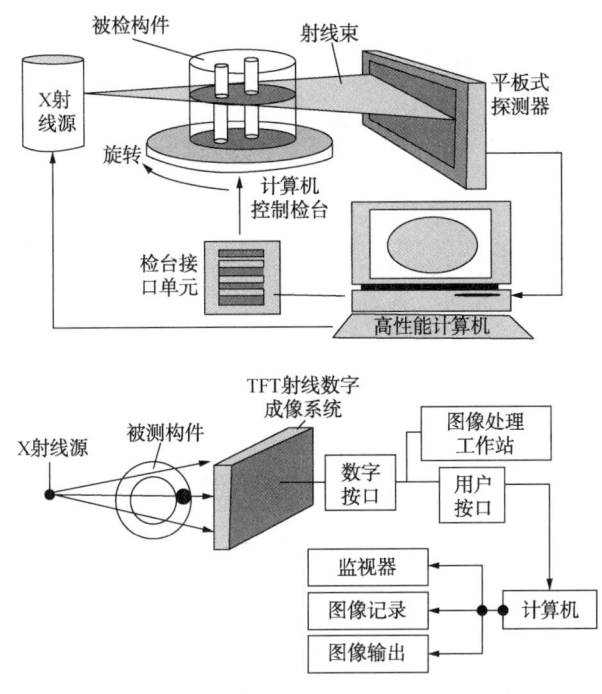

图 5-29 基于平板探测器的 DR 检测系统示意图

5.3.2.1 空间分辨力(率)

空间分辨力是数字图像中能够辨认的在垂直于射线束中心轴线平面视场内，临近区域几何尺寸(微小细节)的最小极限，也就是对图像细节的分辨能力。空间分辨力的数值通常以像素尺寸(μm)或以单位空间距离内有多少个线对数来表示(lp/mm)。

在数码图像中，以能够分辨清楚图像中黑白相间线条(Pt—W 铂—钨双丝像质计，如图 5-30~图 5-32 所示)的能力来表示其空间分辨力。数码图像的空间分辨力与探测器或 IP 板对射线光量子的灵敏度、探测器或 IP 板的动态范围、信噪比等因素密切相关，且与检测系统的量子探测效率等因素有关。空间分辨力分为基本空间分辨力(也叫系统空间分辨力)和图像空间分辨力，基本空间分辨力是检测系统本身在不加载工件的情况下，按照一定的测定方法所测得的系统本身的分辨力，可以用来比较不同检测系统之间的检测性能；图像空间分辨力则是给检测系统加载工件后，所产生工件图像的分辨力，它除了与系统本身有关系外，还与图像处理软件、辅助器具、透照布置方式、射线能量、曝光量等因素相关。

空间分辨力越高，类似于数码照相机的像素越高，这样，图像可适当地进行放大，或为了观察更清楚对图像进行局部放大处理，而图像仍能够清晰不失真。空间分辨力数值随成像板尺寸或探测器尺寸的增加而减少，在射线能量一定的前提下，适当增加曝光量，会提高数字成像像的信噪比，从而提高空间分辨力，提高对细微区域的显示能力。空间分辨力下降，对区域细微结构的显示能力就会不足。

图 5-30 铂—钨双丝像质计实物

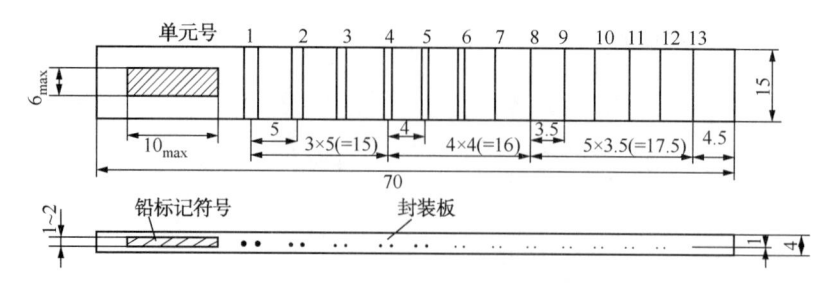

图 5-31　铂—钨双丝像质计正侧视示意图

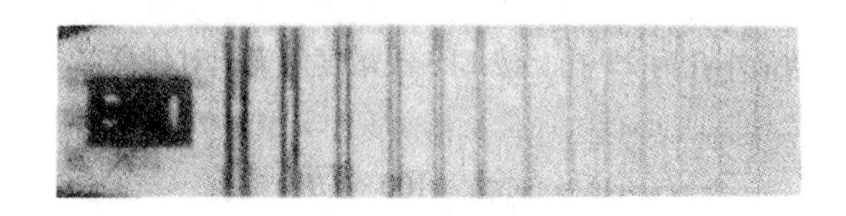

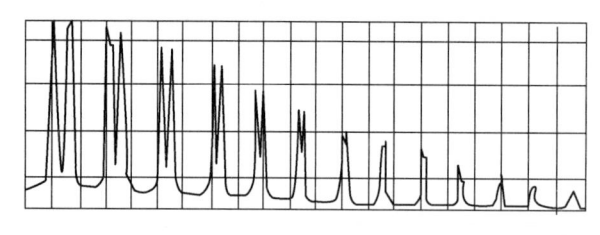

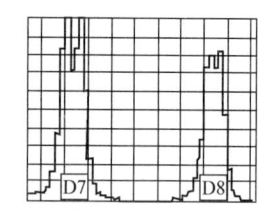

图 5-32　铂—钨双丝像质计数字射线图像灰度轮廓图

5.3.2.2　像素

像素是 DR 或 CR 检测系统中，探测器或 IP 成像板数字化成像中的最小单元，类似于普通射线胶片乳剂层中的 AgBr 颗粒大小。普通射线胶片照相所成的影像是模拟图像，而射线数字检测所形成的图像则是数码图像。像素一般也不是一成不变的，以 CR 检测为例，IP 成像板上磷光成像乳剂的最小颗粒大小是 50μm，但经过调节扫描仪参数以及采用图像处理软件，所得到的 CR 检测图像的像素能够达到 25μm，亦即可以实现 25μm 的扫描。

像素的大小决定空间分辨力，像素越小，空间分辨力就越大。例如，像素大小为 0.2×0.2，即 200μm×200μm，那么空间分辨力大小就是 1/(0.2×2)= 2.5Lp/mm；如果像素大小是 0.1×0.1，即 100μm×100μm，那么空间分辨力大小就是 1/(0.1×2)= 5.0Lp/mm，如果像素大小是 0.05×0.05，即 50μm×50μm，那么空间分辨力大小就是 1/(0.05×2)= 10Lp/mm，依次类推。空间分辨力可以通过探测器或 IP 成像板的像素大小来计算推出，也可以通过 Pt—W 双丝像质计紧贴到探测器或 IP 板表面，通过观察双丝像质计的图像，对照读出来。

5.3.2.3　密度分辨力(率)

密度分辨力是图像视场中可以辨认出来的相邻区域密度差别的最小极限，即它所表征的是对细微密度差别的分辨能力，它通常是指在射线束轴线行进方向上，有别于工件基体材料的异质组织的可视分辨能力。探测器或 IP 成像板上的每个像素点所采集到的射线光量子信息数量是用灰阶亮度来表示的，灰阶亮度是用 bit(比特)来表示的，它是数字化的基本表征参数，1 个 bit 就是 2 的 1 次方，比特数值越高，像素点上捕捉到的射线光量子信息越多，信息量就越大，密度分辨力就越高，对低对比度区域的显示就越好。8bit 就是 256 个灰度级阶(2^8)，12bit 就是4096个灰度级阶(2^{12})，14bit 就是16384个灰度级阶(2^{14})，而16bit 就是65536个灰度级阶(2^{16})，性能优良的CR检测系统或DR检测系统所采用的图像动态范围一般都是16bit的，而普通液晶显示器最高只能显示1024灰阶，所以，必须依靠图像后处理软件进行局部窗口显示才能显示出更多的灰度信息，从而更全面地了解材料或工件的内部质量信息。

5.3.2.4 密度分辨力与空间分辨力的关系

密度分辨力和空间分辨力是分辨力指标的两个方面，分辨力也叫解像力，是成像介质(射线胶片、IP板或DR探测器)成像时区分两个相邻区域影像或图像的能力。分辨力分为空间分辨力(高对比度分辨力)和密度分辨力(低对比度分辨力或灵敏度)，空间分辨力高，图像或影像显示细节的能力强，即清晰度好，像质好；密度分辨力高，图像显示微小异质区域的能力强，即灵敏度高。这两个分辨力是对立统一的。当密度分辨力很高时，表明探测器或IP成像板所捕捉到的射线光量子信息就越多，点信号转化为可见光信号的效率就越高，灵敏度就高。但可见光的信号越强，不同像素点之间的可见光干涉效应也会越强，像素点之间所显示的细节图像会被掩盖，图像像质变差，清晰度下降，亦即空间分辨力下降。在射线数字成像检测系统中，强调了空间分辨力，密度分辨力就会下降，反之亦然。以CR为例，采用50μm像素的IP板CR成像系统，其空间分辨率要比采用100μm像素的IP板CR成像系统高，但灵敏度却要比后者稍低。所以，必须根据不同的对象和检测要求，确定采用合适的空间分辨率。另外，空间分辨力高，成像单元尺寸小，曝光时间要稍长一些，这类似于传统的射线胶片照相法中，T2类胶片的曝光时间要比T3类胶片的曝光时间长一样。

5.3.2.5 信噪比(SNR)

数字射线成像检测系统的信号和噪声以信噪比(SNR, signal-noise ratio)的形式表示，SNR=信号强度/噪声强度，即有用的数字图像信息/无用的噪声信号信息。CR是间接二次成像(IP成像板—潜像形成—扫描读取—图像输出)，因图像形成环节多，丢失了部分有用的图像信息，稍微降低了图像的信噪比，而DR扫描成像检测系统信噪比要更高些，还几乎是实时成像。CR与DR相比，由于IP板是随着材料或工件的背面外形紧贴放置的，因此，材料或工件中缺陷影像没有放大失真，空间分辨力高，影像的清晰度好，从而在一定程度上弥补了信噪比(SNR)稍低的缺憾，保证了成像质量和检测灵敏度。在CR数字射线成像检测中，采用相对较低的管电压值和适宜的曝光量(不能太高)，可以适当提高信噪比，这与射线胶片照相法中，保持较低的管电压值以降低底片颗粒度，提高底片信噪比有异曲同工之妙。同时，DR和CR数字图像在后期软件处理过程中，应尽可能少地采用图像放大方式，这也是减少信噪比的一个方法，这就譬如，我们采用高像素的数码照相机照完相之后，为了保证清晰度，即空间分辨力，就不要把照片图像放得很大。

5.3.2.6 量子探测效率(DQE)

量子探测效率DQE是射线数字成像检测系统中有效的射线光量子的利用效率，即射线探测介质(胶片、IP板或探测器)能够接收并起作用的射线光子数量。它兼顾了数字图像的特性，综合了空间分辨力、对比度分辨力(即密度分辨力)、噪声信号和射线曝光量等各种因素对图像的影响。在对数字图像进行评价时，不能仅仅单独地以这些参数为依据，成像质量佳的数字图像必须具备低噪声和充分的对比分辨性能，而如果要强调探测灵敏度，则必须要具备低噪声和高对比度的性能，而且还要考虑曝光量等因素。综合分析认为，射线胶片照相法中，胶片采用的是双层乳剂拦截射线的方式(医疗射线胶片由于射线能量低，更容易对长波射线感光，采用的是单层乳剂胶片），尽管如此，穿透材料或工件的射线光子也仅仅只有1%～3%左右参与了感光乳剂层的光化反应。也就是说，胶片的射线量子探测效率是很低的，这就是为什么射线胶片照相法中，曝光时间是以分钟来计量的，它必须靠较长时间的累积曝光来弥补量子探测效率的不足。但在射线CR成像检测系统中，IP板对射线光量子的探测效率一般在25%左右，DR扫描成像检测系统的量子探测效率大约在40%～50%，所以，CR所需要的曝光时间也大约可以是传统胶片照相法的20%～50%左右，是以秒为曝光时间量级的，而DR扫描的成像时间大约在0.5s左右，几乎是实时成像。量子探测效率高，表明探测介质将不可见的射线光量子转化为可见光信号的效率高，检测灵敏度高，但空间分辨力则要低些。这对于检测小尺寸低密度缺陷，以及黑度（数字图像为灰度）接近于背景的微小缺陷，是有重要贡献的。

5.3.3 数字射线检测图像评定的影响因素

影响数字射线检测图像评定的主要因素有检测灵敏度、检测宽容度、透照参数、焦距和焦点、相对运动、间隙因素、透照布置和角度、乳剂颗粒和像素、工件材质、工件迎束面的形状和表面粗糙度、裂纹检出率、曝光量等，具体描述如下。

5.3.3.1 检测灵敏度

检测灵敏度（亦即密度分辨力）是射线检测中关键指标之一，射线胶片照相法的灵敏度一般是以金属单丝型像质计的照相灵敏度IQI值来衡量的，在CR成像检测和DR成像检测中，检测灵敏度也可以用金属单丝型像质计出现的丝径图像来表征，只是在放置像质计时，除了要按照射线胶片照相法工艺或标准要求的放置方法外，还必须保证像质计中各规格金属丝必须紧贴工件表面，以防止彼此之间出现空气间隙，引起射线散射，从而影响像质计图像的质量。大量典型缺陷试样的数字射线成像检测试验结果表明，数字图像的像质计灵敏度完全可与胶片照相法相比拟。

5.3.3.2 检测宽容度

性能较好的射线数字成像检测系统的动态范围可以达到16bit，图像所能显示的黑白灰阶可以达到65536级，所以一次透照时可以涵盖更大的厚度梯度，即透照的厚度范围要比胶片照相法大得多。不过，透照宽容度大而且成像质量好的前提条件是，对于透照区域厚度最大的部位，射线必须要穿透。

5.3.3.3 透照参数

射线能量和曝光量对数字图像的质量也有影响，一般说来，在保证充分穿透工件的前提下，应选用较低能量的射线进行曝光，高能量也会使信号噪声颗粒度增加，使图像质量变差；在曝光未饱和时，曝光量越大，图像的密度分辨力就越高，但如果曝光达到饱和时，增加曝光量则变得毫无意义。

5.3.3.4 焦距和焦点

胶片照相法缺陷影像的几何不清晰度受焦点和焦距的影响很大，但在CR检测方式中，由于其本身空间分辨率较高，所以焦距和焦点对缺陷图像清晰度的影响不甚明显。在DR检测方式中，由于工件与探测器之间存在一定的距离，所以图像会存在放大的现象，但是一般的图像处理软件都考虑到了放大图像的变化问题，不过图像放大会使空间分辨力和信噪比下降。

5.3.3.5 相对运动

在DR检测方式中，探测器与工件之间若存在相对运动，则系统检测所成的DR图像是动态图像，相对运动有旋转和平移运动两种，旋转运动多是平板探测器DR系统需要进行全方位的信号采集，以便形成CT（断层扫描图像）以及3D立体图像；平移运动多出现在线阵列DR扫描成像检测系统中，在此运动模式中，线阵列探测器的线接收窗口与工件或线阵探测器的运动方向垂直。线阵探测器扫描成像检测模式的检测效率要高，但动态图像的像质要比静态图像稍差，通常采用的是动静态相结合进行检测，即先采用动态扫描成像方式进行粗检测，发现异常现象部位则再转换为静态DR成像方式。

5.3.3.6 间隙因素

在CR成像检测中，IP板与工件背面之间存在的间隙稍大，丝型像质计上的金属丝在射线源一侧与工件上表面间存在间隙，对图像质量和金属丝在图像中的显示灵敏度影响很大，丝型像质计中的金属丝发生折弯，或与塑料外套之间存在间隙，都会影响到金属丝的影像显示。所以在CR检测透照曝光环节，不仅需要保证IP板与工件待检表面紧贴，而且增感屏与IP板表面之间，线型像质计与工件表面之间也尽可能紧贴，不留空气间隙，以尽量降低空气层散射对成像质量的影响。

5.3.3.7 透照布置和角度

在DR成像检测系统中，射线源、工件、探测器之间的距离布置要比CR成像检测系统复杂得多，因为工件不能与探测器接收平面紧贴，所以DR原始显示出来的图像会有所放大，即灵敏度高，而空间分辨力下降。所以，为了保证检测灵敏度，同时要保证图像的空间分辨力，DR检测系统的透照布置时存在最佳放大倍数的问题。

此外，所检工件的轴向或所检缺陷的走向如果与探测器平面之间存在不同的角度，会有不同的检测效果，这一点，在有机械转台的DR扫描成像检测系统中，表现更明显些。

5.3.3.8 乳剂颗粒和像素

在射线胶片照相法中，T2类胶片比T3类胶片的乳剂颗粒要细，底片上对细微缺陷显示的灵敏度要高，清晰度也要好，即空间分辨率和密度分辨率都有所提高，成像质量好。在CR和DR成像检测方法中，IP板上荧光成像物质像素或DR探测器上成像单元像素越小，空间分辨率就越高，但密度分辨率即灵敏度则与之相反。所以在数字射线成像检测系统中，必须统筹兼顾考虑空间分辨率和密度分辨率，才能达到最佳检测效果，获得更好的图像质量和评定结果。

5.3.3.9 工件材质

从众多试样的DR、CR成像检测结果分析来看，密度较小的轻质金属试件如铝合金试样其图像的清晰度和对比度都不如钢焊接件的图像质量。这可能是因为轻质金属试件所采用的射线能量低，射线波长长，容易引起散射。而密度较高的钢制试件所采用的射线能量较高，线质硬，不易于引起散射，从而使缺陷影像与背景的对比度好，因而成像质量好。还可能与高于100kV管电压的X射线采用金属铅增感屏，而轻质铝合金试件不用金属铅增感屏增感的因素有关。从整个试验结果看，显然钢制试件的图像对比度和分辨率要优于铝合金试件。

5.3.3.10 工件迎束面的形状和表面粗糙度

在DR检测系统中，受检工件迎着射线束的表面形状对检测图像也存在很大的影响。当表面形状复杂呈现曲率梯度较大的曲面时，图像会出现黑白相间的干涉或衍射条纹，影响正常的缺陷图像。

此外，工件表面的粗糙度对 DR 和 CR 图像的质量也存在影响，表面粗糙度越小，图像质量越好，亦即缺陷影像与背景的对比度越好，信号噪声比越高，缺陷影像在整个背景图像中越容易被识别出来，检测灵敏度也越高，这可能是因为表面粗糙度低的工件比表面粗糙度高的工件对射线的散射作用要弱，所以图像的背景灰度更均匀一些。

5.3.3.11 裂纹检出率

射线检测对裂纹的检出概率，一是取决于射线束与裂纹延伸面之间的夹角，夹角越小，裂纹的检出概率越高；二是取决于裂纹影像与其整体底片或数字图像之间的对比度，在一定程度上，底片的黑度或数字图像的整体灰度越大，裂纹的检出效果就越好。从工件的 CR 检测试验结果来看，X 射线胶片照相和 CR 成像检测（$50\mu m$ 像素）两种方法对裂纹的检出效果不相上下，这对于 CR 技术的工程化推广应用应该是一个积极的信号，但现阶段 CR 技术软硬件较高的成本也多多少少限制了该项技术的工程化和推广应用。

5.3.3.12 曝光量

在保证最低限度的 X 射线穿透管电压后，曝光量就成了影响底片黑度和对比度，或者影响 CR 图像灰度和信噪比的关键因素。在一定范围内，曝光量越大，底片黑度就越大，缺陷影像与背景的对比度就越高，缺陷越容易被识别出来；对 CR 图像来说，一定范围的曝光量增大，意味着射向 IP 成像板的 X 射线光量子数量就越多，IP 板成像的灰度信息就越多，信号噪声比也会随着增加，缺陷影像也就越容易被识别出来，即密度分辨力越高，从这一点看，两种方法之间是一致的。但 DR 扫描成像检测系统与 CR 检测系统相比，对曝光量的要求并不高，因为 DR 的量子探测效率很高，而且 DR 是直接数字成像，接收剂量不太大的射线照射后，即可达到曝光饱和，所以 DR 系统对曝光量的要求并没有 CR 系统要求的严格。

5.3.3.13 其他因素

在射线数字图像场中，除了前述涉及的影响缺陷影像识别的因素外，检测系统所采用的图像处理软件、显示器分辨率、图像的存储格式、图像评定人员的个体化差异等都会影响缺陷影像的判别。

不同的图像处理软件采用的是不同的程序和数学算法，这会影响到对采集到的原始图像信息的利用率，能显示出更多的原始图像信息，图像处理软件的功能就越强大，所显示出来的缺陷影像就越接近实际状况，所反映的缺陷就越客观，缺陷的可识别性就越好。

射线数字图像需要借助于计算机显示器来显示，而显示器的分辨率则会影响数字图像和缺陷影像的显示和识别。目前最好的显示器可以达到 300 万像素，但要将 16bit 动态范围的数字图像灰度信息一次性全部显示出来，也是力不从心。所以需要借助于图像处理软件的强大功能，通过局部调整、放大缩小、建立小窗口、调节窗宽窗高、灰度变换、边缘锐化、积分叠加等多种功能，将数字图像光视场中包含的数码信息全部显示出来。

数字图像的存储格式会影响该图像所包含的光学信号量。一般来说，数字图像会按照图像处理软件提供的格式存储原始图像，然后可以在此基础上转变为所需要的其他格式，比如，原始的数字图像格式转换为 JPEG 通用图像格式时，会损失掉很多的光信息，从而会影响到缺陷影像的细节识别。

而图像判别人员的个体化差异则包括判别人员对图像的判别习惯，眼睛对光线的适应程度，眼睛对黑白对比度的灰度、亮度等因素的敏感性等，都会影响到图像和缺陷影像的判别结果。而这一点，数字图像可以通过图像处理软件不断变换做到，甚至可以将图像调整到与判别人员眼睛极其适应的状态。但底片则无法做到，这是数字射线检测方式比胶片照相法的很重要的优越因素。

5.3.4 数字射线检测的特点

5.3.4.1 计算机射线照相检测(CR)的特点

计算机射线照相检测(CR)主要有以下几点特点：

(1) 原有的X射线设备不需要更换或改造，可以直接使用。

(2) 宽容度大，曝光条件易选择。对曝光不足或过度的胶片可通过影像处理进行补救。

(3) 可减小照相曝光量。CR技术可对成像板获得的信息进行放大增益，从而可大幅度地减少X射线曝光量。

(4) CR技术产生的数字图像存储、传输、提取、观察方便。

(5) 成像板与胶片一样，有不同的规格，能够分割和弯曲，成像板可重复使用几千次，其寿命决定于机械磨损程度。虽然单板的价格昂贵，但实际比胶片更便宜。

(6) CR成像的空间分辨率可达到5lp/mm(即100μm)，稍低于胶片水平。

(7) 虽然比胶片照相速度快一些，但是不能直接获得图像，必须将CR屏放入读取器中才能得到图像。

(8) CR成像板与胶片一样，对使用条件有一定要求，不能在潮湿的环境中和极端的温度条件下使用。

5.3.4.2 数字化射线成像检测(DR)的特点

各种数字化射线成像检测的共同特点是检测过程容易实现自动化，工作效率高，成像质量好，数字图像的处理、存储、传输、提取、观察应用十分方便。

从成像速度来说，各种数字化射线成像检测均比不上图像增强器实时成像，但比胶片照相或CR技术快得多。胶片照相或CR技术在两次照相期间需更换胶片和存储荧光板，曝光后需冲洗或放入专门装置读取，需要花费许多时间。而数字化射线成像技术仅需要几秒钟到几十秒的数据采集时间，就可以观察到图像。

数字化射线成像检测成像的速度与成像精度有关，其中最快的非晶硅平板可以每秒30幅的速度显示图像，甚至可以替代图像增强器，然而，成像速度越快，所获得的图像的质量就越低。

除了不能进行分割和弯曲。数字平板能够与胶片和CR同样的应用范围，可以被放置在机械或传送带位置，检测通过的零件，也可以采用多角度配置进行多视域的检测。

数字化射线成像检测的图像质量比图像增强器射线实时成像系统高得多。各种成像技术比较：使用几何放大的图像增强器线性的空间分辨率约为300μm，二极管阵列(LDA)的空间分辨率约为250μm，非晶硅/硒接收板的空间分辨率约为130μm，CR平板的空间分辨率约为100μm。小型CMOS阵列探测器的像素尺寸约为50μm，扫描式CMOS

阵列探测器的像素约为 80μm，使用几何放大的扫描式 CMOS 阵列探测器的空间分辨率可达到几微米。

数字平板的共同缺点是其价格昂贵，而胶片和 CR 的成本相对较低，此外，数字平板需要连接电源和电缆；非晶硅/硒接收板数字板易碎，其灵敏度会随温度变化[12]。

5.3.5 钢管焊缝数字射线检测的应用

5.3.5.1 计算机射线照相检测(CR)图像与射线底片影像比较

在各种射线数字成像检测方法中，只有 CR 检测方法与胶片射线照相法最为接近。CR 扫描成像检测方法用可反复使用的 IP 成像板代替普通胶片，用专用激光扫描仪代替暗室，曝光后的 IP 成像板经激光扫描仪扫描后，将 IP 板上的潜影信息最终变为数字图像，经过显示器显示出来，再进行图像的评定。原则上，除曝光时间比胶片照相法要短得多外(大约是普通胶片照相曝光时间的 1/5~1/2)，其余的透照参数基本可以沿用胶片照相法的参数，而且 CR 扫描成像检测方法对射线源没有特定的要求，便携式 X 射线机、移动式 X 射线机、直线加速器 X 射线装置以及 γ 射线源都可以适用。下面列举了一些钢管焊缝计算机射线照相检测(CR)图像与射线底片影像典型应用实例，见图 5-33~图 5-37。

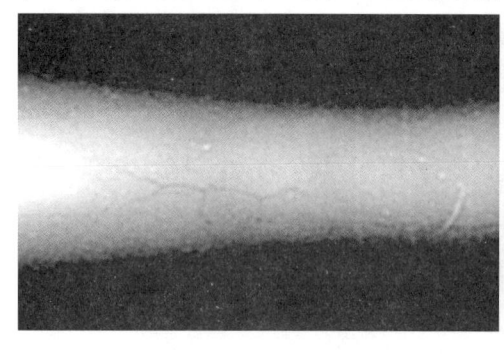

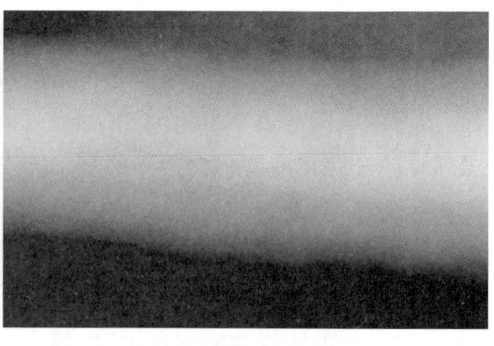

(a)热裂纹的CR图像　　　　　　　　(b)热裂纹的射线底片影像

图 5-33　焊缝热裂纹 CR 图像与底片影像

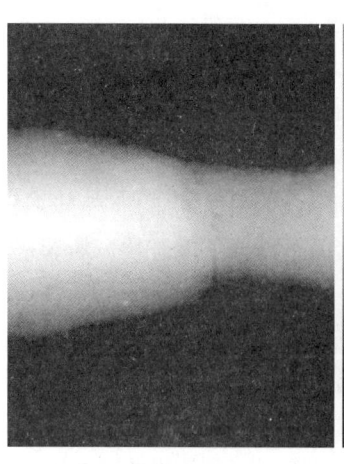

(a)横向裂纹的CR图像　　　　　　　　(b)横向裂纹的射线底片影像

图 5-34　焊缝横向裂纹 CR 图像与底片影像

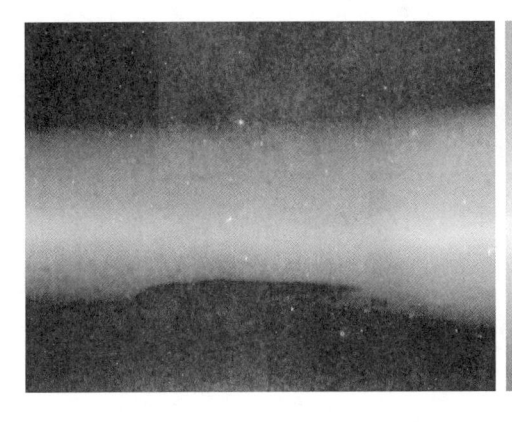

(a)未熔合的CR图像　　　　　　　　　　　(b)未熔合的射线底片影像

图 5-35　焊缝未熔合 CR 图像与底片影像

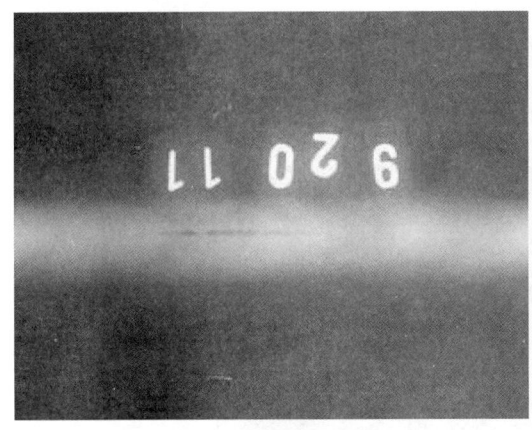

(a)未焊透的CR图像　　　　　　　　　　　(b)未焊透的射线底片影像

图 5-36　焊缝未焊透 CR 图像与底片影像

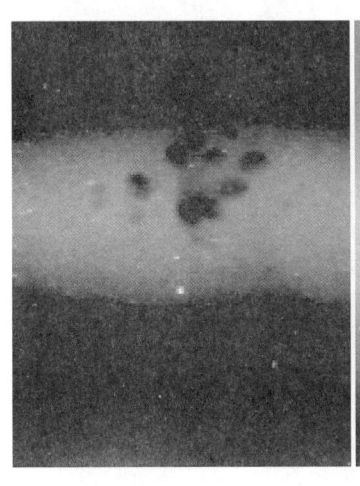

(a)气孔的CR图像　　　　　　　　　　　(b)气孔的射线底片影像

图 5-37　焊缝气孔 CR 图像与底片影像

5.3.5.2 数字化射线成像检测(DR)的应用

在钢管焊缝数字化射线成像检测(DR)系统中,射线源需要连续不间断透照,作为普通连续谱 X 射线的便携式 X 射线机一般不太适用,而是代之以脉冲式 X 射线机作为射线源。室内有固定射线照相防护机房,也可以采用移动式 X 射线机作为透照源。下面针对螺旋埋弧焊钢管焊缝和直缝埋弧焊钢管焊缝进行试验。

(1)试验系统组成及依据的试验标准。

进行数字化射线畅想检测试验的系统主要由数字式的 PerkinElmer0822AP3 型 X 射线平板探测器、射线管型号为 MXR-225HP/11X 的高频固定式射线机,工业控制计算机和图像处理软件等部分组成。

根据 API Spec 5L 45 版《管线钢管规范》E.4.1 规定,数字射线检测应依据标准 ISO10893-7:2011《管的无损检测—第 7 部分:焊接钢管焊缝缺欠的数字射线检测》执行。

(2)试验结果。

① 螺旋埋弧焊钢管(SAWH)焊缝的试验。

a. 典型缺陷试验结果。SAWH 钢管焊缝常见的自然缺陷(如横向裂纹、未焊透、气孔、夹渣等)进行数字化射线成像检测,如图 5-38 所示[13]。通过对这些缺陷的数字化射线成像检测分析可知,数字化射线检测系统对 SAWH 钢管焊缝常见的缺陷有较好的检测能力。

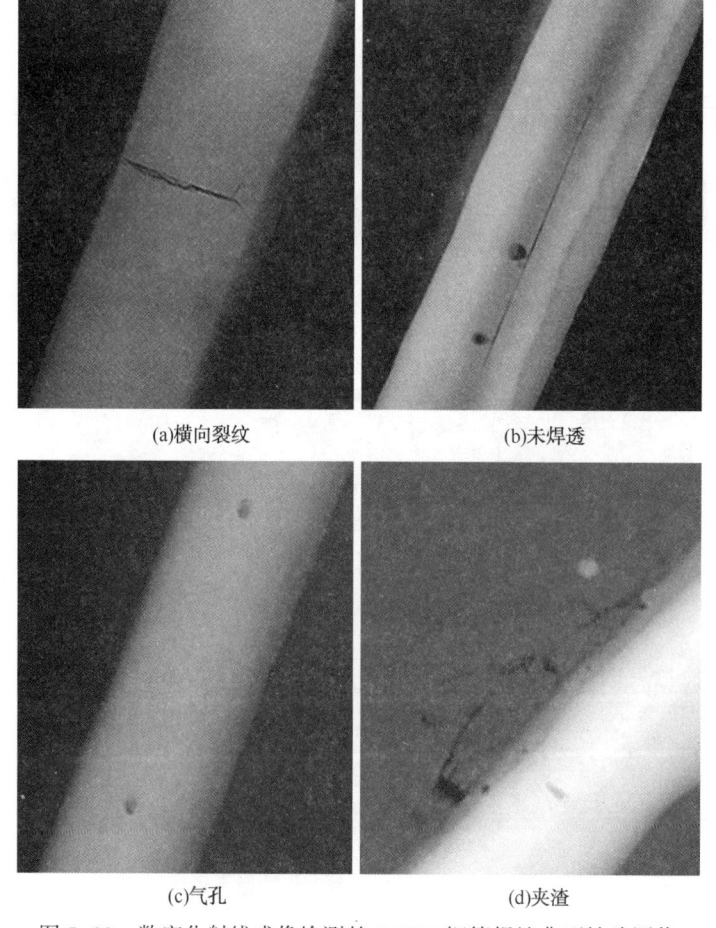

(a)横向裂纹   (b)未焊透

(c)气孔   (d)夹渣

图 5-38 数字化射线成像检测的 SAWH 钢管焊缝典型缺陷图像

b. 灵敏度试验结果。如图 5-39 所示为不同壁厚条件下所进行的检测灵敏度试验结果[14]，标准的像质指数参考标准 ISO10893-7：2011 的要求，试验结果满足标准要求，结果见表 5-1。

(a)壁厚为8.0mm

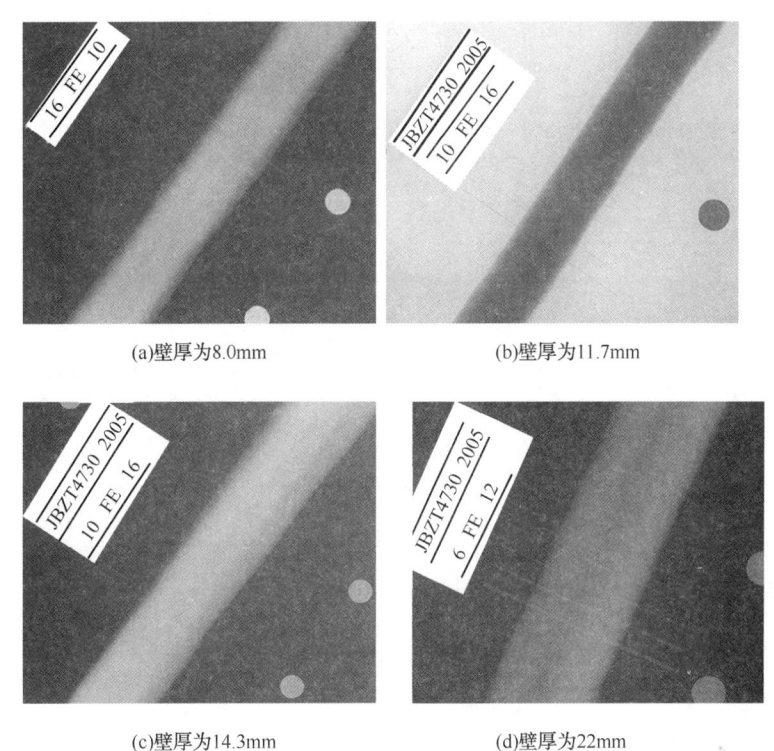

(b)壁厚为11.7mm

(c)壁厚为14.3mm

(d)壁厚为22mm

图 5-39　不同壁厚的灵敏度试验结果

表 5-1　不同壁厚的灵敏度

图号	壁厚(mm)	实际像质指数	标准像质指数
14	8.0	16	15
15	11.7	15	14
16	14.3	13	13
17	22	12	12

c. 空间分辨率试验结果。对钢管焊缝厚度为 8.0mm 和 22.0mm 用双丝像质计测试空间分辨率，满足 ISO 10893-7：2011 标准要求，如图 5-40 所示。

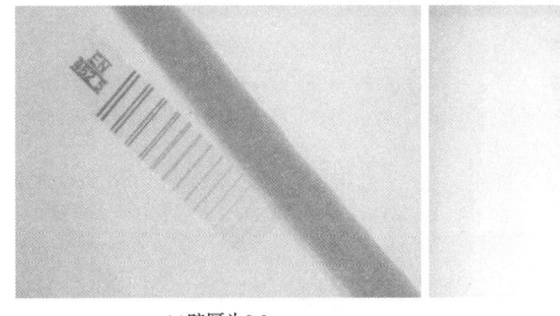

(a)壁厚为8.0mm

(b)壁厚为22.0mm

图 5-40　不同壁厚的空间分辨率试验结果

② 直缝埋弧焊钢管(SAWL)焊缝的试验。

在进行 SAWL 钢管焊缝的灵敏度试验和空间分辨率试验时，选用了 2 种规格的钢管，其规格分别为 φ1422.4mm×19.45mm 和 φ1422.4mm×31.97mm，SAWL 钢管焊缝测试工艺参数和测试结果见表 5-2 和表 5-3，不同壁厚钢管的灵敏度和空间分辨率试验结果如图 5-41 和图 5-42 所示，试验结果满足标准要求。

表 5-2　规格 φ1422.4mm×19.45mm 和 φ1422.4mm×31.97mm SAWL 钢管焊缝测试工艺参数

序号	规格	实测母材壁厚(mm)	检测方式	管电流（mA）	管电压（kV）	焦点（mm）	焦距（mm）	像物距	像质计位置
1	φ1422.4mm×19.45mm	19.52	静态	5	200	1.0	550	150	源侧
			静态	5	200	1.0	550	150	平板侧
			动态	5	200	1.0	550	150	源侧
			动态	5	200	1.0	550	150	平板侧
2	φ1422.4mm×31.97mm	32.18	静态	5	260	1.0	550	150	源侧
			静态	5	260	1.0	550	150	平板侧
			动态	5	260	1.0	550	150	源侧
			动态	5	260	1.0	550	150	平板侧

表 5-3　规格 φ1422.4mm×19.45mm 和 φ1422.4mm×31.97mm SAWL 钢管焊缝测试结果

序号	规格	实测母材壁厚(mm)	检测方式	灵敏度要求值	灵敏度实测值	不清晰要求值	不清晰实测值	像质计位置
1	φ1422.4mm×19.45mm	19.52	静态	11 号丝	13 号丝	D8	D9	源侧
			静态	11 号丝	13 号丝	D8	D9	平板侧
			动态	8 号丝	9 号丝	—	—	源侧
			动态	8 号丝	9 号丝	—	—	平板侧
2	φ1422.4mm×31.97mm	32.18	静态	10 号丝	12 号丝	D7	D8	源侧
			静态	10 号丝	12 号丝	D7	D8	平板侧
			动态	5 号丝	8 号丝	—	—	源侧
			动态	5 号丝	8 号丝	—	—	平板侧

动态检测速度 50mm/s，使用 ISO 像质计。

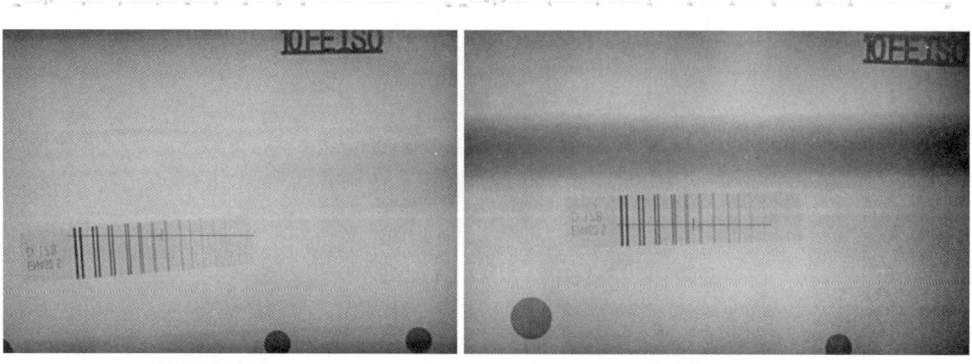

(a)像质计在源侧　　　　　　　　(b)像质计在平板侧

图 5-41　规格 φ1422.4mm×19.45mm SAWL 钢管焊缝灵敏度和空间分辨率试验

(a)像质计在源侧　　　　　　　　　　　　(b)像质计在平板侧

图 5-42　规格 φ1422.4mm×31.97mm SAWL 钢管焊缝灵敏度和空间分辨率试验

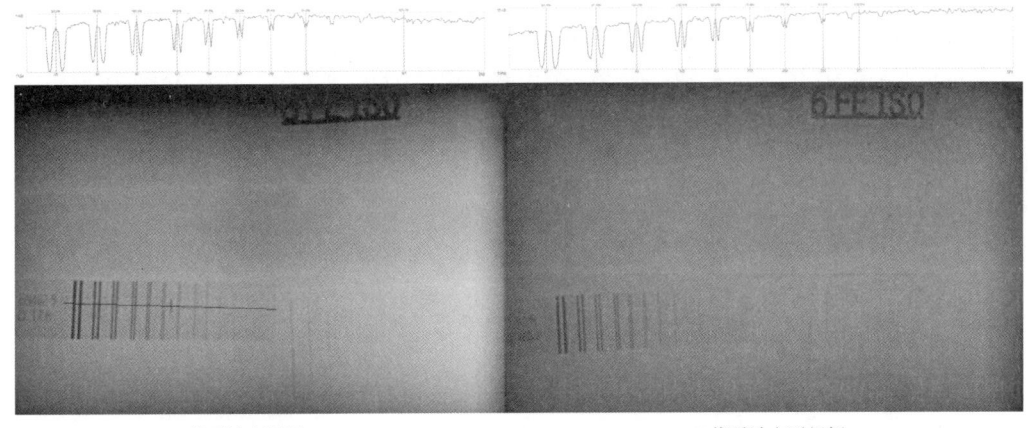

总之,通过以上钢管焊缝数字化射线成像检测试验分析,可以得出钢管焊缝数字化射线成像检测效率要高于传统 X 射线拍片。结合相关研究及试验结果还可以得出,钢管焊缝数字化射线成像检测的灵敏度与传统 X 射线拍片相当,远高于 X 射线图像增强器实时成像检测。试验结果表明的钢管焊缝灵敏度、空间分辨率满足 ISO 10893-7 标准要求。试验结果还表明钢管焊缝数字化射线成像检测的自然缺陷,如裂缝、未焊透、气孔、夹渣等,图像清晰、易于辨认,能达到高钢级厚壁钢管焊缝 X 射线胶片照相的同等图像质量水平,是一种快速、高效地进行高钢级厚壁钢管焊缝检测的有效手段,也是一种高钢级厚壁钢管焊缝数字化射线成像检测的新技术。

参 考 文 献

[1] 中国机械工程学会无损检测分会编. 射线检测[M]. 北京:机械工业出版社,2004.

[2] Non-destructive testing of steel tubes-Part 7:Digital radiographic testing of the weld seam of welded steel tubes for the detection of imperfections:ISO 10893-7:2011[S]. Switzerland,2011.

[3] Standard Practice for Computed Radiology (Photostimulable Luminescence Method):ASTM E2033-99(2013) [S]. American:American Society for Testing Materials,2013.

[4] Standard Practice for Digital Imaging and Communication in Nondestructive Evaluation (DICONDE) for Digital Radiographic (DR) Test Methods:ASTM E2699-13 [S]. American:American Society for Testing Materials,2013.

[5] Petroleum and natural industries-Steel pipe for pipeline transportation systems:ISO 3183:2012[S]. Switzerland:International Organization for Standardization,2012.

[6] Specification for Line Pipe:API SPEC 5L-2012[S]. Washington:American Petroleum Institute,2012.

[7] Submarine Pipeline Systems:DNV-OS-F101-2013[S]. Norway:DET NORSKE VERITAS,2013.

[8] 石油天然气工业管线输送系统用钢管:GB/T 9711—2011[S]. 北京:中国标准出版社,2012.

[9] 石油天然气工业 钢管无损检测方法 第 5 部分:焊接钢管焊缝缺欠的数字射线检测:SY/T 6423.5-2014 [S]. 北京:石油工业出版社,2015.

[10] 郑世才. 数字射线检测技术基本理论[J]. 无损探伤,2011,35(5):4-9.

[11] 郑世才. 射线实时成像检验技术与射线照相检验技术的等价性讨论[J]. 无损检测, 2000, 22(7): 328-336.

[12] 中国特种设备检验协会组织编写. 射线检测[M]. 北京: 中国劳动社会保障出版社, 2008.

[13] 严绍书. X射线平板数字成像技术在螺旋焊缝检测中的应用[J]. 焊管, 2011, 34(2): 21-25.

[14] 蒋太秋, 张圣光, 王坤显, 等. DR平板检测技术在螺旋埋弧焊管检测中的应用[J]. 焊管, 2010, 33(2): 57-59.